Heinz Pingel

Enten und Gänse

Heinz Pingel

Enten und Gänse

2. vollständig überarbeitete Auflage

43 Farbabbildungen
27 Schwarzweißabbildungen
32 Tabellen

Prof. Dr. agr. habil. Heinz Pingel lehrte an der Universität Jena, Leipzig und Halle Kleintierzüchtung. Forschungsschwerpunkte: Züchtung und Reproduktion sowie Fleischqualität bei Geflügel und Kaninchen, Fellqualität von Nerzen.

Bibliografische Information der Deutschen Nationalbibliothek
Die Deutsche Nationalbibliothek verzeichnet diese Publikation in der Deutschen Nationalbibliografie; detaillierte bibliografische Daten sind im Internet über http://dnb.d-nb.de abrufbar.

Wollgrasweg 41, 70599 Stuttgart (Hohenheim)
E-Mail: info@ulmer.de
Internet: www.ulmer.de
Lektorat: Werner Baumeister
Herstellung: Thomas Eisele
Umschlagentwurf: Atelier Reichert, Stuttgart
Satz: Typomedia GmbH, Ostfildern
Druck und Bindung: Friedrich Pustet, Regensburg
Printed in Germany

ISBN 978-3-8001-4728-1

Vorwort

Enten und Gänse werden oft unter der Rubrik „sonstiges Geflügel“ abgehandelt, nehmen aber in vielen Ländern, insbesondere im fernen Osten, einen hohen Rang in der Erzeugung von Fleisch, Eiern und Federn ein. In Deutschland hat das Fleisch von Enten und Gänsen einen festen Platz als Sonntags- oder Festtagsbraten, da es sich mit seinem spezifischen, delikaten Geschmack deutlich von anderen Fleischsorten abhebt. Beispielhaft hierfür sind die traditionelle Weihnachtsgans, aber auch die chinesische Spezialität Pekingente, die der wichtigsten von der Stockente abstammenden Rasse den Namen gegeben hat. Dem Wunsch nach einem vielseitigen Fleischsortiment mit ausgewiesener Qualität kommt die Produktion von den aus Lateiamerika stammenden Moschusenten sowie von Mulardenten, der Kreuzung von Moschuserpeln mit Pekingenten, entgegen. Während im Gegensatz zu Ostasien in Deutschland Eier von Wassergeflügel als Nahrungsmittel keine Rolle spielen, erfreuen sich Federn und Daunen zunehmender Beliebtheit als Füllmaterial für Bettdecken und Winterbekleidung, da sie synthetischen Materialien im Kälteschutz und in der Feuchtigkeitsaufnahme deutlich überlegen sind.

Im Widerspruch zur Bedeutung der Produkte aus der Enten- und Gänsezucht steht der geringe Versorgungsgrad aus der Inlandsproduktion. Über die Hälfte des gegessenen Entenfleisches und sogar 86% des gegessenen Gänsefleisches werden jährlich importiert. Auch die Federverarbeitung basiert überwiegend auf Importen. Es sollte möglich sein, den Anteil der Inlandsproduktion sowohl im Haupt- als auch im Nebenerwerb trotz des permanenten Druckes der ausländischen Konkurrenz durch Erzeugung von Qualitätsprodukten zu erhöhen.

Die Züchtung hat in den letzten Jahrzehnten dazu beigetragen, dass je Elterntier viele Mastenten bzw. Mastgänse erzeugt werden, die über ein schnelles Wachstum, einen niedrigen Futteraufwand und einen hohen Fleischansatz bei verringertem Fettgehalt verfügen. Die Fütterungsprogramme sind dem angestiegenen Leistungsniveau immer besser angepasst worden und ermöglichen in allen Haltungssystemen von der ausschließlichen Stallhaltung bis zur extensiven Weidemast die Ausschöpfung des genetisch verankerten Leistungsvermögens und eine kostengünstige Erzeugung von qualitativ wertvollen Schlachtkörpern. Die Einhaltung der Hygienegrundsätze und die Anwendung der aktuellen Impfprogramme garantieren weitgehend einen hohen Gesundheitsstatus als Sicherheitsfaktor für die Produktion.

Mit dem vorliegenden Buch soll dem Züchter und Halter von Enten und Gänsen der aktuelle Erkenntnisstand, basierend auf wissenschaftlichen Untersuchungen und praktischen Erfahrungen, vermittelt werden.

Es bleibt zu wünschen, dass der Leser viele Anregungen erhält und diese in seinem Tätigkeitsbereich umsetzen kann.

Halle, im Frühjahr 2008 Heinz Pingel

Inhaltsverzeichnis

1 Stellung des Wassergeflügels in der Geflügelproduktion

1.1 Entwicklung der Wassergeflügelproduktion im Weltmaßstab

Dank der großen Variation und Anpassungsfähigkeit werden Hausenten und -gänse weltweit gehalten und vielseitig genutzt. Im Mittelpunkt steht die Fleischproduktion, aber auch Eier und Federn spielen eine große Rolle. Außerdem finden Enten und Gänse mit ihrer Form- und Farbvielfalt auch in der Rassegeflügelzucht große Beachtung.

Im Weltmaßstab ist ein deutlicher Anstieg der Enten- und Gänsefleischproduktion zu verzeichnen. Nach der FAO-Statistik ist von 1991–2004 die Entenproduktion von 1,2 auf 3,4 Mio. t und die Gänsefleischproduktion von 0,8 auf 2,2 Mio. t gestiegen (Abb. 1). Insgesamt macht Wassergeflügel etwa 7 % der gesamten Geflügelfleischerzeugung im Weltmaßstab aus. Zwischen den Ländern gibt es jedoch große Unterschiede, bedingt durch Esstraditionen und natürliche Bedingungen. So befinden sich über 80 % der Enten- und Gänsebestände in China und Südostasien. Wie Tabelle 1.1 zeigt, steht China sowohl in der Enten- als auch in der Gänsefleischproduktion mit weitem Abstand an der Spitze, wobei sich die Wassergeflügelproduktion auf den Süden Chinas konzentriert. Mit 2,01 Mio. t Enten- und 1,87 Mio. t Gänsefleisch stehen in China fast 3 kg Wassergeflügelfleisch pro Kopf zur Verfügung. Taiwan verfügt ebenfalls über eine umfangreiche Enten- und Gänseproduktion mit 74 000 und 28 000 t und einer Pro-Kopf-Produktion von fast 5 kg. Dies kennzeichnet auch die herrausragende Rolle des Enten- und Gänsefleisches in der chinesischen Küche. In Thailand, Vietnam, Indonesien und den Philippinen ist eine umfangreiche Entenproduktion anzutreffen. In den feuchten tropischen und subtropischen Gebieten werden Enten häufig in die Produktion von Reis und in die Teichwirtschaft integriert. So können Enten sich von ausgefallenen Körnern und Insekten auf Reisfeldern bei geringen Kosten ernähren. Auf den Fischgewässern können sie zusätzlich Wasserpflanzen aufnehmen und mit dem abgesetzten Kot wird das Wachstum des Planktons verstärkt, was als Fischfutter zu einer Ertragssteigerung bei den Fischen (vorwiegend *Tilapia*) führt.

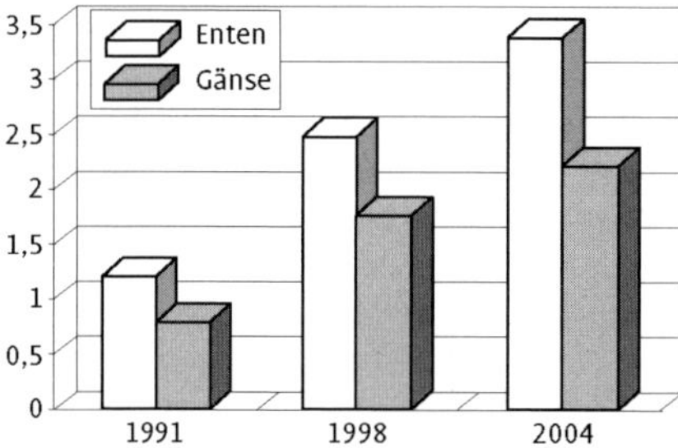

Abb. 1: Entwicklung der Enten- und Gänsefleischproduktion im Weltmaßstab.

In den ost- und südostasiatischen Ländern dienen Enten auch der Eierproduktion. So macht der Enteneierverbrauch in einigen Ländern über 30 % des gesamten Eierverbrauchs aus. Das hängt damit zusammen, dass eine starke Nachfrage nach speziellen Zubereitungsformen der Enteneier besteht, wie den Soleiern, den alkalisierten Eiern (Pidan) und den 18 Tage angebrüteten und hartgekochten Eiern (Balut). Auf Grund der großen Nachfrage nach solchen Eiern ist die Legeleistung bestimmter Enten- und Gänserassen durch Selektion auf ein weit höheres Niveau entwickelt worden als in Europa. Jahreslegeleistungen von über 300 Eiern der Tsaiyaente in

Tab. 1.1. Länder mit der höchsten Enten- und Gänsefleischproduktion 2004 (FAOSTAT, 2005)

Land	Entenproduktion (1000 t)	Land	Gänseproduktion (1000 t)
China	2260	China	2026
Frankreich	238	Ukraine*	97
Malaysia	102	Ungarn	44
Thailand	84	Ägypten	42
Vietnam	88	Taiwan	30
Taiwan	72	Polen**	28
Indien	65	Madagaskar	12,6
Ukraine*	60	Serbien/Montenegro	7,0
USA	53	Frankreich	6,8
Ungarn	45	Deutschland	4,5
Deutschland	45	Türkei	3,5
Großbritannien	44	Slowenien	3,4
Südkorea	43	Israel	3,0
Ägypten	39	Großbritannien	2,9
Myanmar	25	Iran	2,5

* Zakhatsky, 1999; ** Wezyk, 2002

Tab. 1.2. Entwicklung der Enten- und Gänsefleischproduktion in Europa in 1000 t (FAOSTAT, 2005)

	Ente	Ente	Gans	Gans
	1991	2004	1991	2004
Dänemark	5,1	5,2	0,1	0,1
Deutschland	31,5	45.5	5,5	4,0
Frankreich	118,0	240,0	7,0	6,4
Großbritannien	23,0	44,0	3,1	2,3
Irland	1,4	2,0	0,6	1,3
Kroatien	–	0,3	–	1,2
Niederlande	7,5	14,0	–	–
Polen**	8,0	15,0	18,0	28,0
Serbien/Montenegro	–	2,9	–	7,0
Slowak.Rep.	–	0,4	–	0,5
Slowenien	–	1,2	–	3,4
Tschech. Rep.	1,2	4,1	2,6	0,3
Ukraine *	126,0	60,0	168,0	97,0
Ungarn	17,4	45,0	43,8	44,0

* Zakhatsky 1999; ** Wezyk, 2002.

Taiwan oder der Shaoente in Südchina bzw. von über 100 Eiern der Huanggans in Südchina bestätigen dies. Andererseits haben viele lokale Rassen nur eine geringe Legeleistung.

Bemerkenswert ist die hohe Wassergeflügelproduktion dank günstiger natürlicher Bedingungen in solchen Ländern wie Madagaskar, Reunion und Mauritius. In anderen Ländern hat die Wassergeflügelproduktion lokale Bedeutung, wie Westbengalen in Indien, das Nildelta in Ägypten oder früher Long Island und heute Michigan in den USA. In Europa dominieren Frankreich in der Enten- und Ungarn in der Gänseproduktion. Die höchste Pro-Kopf-Produktion an Entenfleisch haben Ungarn und Frankreich mit über 4 kg, gefolgt von Taiwan mit etwa 3 kg, Thailand und

China mit etwa 1,5 kg. Eine Pro-Kopf-Produktion zwischen 0,7 und 1 kg Entenfleisch haben die Niederlande, Dänemark, Großbritannien, Irland und Vietnam. Deutschland liegt bei 0,6 kg.

Einen hohen Stand der Gänseproduktion durch Nutzung großer Weideflächen hat Ungarn mit 4,9 kg pro Kopf. In Ungarn und Polen ist die Gänseproduktion stark auf den Export orientiert. So realisierte Ungarn 1997 mit 146 Mill. Dollar 34% des gesamten Geflügelexports aus der Gänseproduktion, davon über 50 Mill. Dollar für Gänsefedern und -daunen. Eine hohe Gänseproduktion pro Kopf wird weiterhin für Slowenien, Taiwan und China mit über 1,5 kg sowie für Israel, Madagaskar und Ägypten mit über 0,6 kg angegeben.

Die Entwicklung der Enten- und Gänsefleischproduktion in Europa ist in Tabelle 1.2 angegeben.

In Frankreich mit der höchsten Entenproduktion in Europa hat sich in den letzten Jahren eine drastische Verschiebung des Anteils der einzelnen Arten ergeben. So sind die Pekingenten immer mehr von den Moschusenten und Mulardenten, der Kreuzung von Moschuserpeln mit Pekingenten, verdrängt worden, weil diese einen höheren Brustfleischansatz haben. Letztere verdrängen auch die Gänse aus der Erzeugung von Fettlebern, so dass die Anzahl der Gänse in Frankreich deutlich zurückgegangen ist. Einen deutlichen Anstieg haben die Entenproduktion in Großbritannien und den Niederlanden und die Gänseproduktion in Ungarn und in Polen. Hohe Bestände an Wassergeflügel gibt es auch in anderen Ländern Osteuropas. Für die Ukraine geben Zakhatsky und Bondarenko (1999) eine Produktion von 60 000 t Enten- und 97 000 t Gänsefleisch an, was aber noch deutlich unter dem Niveau von 1990 liegt.

In verschiedenen Ländern Asiens werden Eier von Wassergeflügel, insbesondere von Enten, als Nahrungsmittel verwertet. In China, Indonesien und den Philippinen machen Enteneier etwa 15% der Eierproduktion aus, in Vietnam und Thailand sogar mehr als 30%.

Neben der Fleischproduktion und in begrenztem Maße der Eierproduktion liefert Wassergeflügel als Nebenprodukt Federn und Daunen. Die Nachfrage nach diesen Produkten steigt an und der Welthandel mit Federn macht nach Wezyk (2002) 55 000 t aus. Der überwiegende Teil an Federn stammt aus China mit 22 500 t, Taiwan mit 9 000 t sowie Thailand und Ungarn mit jeweils 3 000 t. Die wichtigsten Importeure für Federn sind die USA (19 200 t), Taiwan (14 000 t) sowie Japan und Deutschland (jeweils 8 000 t).

In einigen Ländern, wie Frankreich, Ungarn und China, werden mit Gänsen und neuerdings mit Moschus- und Mulardenten durch Zwangsfütterung Fettlebern erzeugt. Diese werden für die Herstellung von Leberpasteten und anderen Spezialitäten verwendet. Es wird hierbei die Fähigkeit der Tiere genutzt, große Futtermengen aufzunehmen und viel Fett in den Leberzellen zu deponieren. Für Zugvögel ist diese Fähigkeit lebenswichtig. In Deutschland ist die Zwangsfütterung aus Tierschutzgründen verboten.

Der Einsatz von Wassergeflügel zur biologischen Unkraut- und Schädlingsbekämpfung in Gärten und Plantagen ist lokal begrenzt. Besonders Gänse eignen sich für den Einsatz in Baumwoll- und Obstplantagen. Zwischen den hochstämmigen Baumkulturen ernähren sie sich von den spontan wachsenden Pflanzen und liefern gleichzeitig organischen Dünger. Enten verzehren auf abgeernteten Reisfeldern neben den ausgefallenen Reiskörnern verschiedene Schädlinge und Unkräuter. Fischteiche werden von unerwünschten Wasserpflanzen und Algen freigehalten.

In verschiedenen Ländern Amerikas und Afrikas werden Gänse als Wachtiere anstelle von Hunden verwendet. In Schottland haben sich Höckergänse sogar für die Bewachung von Whiskylagern bewährt.

1.2 Die Entwicklung der Wassergeflügelproduktion in Deutschland

Die Hausgans hat auf deutschem Boden zweifellos eine längere Tradition als die Hausente. Schon zur Zeit des römischen Imperiums wird von Zuchtstätten für Gänse in Germanien gesprochen. Germanische Gänse auf dem Kapitol retteten Rom 390 v. Chr. mit ihrem nächtlichen Geschrei vor den herannahenden Galliern. Den Gebrauch von Gänsefedern für Kissen lernten die Römer von den Kelten und Germanen. Der von 23–79 n. Chr. lebende Naturforscher Plinius Secundus beklagte die Verweichlichung der Männer, weil sie ohne weiche Federkissen nicht mehr schlafen mochten. In spätrömischer Zeit wurden auch germanische Enten als Rasse erwähnt. Der bunte Erpel auf dem Kölner Dyonysos-Mosaik aus der römischen Zeit wird als Hauserpel gedeutet.

Weitere Hinweise auf die Gänsehaltung gibt es im Salischen Gesetz, in dem Strafen für gestohlene Gänse festgelegt sind. Umfangreiche Angaben zur Gänsehaltung stammen aus der Zeit Karls des Großen (742–814). Auf den größeren Gütern mussten 100 Hühner und 30 Gänse, auf den kleineren Gütern 50 Hühner und 12 Gänse gehalten werden. In der Hohenstauferzeit (1138–1254) gehörten Gänse mit zur Abgabe an die Klöster. Der Begriff Martinsgans stammt aus dieser Zeit, da der Termin der Ablieferung für die Zinsgänse der 11. November war, der Martinstag.

Im Vergleich zur Gans besaß die Ente bis in das Mittelalter hinein eine geringe Bedeutung und diente mehr als Ziervogel. Im „Klugen- und Rechtsverständigen Haus-Vatter“ von 1722 wird zum Ausdruck gebracht, dass der Ente in den früheren Jahrhunderten auf der Tafel wenig Sympathie entgegengebracht worden sei. In einem Lied von Martialis heißt es „Zwar möge die Ente als Ganzes aufgetragen werden, aber nur Brust und Gehirn schmecken, das übrige gib dem Koch zurück“.

Im Dreißigjährigen Krieg wurden die Geflügelbestände in einer unvorstellbaren Weise dezimiert. Mit der Intensivierung der Landwirtschaft und dem Wegfall der natürlichen Gänseweide im 19. Jahrhundert stagnierte die einheimische Gänseproduktion. Es wurden zunehmend Magergänse aus Osteuropa zur Endmast importiert. Aber die Gänseproduktion war stets in der Bedeutung der Entenproduktion überlegen.

> Im Buch „Allgemeine Haushaltungs- und Landwirtschaft“ aus dem Jahr 1759 wird zur Entenhaltung ausgesagt: „Der Landmann, der an einem Flusse liegt, ist am besten im Stande, Enten mit Vortheile zu halten; und ob sie schon nicht von solchem Werthe sind, als die Henne, Calecute (Pute) oder Gans, so ist sie doch nicht so schlecht, daß sie nicht der Mühe werth seyn sollten. Die gemeinen zahmen Enten halten sich am besten in Gärten und Baumgärten, denn keine von den andern ist so geschickt, die Würmer, Schnecken oder andere Insekten aufzusammeln oder sie in solcher Menge zu verschlingen“.

Als ganz unnütz für den Landwirt wurde um 1800 die Türkische oder Bisamente (Moschusente) angesehen.

Über die Entwicklung der Enten- und Gänseproduktion in Deutschland liegen seit 1800 Zahlenangaben vor (Tab. 1.3). Die Bestandszahlen für Enten und Gänse blieben bis in die dreißiger Jahre

Tab. 1.3. Entwicklung der Enten- und Gänsebestände in Deutschland in Millionen Stück (Brandsch, 1967, ergänzt nach ZMP-Berichten)

Jahr	Entenbestand	Gänsebestand
1800	1,6	6,0
1900	2,5	6,2
1935	2,6	5,6
1964	3,5	2,2
1996	2,1	0,64
2002[1]	2,2	0,41

[1] Zählung im Mai, sonst im Dezember

Tab. 1.4. Entwicklung der Produktion von Wassergeflügelfleisch in Deutschland (in 1000 t) und Anteil an gesamter Geflügelfleischproduktion (%)

Jahr	Gänse	Anteil	Enten	Anteil
1800	24,0	53,1	3,2	7,1
1900	25,0	36,1	5,7	12,1
1935	25,1	27,8	7,8	8,6
1950	15,0	28,8	5,0	9,6
1965	8,5	4,4	48,7	25,2
1985	11,0	2,1	32,1	6,1
1990	4,0	0,67	33,0	5,6
1998	4,5	0,58	37,5	4,8
2005	4,0	0,33	50,5	4,2

dieses Jahrhunderts relativ konstant, wobei die Anzahl der Gänse zwei- bis dreimal höher als die der Enten war. So ergab die Zählung der Geflügelbestände am 1. 12. 1900 für das Deutsche Reich 6,24 Mio. Gänse und 2,47 Mio. Enten. Auf 100 Einwohner entfielen 11,1 Gänse und 4,4 Enten.

Im vergangenen Jahrhundert hatte Gänsefleisch den größten Anteil am Geflügelfleisch, wurde aber dann vom Hühnerfleisch verdrängt (Tab. 1.4). Da die Menge an Gänse- und Entenfleisch sich absolut nur wenig erhöhte, ging mit der anwachsenden Bevölkerungszahl die Pro-Kopf-Produktion zurück. Während im Jahre 1800 noch 1 kg Gänsefleisch pro Kopf erzeugt wurde, waren es 1935 noch 380 g und gegenwärtig nur noch 50 g.

Im 19. Jahrhundert nahm der Handel mit Geflügel stark zu und Deutschland importierte zunehmende Mengen, insbesondere Gänse. Im Jahr 1903 waren es 7,25 Mio. Stück im Wert von 23 Mio. Mark (Dürigen 1923), davon über 5 Mio. aus Russland. An der russischen Grenze erfolgte die Verladung der Gänse in Güterwagen und der Transport ins Inland. In den Monaten August bis Oktober wurden diese Gänse von Kleinhändlern auf den Entladebahnhöfen übernommen und in kleinen Herden bis zu 200 Stück über die Dörfer getrieben, um sie an Bauern, kleine Handwerker und Tagelöhner zu verkaufen, die sie in provisorischen Unterkünften mit Kartoffeln und Hafer ausmästeten und später vermarkteten.

Nach dem Zweiten Weltkrieg hatte die einheimische Gänseproduktion zunächst noch eine gewisse Bedeutung für die Eigenversorgung, ging aber zunehmend zurück. Der Bedarf an Weihnachtsgänsen wird heute zu über 85% aus Polen und Ungarn gedeckt. An den Gänsefleischimport sind Polen mit 13 700 t und Ungarn mit 9000 t beteiligt. Fast die Hälfte des Imports besteht aus Teilstücken (Brust und Keulen) und entbeintem Fleisch. Die Inlandsproduktion hat nur einen Anteil von 12,6% am Gänsefleischverbrauch. Lediglich in Ostdeutschland war in den achtziger Jahren dem Rückgang der Gänseproduktion durch Subventionierung der privaten Gänsemäster entgegengewirkt worden, was die hohe Produktion von 8000–9000 t in den 80er Jahren bewirkte.

Die Entenproduktion stand jahrzehntelang im Schatten der Gänseproduktion mit einem Anteil unter 10 % am gesamten Geflügelfleisch. In Ostdeutschland änderte sich dies in den sechziger Jahren, als in Kombination mit der Binnenfischerei große Entenmastbetriebe entstanden und Entenfleisch über 50 % des vermarkteten Geflügelfleisches ausmachte. Die schnelle Reproduzierbarkeit der Enten und die niedrigen Investitionskosten bei Mast auf Karpfenteichen oder flachgründigen Seen begünstigten dies. Aus Gründen des Umweltschutzes musste diese Mastform jedoch später reduziert werden und ist gegenwärtig in Deutschland bedeutungslos. Heute werden Pekingenten

Tab. 1.5. Versorgung mit Enten- und Gänsefleisch in Deutschland (ZMP-Berichte)

	1991	1991	2005	2005
	Ente	Gans	Ente	Gans
Nettoeigenerzeugung, 1000 t	31	3,5	50,5	4,0
Einfuhrüberschuss, 1000 t	35,3	24,0	38,0	29,0
Export, 1000 t	2,7	0,3	14,5	4,0
Gesamtverbrauch, 1000 t	63,6	27,2	74,0	29,0
Pro-Kopf-Verbrauch, kg	0,80	0,34	0,9	0,35
Selbstversorgungsgrad	48,7	12,9	68,2	13,8

vorwiegend ganzjährig in Ställen mit Tiefstreu gemästet.

Neben der Pekingente werden in Deutschland in zunehmendem Maße die fleischreichere und fettärmere Moschusente, auch Flugente und neuerdings Barberieente genannt, sowie die Mulardente, die durch Kreuzung von Moschuserpeln mit Pekingenten entsteht, gemästet. Fast 40% des Entenfleischverbrauches in Deutschland wird importiert, insbesondere aus Frankreich (10 300 t), den Niederlanden (1084 t), Großbritannien (3200 t) und Ungarn (9000 t). Geringere Mengen von jeweils 630 bzw. 460 t kommen aus China und Thailand. Während Frankreich über 60% als Brust, Schenkel oder entbeinte Ware liefert, handelt es sich bei den Importen aus den anderen Ländern überwiegend um ganze Schlachtkörper. Einen Überblick über die Versorgung mit Enten- und Gänsefleisch vermittelt Tab. 1.5.

Der leichte Anstieg im Verbrauch von Wassergeflügelfleisch ist in erster Linie auf einen zunehmenden Import um 9800 t bei der Ente, vorwiegend Moschus- und Mulardenten aus Frankreich, und um 7300 t bei der Gans zurückzuführen.

Während sich die Entenproduktion auf Niedersachsen (Weser-Ems), Brandenburg (Oderbruch) und mit schon deutlichem Abstand Bayern konzentriert, werden die meisten Gänse in Nordrhein-Westfalen, gefolgt von Niedersachsen, Bayern und Sachsen gehalten.

In Brütereien mit einem Fassungsvermögen von mindestens 1000 Bruteiern wurden 1991 10,37 Mio. Entenküken und 0,56 Mio. Gössel erbrütet. Mit 22,9 Mio. Entenküken und 0,95 Mio. Gössel gab es bis 2005 eine deutliche Steigerung. Dies schlägt sich besonders bei Enten in der Schlachtmenge in Schlachtereien mit über 2000 Tieren Monatskapazität nieder. Diese erhöhte sich von 1991 zu 2005 von 21 500 t auf 39 300 t. Durch Nutzung freigewordener Grünflächen und Direktvermarktung von frischen Enten und Gänsen sollte die Enten- und Gänsefleischproduktion besonders im Zu- und Nebenerwerb lukrativ sein. Mit Frischware kann im Vergleich zu gefrosteter Ware ein etwa doppelt so hoher Deckungsbeitrag erzielt werden.

2 Stammarten des Wassergeflügels und deren Domestikation

2.1 Einordnung in das zoologische System

Enten und Gänse zählen innerhalb des zoologischen Systems zur Ordnung der enten- und gänseartigen Vögel, die an Gewässern leben und wenigstens zeitweise auch in das Wasser hineingehen (Abb. 2). Bedeutung für die Haustierwerdung erlangte die Familie der Enten- und Gänsevögel mit den Unterfamilien Entenverwandte (Anatinae) und Gänseverwandte (Anserinae). Innerhalb der Unterfamilie Entenverwandte sind aus dem Tribus Gründelenten (Anatini), der Gattung Schwimmenten (*Anas*) die Art Stockenten (*Anas platyrhynchos*) und aus dem Tribus Glanzenten (Cairinini), der Gattung aufbaumende Enten (*Cairina*) die Art Moschusente (*Cairina moschata*) domestiziert worden. Beide Arten existieren aber weiterhin in der Wildbahn, die Stockente sogar in 7 Unterarten. Mit der Fleckschnabelente (*Anas poecilorhyncha*) kommt es in China zur Überlappung und häufig zur Kreuzung, so dass auch diese Art an der Haustierwerdung in China beteiligt gewesen sein kann. Die Stockente (*Anas platyrhynchos*) als Stammart der Hausente sowie die Moschusente (*Cairina moschata* L.) als Stammart der Moschus-, Warzen- oder Flugente sind nur sehr entfernt verwandt, und aus den Kreuzungen entstehen unfruchtbare, d.h. nicht fortpflanzungsfähige Bastarde. Beide Arten haben zwar die gleiche Chromosomenzahl (80), diese sind aber in Größe und Form nicht generell übereinstimmend, was bei den Hybriden Sterilität zur Folge hat.

Aus der Unterfamilie Gänseverwandte (Anserinae), dem Tribus Gänse (Anserini) und der Gattung Feldgans (*Anser*) sind die beiden Arten Graugans (*Anser anser* L.) und Schwanengans (*Anser cygnoides* L.) domestiziert worden. Diese beiden Arten sind miteinander unbegrenzt fruchtbar. Ihr Verbreitungsgebiet überlappt sich im Ostteil von Sibirien.

Abb. 2: Stellung der Stammarten der Hausenten und -gänse im zoologischen System.

<table>
<tr><td>Ordnung</td><td colspan="4">Anseriformes (Gänseartige Vögel)</td></tr>
<tr><td>Unterordnung</td><td colspan="4">Anseres</td></tr>
<tr><td>Familie:</td><td colspan="4">Anatidae (Gänse- und Entenvögel)</td></tr>
<tr><td>Unterfamilie:</td><td colspan="2">Anatinae (Entenverwandte)</td><td colspan="2">Anserinae (Gänseverwandte)</td></tr>
<tr><td>Tribus</td><td>Cairinini (Glanzenten)</td><td>Anatini (Gründelenten</td><td colspan="2">Anserini (Gänse)</td></tr>
<tr><td>Gattung</td><td>Cairina (aufbaumende Ente)</td><td>Anas (Schwimmente)</td><td colspan="2">Anser (Feldgans)</td></tr>
<tr><td>Art:</td><td>Cairina moschata (L) Moschusente</td><td>Anas Platyrhynchos (L.) Stockente</td><td>Anser cygnoides (L.) Schwanengans</td><td>Anser anser (L.) Graugans</td></tr>
</table>

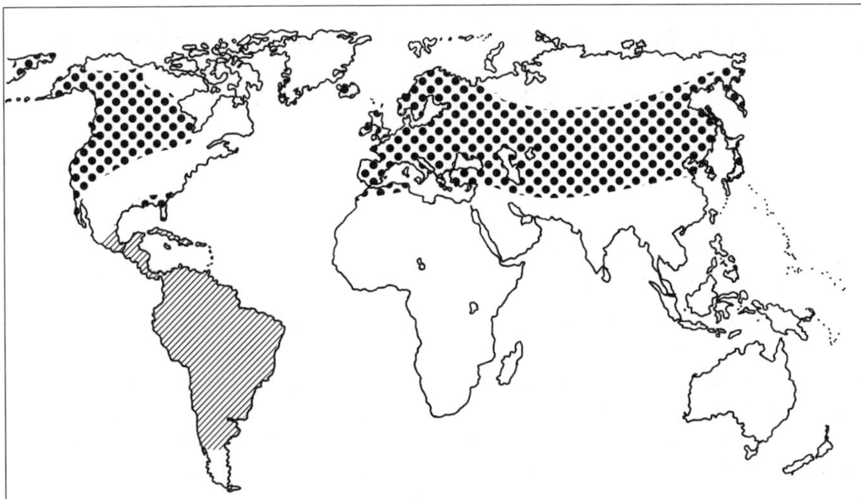

Abb. 3: Verbreitung der Stockente und der Moschusente.

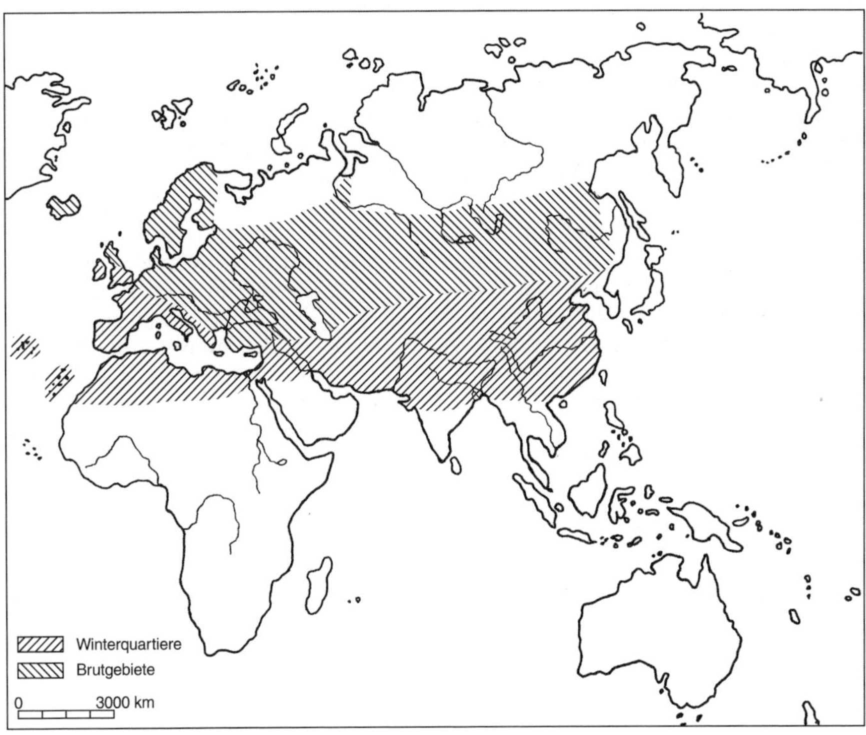

Abb. 4: Verbreitung der Graugans.

Von den **Meergänsen** (*Branta*) spielt in Nordamerika die dort heimische Kanadagans (*Branta canadensis*) eine gewisse Rolle. Sie gilt jedoch bis jetzt bestenfalls als gezähmte, aber keineswegs als domestizierte Gans, da sie keine mit der Domestikation verbundenen Veränderungen aufweist. Kreuzungen mit Hausgänsen ergeben sterile Bastarde, die nach CRAWFORD (1990) die Eltern in der Größe übertreffen und als „Mongrel-Goose" in Nordamerika bekannt sind.

Die **Stockente** besiedelt beinahe ganz Europa, Nordafrika, Nordamerika und den nordöstlichen Teil Asiens (Abb. 3). Von den sieben Unterarten der Stockente kommt nur eine als Stammart für die Hausente in Betracht. Auf Grund ihrer weiten Verbreitung wurde sie in mehreren Gebieten der Erde zum Haustier, so vor allem in Ostasien (China) und Südostasien, Vorderasien (Mesopotamien) sowie in Mittel- und Südeuropa. Dabei kann wohl die Hypothese als gesichert angenommen werden, dass zwei unterschiedliche Typen aus der Stockente hervorgegangen sind. Einmal der Landententyp, der in Form und Gestalt der Stockente ähnelt und zum anderen der Pinguintyp (aufrechte Haltung), der sich in Südostasien entwickelte (RUDOLPH 1975).

Die wilde **Moschus**- oder **Warzenente** lebt im Gebiet von Mexiko südwärts bis Peru im Westen und Uruguay im Osten. Sie ist zoologisch eindeutig von der Stockente differenziert. Sie verpaart sich zwar mit Stockenten, die Nachkommen sind jedoch steril.

Die **Graugans** hat ihr Brutgebiet von Island und Nordschottland im äußersten Westen über die Westküste Norwegens, den südlichen Teil Skandinaviens nach Mitteleuropa hinein. Es setzt sich über den mittleren und südlichen Teil Osteuropas und Sibiriens bis an die Küste des Pazifiks fort (Abb. 4). Die Winterquartiere der in Nord- und Mitteleuropa brütenden Graugänse befinden sich in Nordafrika und Spanien. Der Abflug in die südlichen Winterquartiere erfolgt von Sammelplätzen aus, wo sie sich im Laufe des Spätsommers einfinden. Im asiatischen Teil der Verbreitung der Graugans kommt es zur Überlappung mit dem Verbreitungsgebiet der Schwanengans, deren Brutgebiet sich im südlichen Teil Sibiriens und der Mongolei befindet und deren Winterquartier sich über das nördliche China, Korea und Südjapan erstreckt (Abb. 5). Es gibt jedoch keine Hinweise, dass es in der

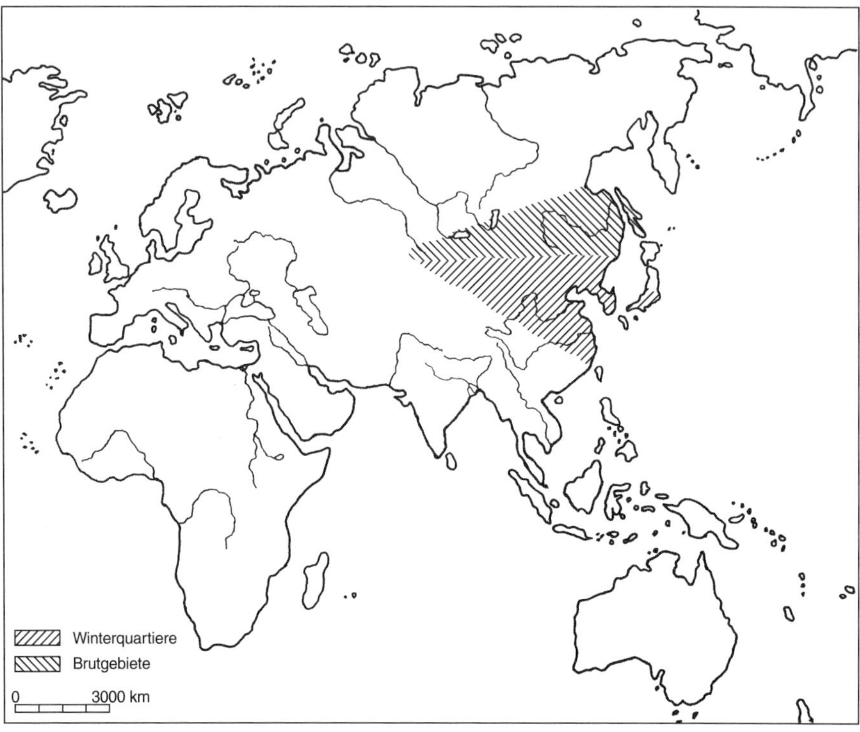

Abb. 5: Verbreitung der Schwanengans.

Wildbahn zur Kreuzung beider Arten gekommen ist.

2.2 Morphologie und Lebensweise

Bezüglich des Körperbaus weisen Enten und Gänse übereinstimmende Grundstrukturen auf, welche die Zugehörigkeit zur Familie der Enten- und Gänsevögel charakterisieren. Bei ihnen handelt es sich um mittelgroße bis große Vögel mit gedrungenem, kompaktem Rumpf und kurzen bis mittellangen Beinen, die bei äsenden Arten (Gänse) unter der Körpermitte, bei Gründel- und Glanzenten weiter hinten angesetzt sind. Der Hals ist lang bis sehr lang. Der Schnabel ist von einer weichen Haut überzogen und besitzt an der Spitze den hornverstärkten Nagel. An den Seiten des Schnabels befinden sich Hornlamellen, die je nach charakteristischer Nahrung grob und wulstig für das Abbeißen harter Gräser oder sehr fein zum Ausfiltern feinster Nahrungspartikel aus dem Wasser ausgebildet sind. Zunge und Schnabelinneres weisen viele Tastzellen auf, die auch nachts eine Nahrungsaufnahme ermöglichen.

Im Hinblick auf das Schwimmvermögen ist das geringe spezifische Gewicht des Körpers gegenüber Wasser hervorzuheben. Es beruht auf dem voluminösen, stark mit Luft infiltriertem Gefieder sowie auf der im Vergleich zu Landgeflügel höheren Pneumazität der Knochen.

Grundlage für die Fortbewegung im Wasser bilden die kräftigen Schwimmbeine und die drei langen, mit Schwimmhäuten verbundenen Vorderzehen der Füße, die deshalb auch als Paddel bezeichnet werden. Enten des *Cairina*-Typs weisen eine gewisse Rückbildung der Schwimmhäute in Form einer Ausrundung auf. Dem Leben auf dem Wasser entspricht des Weiteren die feste Struktur und Verzahnung des Deckgefieders als Schutz vor Durchnässung sowie das darunterliegende, bei Landvögeln nicht vorhandene Daunenkleid als Isolation gegen kaltes Wasser, das besonders stark im Brust- und Bauchbereich entwickelt ist. Die besonders groß ausgebildete, in der Nähe der Schwanzspitze liegende Bürzeldrüse sorgt mit ihrem öligen Sekret, das vom Tier täglich mit Schnabel, Kopf oder Hals intensiv in das Gefieder eingerieben wird, für einen ergänzenden Schutz gegen Durchnässung. Auf diese Weise werden die Federn nässeabweisend und geschmeidig gehalten, so dass das Wasser abperlt und nicht die Hautoberfläche erreicht.

Dieser Funktionskreis bleibt nur bei regelmäßigem Körperkontakt mit Wasser, d.h. bei Vorhandensein einer Schwimm- oder Badegelegenheit aufrechterhalten. Andernfalls werden die Federn spröde, brüchig sowie glanzlos und verlieren ihre Wasserabweisung. Die Tiere können sich dann nur durch Schwimmbewegungen über Wasser halten.

Der Abdichtung des Gefieders gegen Wasser dient zusätzlich dessen elektrostatische Aufladung. Bei der natürlichen Aufzucht soll dies durch Reiben des gefetteten Daunenkleides am Gefieder des Muttertieres beim Hudern entstehen. Natürlich aufgezogene Küken sind daher „wasserfester“ als mutterlose, künstlich aufgezogene. Im späteren Alter erfolgt die Erzeugung der zur elektrostatischen Aufladung erforderlichen Reibungselektrizität durch die regelmäßige Ausübung der Putzbewegungen.

Neben artspezifischen Besonderheiten gibt es für die Mauser drei Formen:

- **Jungtiermauser:** nach der Zufiederung wird das Kleingefieder teilweise oder insgesamt in 7- bis 8-wöchigen Perioden durchgemausert;
- **Brutmauser:** nach beendeter Brut wird das Klein- und danach das Großgefieder gewechselt.
- **Ruhemauser:** am Ende der Fortpflanzungsruhe wird das Kleingefieder gewechselt.

Die Stammarten der Hausenten und -gänse gelten durchweg als vorzügliche und schnelle Flugvögel, wodurch sie in der Lage sind, täglich ausgedehnte Flüge zur Nahrungssuche sowie lange Strecken im Rahmen des Vogelzuges von bis zu 8 000 km zu bewältigen. Als wichtige Voraussetzung für die Realisierung dieser hohen physischen Leistungsanforderung wird die ausgeprägte Fähigkeit zu einer vorübergehenden übersteigerten Futteraufnahme zwecks Anlegen körpereigener Energiereserven in Form von Depotfett und das fast ausschließliche Vorhandensein von roten Muskelfasern in der Brustmuskulatur, die weniger schnell ermüden und zu Dauerbelastungen befähigen, angesehen. Typisch für die Flughaltung ist der lang ausgestreckte Hals. Trotz des raschen Flügelschlages haben Anatiden keine dem Ausruhen dienende Segelphase in ihrem Repertoire der Flugbewegungen. Allenfalls segeln sie, bevor sie zur Landung ansetzen. Gänse formieren sich beim Flug über lange Strecken entweder in Keilformation oder in schräg angeordneter Reihe. Bei Enten ist eine solche Flugordnung nicht zu beobachten, sie fliegen lediglich in Reihen oder Ketten.

Über Flugverhalten und Wanderbewegung der wilden Moschusenten sind in der Literatur keine Angaben zu finden. Die meisten Populationen sollen in ihren heimischen Biotopen ganzjährig sesshaft sein. Als baumbewohnende Anatiden baumen sie zum Ruhen im Geäst alter Bäume auf und brüten in Baumhöhlen, so dass das Fliegen zur Erschließung dieser dritten Dimension immerhin eine zentrale Rolle im Leben der Moschusenten spielt. Das Flugvermögen kann häufig noch bei domestizierten Moschusenten beobachtet werden, was mit der guten Bemuskelung der Brustpartie zusammenhängt. Die Flugfähigkeit wird mit Abschluss des Hauptwachstums der Schwungfedern bei Stockenten und Graugänsen zwischen der 8. und 10. Lebenswoche und bei Moschusenten 1–2 Wochen später erreicht.

Wassergeflügel unterliegt einem regelmäßigem Federwechsel (Mauser).

Werden bei der Mauser die Flügelfedern gewechselt, geht die Flugfähigkeit für kurze Zeit verloren. Deshalb werden spezielle Mauserplätze aufgesucht, um Sicherheit vor Beutegreifern zu haben. Außerdem müssen diese Plätze auf Grund des mauserbedingten eingeschränkten Wandervermögens ein reichhaltiges Nahrungsangebot bieten, zumal in dieser Phase der Energieerhaltungsbedarf sehr hoch ist und zur Federneubildung eine ausreichende Versorgung mit vor allem schwefelhaltigen Aminosäuren zu sichern ist. Bei der Brutmauser am Ende der Fortpflanzungsperiode wechselt der Erpel vom Prachtkleid in das Schlichtkleid und die Ente vom Brutkleid in das Ruhekleid. Hierbei bleiben die Schwungfedern unberührt, so dass es nicht zum Verlust des Flugvermögens kommt. Letzteres ist jedoch der Fall, wenn bei der Ruhemauser im Herbst in Vorbereitung auf die kommende Fortpflanzungsperiode das Prachtkleid beim Erpel und das Brutkleid bei der Ente angelegt werden. Gänse wechseln dagegen die Flügelfedern in der Brutmauser etwa 4 Wochen nach dem Schlupf der Jungen, denn von diesem Alter an brauchen diese nicht mehr gehudert zu werden. Die Schwungfedern fallen schlagartig aus. Nach etwa 4 Wochen ist die neue Generation der Schwingen herangewachsen und die Flugfähigkeit wieder erreicht. Zu diesem Zeitpunkt werden auch die Nachkommen flügge.

Die **Stockente** ist ein Stand-, Strich- und Zugvogel und hält sich an nährstoffreichen Gewässern mit flachem und dichtem Pflanzenwuchs auf (an den Ufern von Haffs, Seen sowie auf langsam fließenden Flüssen und Bächen). Häufig ist diese Ente auch auf Teichen und Kanälen von Großstadtparks anzutreffen. Die Erpel werden bis zu 55 cm lang und erreichen ein Gewicht von 0,9–1,4 kg. Die Enten sind kleiner, 35–40 cm lang und 0,8–1,3 kg schwer. Die Stockente fliegt sehr schnell und

Bei den Stockenten unterscheidet man fünf Gefiederkleider:

- das **Daunenkleid** des Kükens, mit olivbraunen, gelb gestreiften Federn,
- das **Jugendkleid**, das dem Daunenkleid folgt und bei der Jugendmauser abgelegt wird. Es ist dem Federkleid des erwachsenen Weibchens ähnlich (bei Daunen- und Jugendkleid gibt es keinen Unterschied zwischen männlich und weiblich),
- das einfache, graubraune **Federkleid des Weibchens**, das immer gleich gefärbt ist. Lediglich der Flügelspiegel ist, wie beim Erpel, von stahlblauer Farbe und auf beiden Seiten zuerst schwarz und dann weiß eingefasst,
- das **Sommerkleid** (Schlichtkleid) **des Erpels** nach der Fortpflanzungszeit im Spätfrühling oder Sommer, wenn das Weibchen brütet oder die Jungen führt. Es ähnelt sehr dem Federkleid des Weibchens,
- das **Pracht**- oder **Hochzeitskleid des Erpels**, das sich im Herbst, vor Eintritt der kalten Jahreszeit, ausbildet und erst im Sommer wieder wechselt. Besonders auffällig sind der metallisch glänzende, tiefgrüne Kopf und Hals, das schmale weiße Halsband, die purpurbraune Brust, der violettblaue große Flügelspiegel, die schwarzgrünen Oberschwanzfedern, deren mittlere aufgerollt sind (Erpellocke). Der gesamte Unterkörper ist weißgrau mit sehr feiner, schwärzlicher Wellenzeichnung.

hoch und erreicht eine Fluggeschwindigkeit von 70–90 km/h. Der Gang dieser Ente ist langsam, aber sie schwimmt leicht und behend.

Während Herbst und Winter lebt die Ente in großen Herden, zerstreut sich dann aber zu Pärchen. Die Kopulation findet im Februar bis März statt und wird von beiden Partnern durch entsprechendes Verhalten vorbereitet.

Die Suche und Vorbereitung des Nestplatzes ist Angelegenheit der Ente. Bei Brutbeginn löst sich die Paarbindung und die Erpel gesellen sich wieder zusammen. Nach Beendigung der Jungenaufzucht stoßen auch die Enten dazu und beginnen mit der Mauser. Die Nester werden auf dem Boden oder etwas erhöht angelegt. Stockenten legen durchschnittlich 10 Eier (maximal 16). Nach etwa 27–28 Tagen schlüpfen die Küken als Nestflüchter. Ihr olivbraunes Daunenkleid ist mit gelben Streifen durchzogen. Das Daunenkleid wird durch den Körperkontakt mit der Mutter eingefettet, so dass es beim Schwimmen gegen das Wasser geschützt ist. Das Muttertier bleibt bis zum Flüggewerden im Alter von 8 Wochen bei den Jungtieren.

Das intensive Körperwachstum der Stockenten ist nach 130 Tagen beendet. Beachtlich ist die Legeleistung, denn in Gefangenschaft legen Stockenten bei künstlicher Beleuchtung 50–90 Eier pro Jahr. Stockenten sind Allesfresser, aber die Nahrung besteht zu 90 % aus Bestandteilen pflanzlicher Herkunft. Sie verzehren Sämereien, Knospen und Triebe von Wasser- und Sumpfpflanzen, Wasserlinsen sowie Grünalgen. Es werden aber auch Insekten und deren Larven, Würmer, Schnecken, Muscheln, Frösche sowie Kaulquappen vertilgt. Sehr gern durchschnattert die Stockente Morast, sucht das Schmackhafte heraus und lässt das andere durch die Zähnelung an den Seiten des Schnabels wieder herausfallen. Der Schnabel ist reichlich innerviert und gut mit Sinneszellen ausgestattet. In tieferem Wasser gründelt sie mit dem Kopf nach unten und dem Schwanz nach oben, zuweilen taucht sie sogar. Stockenten verbringen viel Zeit mit Gefiederpflege. Nach der Futteraufnahme und dem Baden führt die Ente typische Schüttelbewegungen zum Entfernen des Wassers aus dem Gefieder aus. Dann werden Fremdkörper aus dem Gefieder entfernt und es beginnt eine bestimmte Folge in der Verteilung des Sekrets der Bürzeldrüse auf das Gefieder. Der Gefiederpflege folgt eine kurze Schlafperiode. Die Aufeinanderfolge von Futteraufnahme, Baden, Pflege und Schlafen wird mehrmals am Tag wiederholt. Das Badeverhalten besteht im Eintauchen des Kopfes und der Flügel. Dabei wird Wasser geschöpft und über den Körper geschüttet.

Die Stammart der **Moschusente** unterscheidet sich von der Stockente durch einen langgestreckten Körper, langen Schwanz ohne Erpellocke, die nackte Schnabelwurzel, die langen spitzen Krallen, die etwas ausgerundete Schwimmhaut und den ausgeprägten Größenunterschied zwischen den Geschlechtern. Das Körpergewicht der Erpel erreicht 4–5 kg, das der Enten etwa 2,5–3 kg. Erpel haben eine Körperlänge von 80–90 cm und eine Flügelspanne von 1,35 m. Die viel kleineren Enten haben eine Länge von 70 cm und eine Flügelspanne von 90 cm. Das Gefieder von Kopf, Scheitel, Hals und Unterseite leuchtet bräunlich-schwarz und verändert sich je nach Lichteinfall bis ins Purpur- und Kupferfarbene. An der Oberseite ist ein tiefes Schwarz, teilweise grünschillernd und auf den Schwingen in Stahlblau übergehend, zu erkennen. Die weißen Oberarmdecken und der weiße Flügelbug heben sich scharf vom dunklen Gefieder ab. Scheitel- und Nackengefieder können gesträubt werden. Die Ente ist an Kopf und Hals schwärzlichbraun, an der Kehle silberweiß meliert. Das übrige Gefieder ist wie beim Erpel, aber das Schwarze mehr bräunlich und mit weniger starkem Glanz. Die Beine sind schwarz bis schiefergrau. Der Schnabel ist ebenfalls schwarz und hellt sich bis zur Spitze weiß bis rötlich auf, die Augenfarbe ist gelbbraun. Beim Erpel sind die Augen von einer verhältnismäßig breit verlaufenden roten, nackten Haut eingefasst, welche nach hinten gegen den Stirnwinkel in eine Spitze ausläuft und mit Warzen besetzt ist. Zwischen Nasenwurzel und Nasenlöchern befindet sich ein roter, fleischiger, kugeliger Höcker, der bei der Ente fehlt. Beide Geschlechter sind stimmlos bzw. geben einen leise hauchenden Ton von sich. Beim Brüten geben die weiblichen Tiere einen kurzen, melancholisch-klagenden Ton ab.

Die Moschusente bevorzugt langsam strömende Flusssysteme, Sümpfe und Brackgewässer, die von tropischen Hochwäldern umgeben sind. Sie ist mehr Baum- als Schwimmvogel und nächtigt meist auf horizontalen Baumästen. Die spitzen, scharfen, langen Krallen ermöglichen ein sicheres Klettern im Geäst. Im Gegensatz zu Stockenten gehen Moschusenten keine feste Paarbindung ein und die Balz ist einfach und kurz. Die Paarung erfolgt in der Regenzeit auf dem Wasser. Der Erpel ist polygam und beteiligt sich nicht an der Nestsuche und Brut. Nach der Paarung sucht die Ente einen Nestplatz auf hohen Bäumen oder in Baumhöhlen, manchmal auch im Schilf. Es werden etwa 10–15, maximal 20 Eier in kugelförmigen Nestern abgelegt. Nach etwa 35 Tagen Brut schlüpfen die Küken. Sie werden zum Gewässer gebracht und dort bis zum Flüggewerden von der Ente geführt. Nach der Brutzeit vereinigen sich die Enten zu kleinen, nach Geschlechtern getrennten Gruppen. Während der Dämmerung wird meist an Land die Nahrung aufgenommen. Bevorzugt werden Pflanzen und Insekten, in geringem Umfang auch Wasserpflanzen. Es werden aber auch Fische, Amphibien und kleine Reptilien verzehrt. Die Futteraufnahme erfolgt durch Seihen, Umherstochern und Gründeln.

Die **Graugans** bewohnt bevorzugt eutrophe Gewässer mit ausgedehnten Schilfbeständen, in denen die Nester angelegt werden. Die Graugans wird bis zu 1 m lang und erreicht eine Flügelspannweite von 1,70 m. Das Körpergewicht ausgewachsener Gänse liegt zwischen 3 und 4 kg. Das Gefieder der Körperoberseite erscheint bräunlich-grau, die Körperunterseite sowie Kopf und Hals dagegen gelblich-grau. Die Federn der Oberseite sind weißlich, die der Unterseite dunkelgrau umrandet. Bürzel und Bauch sind weiß, Schwingen und Schwanzfedern weisen eine schwarzbraune Färbung auf. Der Schnabel ist wachsgelb und am Schnabelgrund orangerot, die Bohne weiß. Lauf, Zehen und Schwimmhäute sind fleischfarbig.

Im Alter von eineinhalb Jahren kommt es zur Paarbildung, die in der Regel lebenslang bestehen bleibt. Ende Februar treffen die Graugänse in ihren Brutgebieten ein und beginnen mit dem

Nestbau an schwer zugänglichen Stellen im Schilf und Röhricht. Die Eiablage beginnt Ende März. Ein Gelege besteht aus 5–12 Eiern, aus denen nach einer Brut von 28–29 Tagen die Gössel schlüpfen. Bis zur Erlangung der Flugfähigkeit vergehen 8–10 Wochen. Die Brut obliegt ausschließlich der Gans, das Führen und Hudern wird von beiden Elternteilen vorgenommen. Das Daunenkleid der Gössel ist meist gelblich und auf dem Rücken dunkel. Im Alter von 3–4 Wochen beginnt die Entwicklung des Jungtiergefieders und ist bis zur 10. Lebenswoche abgeschlossen. Danach beginnt die Jungtiermauser, die nach weiteren 7 Wochen abgeschlossen ist. Alttiere mausern nach der Brutperiode und ziehen sich dazu in abgelegene Bereiche, sog. Mauserbereiche, zurück, da sie zeitweilig die Flugfähigkeit verlieren.

Die Nahrung der Graugänse besteht vorwiegend aus Gräsern und Kräutern, die zum Teil gründelnd aus dem Wasser, aber mehr noch weidend auf dem Land aufgenommen werden. Sie werden mit dem Schnabelnagel abgerissen oder mit der seitlichen Hornleiste abgebissen.

Die **Schwanengans** unterscheidet sich von der Graugans durch den langen rechteckigen Körper, den langen Hals, den langen schwarzen Schnabel mit einer Spur von Höcker, der sich bei der domestizierten Form zu einer halbkugeligen Form entwickelt und dieser Gans den Namen Höckergans gegeben hat. Weiterhin hebt sie sich durch die trompetende Lautgebung von der Graugans ab. Die Ganter zeichnen sich durch starke Aggressivität aus. Die Gefiederfarbe ist braun. Das Körpergewicht entspricht mit 3,5 kg der Ganter und mit 2,8–3,2 kg der Gänse dem der Graugans.

Im April kehren die Schwanengänse zu ihren Brutgebieten zurück. Während die Gans brütet, wacht der Ganter in Nestnähe und beteiligt sich später auch an der Führung der Gössel. Auch Schwanengänse sind ausgesprochene Vegetarier und bevorzugen als Lebensraum Flussniederungen und Seenlandschaften. Dort werden mit dem langen Schnabel bis zu 30 cm tiefe Löcher gegraben, um an Wurzeln und Rhizome heranzukommen. Dadurch können sie jeglichen Pflanzenwuchs zerstören.

2.3 Domestikation

Während über die Stammarten der Hausenten und -gänse Klarheit besteht, sind die Kenntnisse über die Anfänge der Domestikation lückenhaft und lassen unterschiedlichen Spekulationen Raum. Die weite Verbreitung der Stockente hatte zur Folge, dass sie an verschiedenen Orten domestiziert wurde. Nach chinesischen Quellen (Bo 1988) erfolgte die Domestikation der **Stockente** (*Anas platyrhynchos*) gemeinsam mit der Fleckschnabelente (*Anas poeciliorhyncha*) in Südchina. Die Verbreitungsgebiete dieser beiden miteinander fruchtbaren Arten überlappen sich hier. An den Stätten der Longshan-Kultur (3. Jahrtausend v. Chr.) wurden Tonstatuetten von Enten und anderen Tieren wie Schaf, Hund und Pfau gefunden, wonach ggf. die Domestikation in China schon vor 4000–5000 Jahren erfolgte. Die künstliche Brut war in China schon lange vor den ersten Begegnungen mit Europäern bekannt. Schriftzeichen der Hindukultur aus dem 2. Jahrtausend v. Chr. geben Hinweise auf Entenhaltung in Indien. Auch in Vorderasien wurden zahlreiche Siegel, Anhänger und Gewichte in Entenform aus dem letzten Jahrtausend v. Chr. gefunden, so dass hier ein weiteres Domestikationszentrum vermutet wird. Als nicht sicher gilt, ob im alten Griechenland und Rom Hausenten gezüchtet wurden. In den Entenzüchtereien im antiken Rom (Nessotrophien) wurden aus Wildgelegen entnommene Enteneier von Haushühnern erbrütet oder Wildenten gefangen und gemästet. Neben den Stockenten wurden in diesen ummauerten und mit Netzen überspannten Gehegen auch Krickenten und Rallen gehalten, so dass diese Form der Entenhaltung noch als Stufe der Gefangenschaftshaltung anzusehen ist. Die starke Verbreitung der Stockente ermöglichte überall ihre Bejagung, so dass sie in Europa relativ spät domestiziert wurde. Der Hinweis auf eine germanische Ente und die Deutung des Erpels auf dem Kölner Dyonysos-Mosaik als Hauserpel lassen die Vermutung zu, dass die Stockente um die Zeitenwende domestiziert war. Aus den Knochenfunden lassen sich keine sicheren Aussagen über den Domestikationsgrad treffen. Nicht selten wird angenommen, dass die Domestikation der Stockente in Europa erst im Mittelalter erfolgte.

Die **Moschusente** (*Cairina moschata*) war vor der Entdeckung Amerikas durch Kolumbus schon domestiziert. Die spanischen Eroberer fanden domestizierte Moschusenten, einschließlich einiger Farbvarianten, an der Nordküste Kolumbiens, in Venezuela und in Mittelamerika. Da Moschusenten sich leicht zähmen lassen und in Gefangenschaft problemlos brüten, ist anzunehmen, dass sie an verschiedenen Orten und zu verschiedenen Zeiten domestiziert wurden. In den indianischen Kulturen in der Andenregion Perus fand man häufig Darstellungen dieser Ente auf Keramik. Die Spanier brachten sie als „pato perulero" nach Europa. Es gibt auch Behauptungen, dass Moschusenten schon in präkolumbischer Zeit nach Westafrika gelangt sind. Sicher ist, dass sie dort große Bedeutung erlangten, denn in Frankreich wird die Moschusente 1555 als Guineaente bezeichnet und in Südfrankreich schon kommerziell produziert. ALDROVANI beschreibt und illustriert Moschusenten 1604 als Ente aus Kairo. Dies veranlasste LINNÉ, in Verbindung mit dem angeblich moschusartigen Geruch, die lateinische Bezeichnung *Cairina moschata* zu verwenden. Im heutigen Ägypten werden sie dagegen als Sudaniente bezeichnet. Nach CRAWFORD (1990) gibt es eine andere Auslegung, wonach der Name von den Muisca-Indianern in Zentralkolumbien abzuleiten ist. Schließlich wird noch die an der Verbreitung der Moschusente beteiligte Muscovite-Company als möglicher Namensgeber genannt, ähnlich wie die Turkey-Company den Türkischen Kaffee eingeführt hat. Nach Taiwan, wo die Moschusente eine große Bedeutung hat, kam sie schon 1694 mit portugiesischen Schiffen. Seit über 250 Jahren werden sie dort mit lokalen Rassen der Stammart Stockente gekreuzt, weil die Hybriden sich durch Fleischreichtum auszeichnen.

Die **Graugans** (*Anser anser* L.) zählt zu den ältesten domestizierten Geflügelarten. Sie erlangte im Altertum in vielen Gebieten große kultische Bedeutung. Im alten Ägypten war der erste Gott aus dem Gänseei hervorgegangen, aus dem Ei des „großen Schnatterers". Im Mittleren Reich war der Gott Ammon mit der Gans verbunden. Hieraus erklären sich die zahlreichen Darstellungen von Gänsen in den Tempeln des alten Theben. Zunächst hatte man Gänse mit Schlagnetzen im Schilf und in den Papyrusdickichten gefangen und zusammen mit anderen Arten in Gehegen gemästet. Aus dieser Gefangenschaftshaltung entwickelte sich schon im Alten Reich (2670–2135 v. Chr.) eine planmäßige Züchtung der Graugans. Regelmäßige Darstellungen von weißen Gänsen werden als Anfangsstadium der Domestikation betrachtet.

Neben der Graugans spielte auch die Nilgans (*Alopochen aegyptiacus*) als Speise- und Opfertier eine Rolle, den Status eines Haustieres haben sie jedoch nicht erreicht. Eine ähnlich lange Zeit der Gänsehaltung wie für Ägypten wird für Mesopotamien vermutet, wo Gänse ebenfalls als Speise- und Opfertier verwendet worden sind. In Griechenland war die Gans der Göttin Aphrodite geweiht. Homer vergleicht in seiner Odyssee die 20 Gänse am Hofe der Penelope mit den Freiern. Aus dem antiken Rom sind besonders die Gänse des Juno-Tempels bekannt, die mit ihrem Geschrei das belagerte Kapitol vor der Einnahme durch die Gallier retteten (390 v. Chr.).

Man wandte schon das „Nudeln“ mit einem Gemisch aus Mehl, Milch und Honig an, um die delikaten Fettlebern zu erzeugen. Das Gänseschmalz fand Verwendung für medizinische Zwecke. Federn und vor allem Daunen wurden als Füllstoff für Kissen genutzt und man gewann sie schon durch Lebendraufen. In Gallien und Germanien waren Gänse nach archäozoologischen Befunden lange vor der Zeitenwende im Übergang von der Bronze- zur Eisenzeit domestiziert. Sichere Belege für die Haltung von Hausgänsen gibt es aus der Hallstatt-Latene-Zeit.

Die Domestikation der **Höckergans** aus ihrer Stammart **Schwanengans** (*Anser cygnoides* L.) ist mit hoher Wahrscheinlichkeit schon vor langer Zeit in China erfolgt. Wie die Enten sind sie als Tonstatuetten aus der Longshan-Kultur (3. Jahrtausend v. Chr.) gefunden worden. Sie breiteten sich nach Indien, Afrika und Europa aus. In Russland wurde die Höckergans schon frühzeitig mit lokalen Landgänsen, die von der Graugans abstammen, gekreuzt. Es entstand so die mit hoher Legeleistung ausgestattete Kubangans im Nordkaukasus.

2.4 Veränderungen im Hausstand

Der Übergang vom Leben in der Wildbahn in die Haustierhaltung ist mit zahlreichen Veränderungen im Aussehen, im Ablauf physiologischer Prozesse und im Verhalten verbunden. Wichtig ist zunächst die Überwindung der Scheu bzw. der ängstlichen Vorsicht, die ein Nachlassen der nervlichen Leistungen und eine Abnahme der Gehirnmasse zur Folge haben. Bei Hausenten und -gänsen hat sich eine Vielfalt an Unterschieden in Größe, Farbe, Befiederungsstruktur, Leistung der Organsysteme und im Verhalten herausgebildet, die veranschaulichen, dass die Ansprüche der Wildformen und der Haustiere an die Umwelt sehr verschieden sind. Offensichtlich sind schon in den Wildformen Erbanlagen vorhanden, die zu neuen Merkmalen führen, die sich z. B. bei den in großstädtischen Parks reichlich vorkommenden Stockenten entfalten können.

Die Körpergröße bei Hausenten und -gänsen ist stark differenziert. Die Größe der Wildformen entspricht dabei in etwa den kleinen Rassen der Hausform. Bei Enten kommen schwere Rassen auf 5 kg, bei Gänsen auf über 10 kg. Mit der Zunahme der Körpergröße treten auch andere Proportionen auf und es vermindert sich das Flugvermögen. Die Tragfläche des Flügels verhält sich negativ allometrisch zum Körpergewicht. Der innerartliche Allometrie-Exponent für das Verhältnis Tragfläche zu Körpergewicht bei Stock- und Hausente liegt bei 0,53 und bei Grau- und Hausgans bei 0,57.

Zu erstaunlichen Veränderungen ist es auch in der Körperform und -haltung gekommen. So weist RUDOLPH (1978) auf die im asiatischen Raum entstandene, steil aufgerichtete Körperhaltung der Laufenten und die fast waagerechte Haltung der in Europa entstandenen Entenrassen hin. Bei Hausgänsen und -enten ist das Beinskelett gegenüber den Wildformen schwerer, das Armskelett dagegen leichter geworden. Das steht im Zusammenhang mit der Zunahme des Laufens und der Abnahme des Fliegens. Die Beinmuskulatur hat sich kaum verändert, die Arm- und Brustmuskulatur ist jedoch um etwa 30 % zurückgegangen.

Die Veränderungen im Gefiederkleid beziehen sich vorwiegend auf die Farbe, die sich von einer Pigmentzu- oder -abnahme herleiten. Gesperbertes Gefieder ist bisher nur bei Moschusenten, Lockenbildung nur bei Gänsen bekannt. Federhauben kommen sowohl bei Enten als auch bei Gänsen vor.

Mit den körperlichen Aktivitäten der Haustiere hängen die Veränderungen im Kreislaufsystem zusammen, wie Verringerung des Herzgewichts bis zu 20 %. Die Stoffwechselorgane haben sich gegenüber den Wildformen ebenfalls gewandelt, so Reduktionen in einzelnen Darmabschnitten, aber Vergrößerung der Leber, die bei der Synthese der Dotterproteine eine Rolle spielt.

Einen starken Wandel haben die Fortpflanzungsorgane erfahren. Bei Enten ist es immerhin um eine Steigerung der Eizahl um das 20fache gekommen. Die Hodengewichte der Hauserpel sind deutlich größer als bei Wilderpeln.

Änderungen im Zentralnervensystem stehen im Zusammenhang mit Verhaltensänderungen. Haustiere sind der natürlichen Selektion hinsichtlich Nahrungssicherung, Schutz vor Feinden und Erhaltung der Gesundheit weitgehend entzogen. Im Vergleich zur freien Wildbahn bestehen andere Bedingungen, wie begrenzter Lebensraum, höhere Bestandsdichte, Einfluss des Menschen auf die Sozialstruktur und auf Nahrungsmenge und -zusammensetzung, an die sich die domestizierten Tiere auch im Verhalten anpassen mussten. Das Hirngewicht hat um etwa 15 % abgenommen, wobei vor allem das Vorderhirn betroffen ist.

3 Rassen

Ausgangspunkt für die Rassenbildung bei Enten und Gänsen sind die im Verlauf der Domestikation aufgetretenen Veränderungen im Körpergewicht, in den Körperproportionen, in der Gefiederfarbe und -struktur sowie im Auftreten einzelner Formmerkmale. Aufgrund der getrennten Domestikationszentren sind Veränderungen gegenüber der Stockente vielfältiger als bei der Moschusente. Gänserassen haben sich überwiegend aus lokalen Herkünften mit spezifischer Nutzungsrichtung entwickelt. Einige Gänserassen gehen aus Kreuzungen zwischen Herkünften aus Grau- und Schwanengänsen hervor.

3.1 Hausenten

Aus der Stockente haben sich mit Sicherheit zwei Grundtypen herausgebildet:

Der Landenten-Typ mit mehr waagerechter Haltung und Eignung für die Mast sowie der Pinguinenten-Typ mit stark aufgerichteter Haltung und Eignung für die Erzeugung von Eiern.

Die Landente dominierte bis zum Beginn des 20. Jahrhunderts und war noch in den dreißiger Jahren sehr verbreitet. Zwischen der Landente und der Stockente gab es lediglich Unterschiede in der Größe. Durch häufige Rückkreuzungen kam es kaum zu gestaltmäßigen Veränderungen. DÜRIGEN (1923) hebt ihre Vollfleischigkeit und Dünnhäutigkeit (geringe Fettdepots) hervor.

In Ost- und Südostasien entstand dagegen der Pinguinenten-Typ. Hierbei handelt es sich um eine lauffreudige Ente mit stark aufgerichtetem Körper. Dieser Typ hat sich möglicherweise durch natürliche Selektion herausgebildet. Die jungen Enten wurden zum Nachernten der Reisflächen über viele Kilometer getrieben und mussten für solche Wanderungen besonders befähigt sein. Hinzu kommt, dass im Entstehungsgebiet dieses Ententyps größerer Wert auf die Legeleistung gelegt wurde. Durch spätere Kreuzungen sind Rassen entstanden, die im Kombinations-Typ stehen (Abb. 6).

Von den 19 in der Rassegeflügelzucht anerkannten Entenrassen mit zum Teil noch verschiedenen Farbschlägen haben in Europa nur die amerikanische Pekingente und die Moschusente wirtschaftliche Bedeutung (Tab. 3.1).

Die 1873 in die USA eingeführten weiß gefiederten Pekingenten sollen aus der Umgebung Pekings stammen, wo sie schon seit dem 14. Jahrhundert gezüch-

Abb. 6: Körpertypen der domestizierten Stockente. a Masttyp, b Kombinationstyp, c Legetyp (Pinguintyp).

Tab. 3.1. Charakteristik der Entenrassen nach dem Standard des BDRG

Rasse	Körpergew. (kg) Erpel	Ente	Legeleistung (Stück)	Bruteimindestgewicht (g)	Schalenfarbe	Farbschläge
Altrheiner Elsterenten	3,0	2,5		65		schwarz-gescheckt
Aylesburyente	3,5	2,5	80	80	Weiß-grün	weiß
Campbellente	2,5	2,0	140	65	Weiß	khakifarben
Cayugaente	3,0	2,5	60	65	Weiß-dunkelgrün	schwarzgrüner Metallglanz
Gimbsheimer	3,0	2,5		70		blau
Haubenente	2,5	2,0	50	60	weiß-grünlich	alle Farbschläge
Hochbrutflugente	1,5	1,25	30	50	grünlich	alle Farbschläge
Krummschnabelente	2,75	2,25		60		dunkelwildfarbigweißer Latz
Indische Laufente	2,0	1,75	100	65	weiß	[1]
Orpingtonente	3,0	2,5	100	65	weiß-grün	gelb
Amerikanische Pekingente	3,5	3,0	120	70	weiß-gelblich	weiß
Deutsche Pekingente	3,5	3,0	50–60	70	weiß	weiß
Pommernente	3,0	2,5	80	70	weißblaugrün	blau-o. schwarz, weißer Latz
Rouenente	3,5	3,0	50–60	80	weißgrün	wildfarbig
Sachsenente	3,5	3,0	100	80	weiß	blau-gelb
Smaragdente	1,0	0,75	30	55	grün	schwarz-smaragdgrüner Glanz
Streicherente	2,5	2,0	60–80	65	weiß	silber-wildfarbig
Zwergente	1,2	1,0	30	40	Weiß	alle Farbschläge
Warzenente	4,5	2,5	40–50	70	Weiß	[2]

[1] wildfarbig, weiß, blau, schwarz, braun, rehfarbig, gescheckt wildfarbig, forellenfarbig, erbsgelb
[2] wildfarbig, blau-wildfarbig, perlgrau, weiß, schwarz, gescheckt schwarz, blau oder braun auf weißer Grundfarbe

tet werden. Sie sollen sich in der Form wenig von der damals in England verbreiteten Mastentenrasse ‚Aylesbury' unterschieden haben und wurden zu einer schnellwüchsigen, frühreifen Rasse mit hoher Legeleistung entwickelt. Die in England damals dominierende weiße Aylesburyente sowie die Rouenente in Frankreich, die in der Gefiederfarbe der Stockente entspricht, sind in der Bedeutung zurückgedrängt worden. Das Gleiche gilt für die aus Landenten hervorgegangene Pommersche Ente mit weißem Brustlatz (im Ausland auch oft als Schwedenente bezeichnet, da das Herkunftsgebiet Vorpommern seinerzeit zu Schweden gehörte).

Im Standard für Pekingenten um die Jahrhundertwende hieß es bezüglich der Brust: „sehr stark entwickelt und soweit hervortretend, dass das auf beiden Seiten befindliche Muskelfleisch eine leicht bemerkbare Rinne bildet und so die Brust von oben nach unten in zwei gleiche Teile spaltet". Eine solche Zielstellung sucht man im heutigen Standard des BDRG vergebens. Heute heißt es zur Brust nur: „voll und breit; ohne Kielansatz, etwas hoch getragen". Das ist ein klarer Rückschritt in Hinblick auf die Anforderungen zum Brustfleischansatz.

Die führenden Zuchtbetriebe für Pekingenten in der Welt züchten heute Linien nach unterschiedlichen Zuchtzielen, mit denen nach entsprechenden Prüfungen durch Kreuzung Masthybriden erzeugt werden. Dabei wird zwischen Vater- und Mutterlinien unterschieden. In den Vaterlinien wird auf schnelles Wachstum, hohen Fleischansatz und niedrigen Futteraufwand gezüchtet. Die Vaterlinien haben 7- oder 8-Wochen-Gewichte von 3,5–4 kg. Für die Erhöhung des Brustfleischanteils sind in einige Linien der Rasse Pekingente flugfähige Rassen, wie die Zwergente und die Hochbrutflugente, aber auch Wildenten, eingekreuzt worden, die ein Körpergewicht von unter 3 kg aufweisen. In den Mutterlinien wird im Interesse einer ausreichenden Reproduktionsleistung auf ein 7- oder 8-Wochen-Gewicht von 2,5–3 kg orientiert. Es ist nicht ausgeschlossen, dass zur Erhöhung der Reproduktionsleistung Mutterlinien aus Kreuzungen zwischen Peking- und Legeenten (Khaki-Campbell-Ente) entwickelt wurden. Enten solcher Mutterlinien legen in 40 Legewochen über 200 Eier, aus denen über 150 Küken schlüpfen. Eine Mutterente kann über die Nachzucht somit bis zu 450 kg Lebendgewicht erzeugen.

Die von den führenden Zuchtunternehmen angebotenen Mastenten sind in der Regel Kreuzungen aus vier Linien und erreichen im Alter von 7 Wochen ein Mastendgewicht von 3,2–3,5 kg bei einem Futteraufwand von 2,2–2,5 kg. Der Fleischansatz ist gekennzeichnet durch einen Anteil der Brustmuskulatur von 15 % am Schlachtkörper.

Legeentenrassen wie Khaki-Campbell- und Indische Laufenten haben in Deutschland trotz der hohen Leistungskapazität von über 300 Eiern im Jahr keine wirtschaftliche Bedeutung. In den 20er Jahren wurden sie zur Eierproduktion verwendet. Mit der Einschränkung des Handels von Enteneiern nach Todesfällen auf Grund von Salmonelleninfektionen wurden diese Rassen von Pekingenten verdrängt. In der Rassegeflügelzucht werden sie mit insgesamt 19 Entenrassen, die zum Teil noch in verschiedenen Farbschlägen vorkommen, nach bestimmten Farb- und Formstandards gezüchtet.

3.2 Moschusenten

Die Moschusente (*Cairina moschata*) erlangte in den letzten 40 Jahren zunehmende wirtschaftliche Bedeutung. Es gibt acht verschiedene Farbschläge, von denen in Deutschland der weiße bevorzugt wird. Eine weitere Unterteilung in Rassen ist nicht vorgenommen worden. Im Gegensatz zur weißen Farbe der Pekingente wird die weiße Farbe der Moschusente dominant vererbt. Die braune Farbe der Moschusente ist an das Geschlechtschromosom gekoppelt und kann für die Erzeugung von Kennküken genutzt werden. Die Moschusente unterscheidet sich von der Stockente durch einen langgestreckten Körper, langen Schwanz, die nackte Schnabelwurzel, lange spitze Krallen und die etwas ausgerundete Schwimmhaut. Beide Geschlechter sind stimmlos bzw. geben einen leisen hauchenden Ton von sich. In der aktuellen Vermarktungsnorm der EU wird sie als Barberieente bezeichnet. In Deutschland ist sie als Flugente und in der Rassegeflügelzucht als Warzenente bekannt.

Zu Beginn unseres Jahrhunderts wies Beeck (1906) darauf hin, dass sich „die Bisam-, Moschus- bzw. Türkische Ente nicht als der undankbare und heimtückische Vogel erwiesen habe, als welcher er verschrien sei. Sie hat als Vorzüge bedeutende Körpergröße, gute Mästbarkeit, Fruchtbarkeit und leichte Aufzucht, gibt einen guten Braten und ist für Örtlichkeiten, denen Teiche oder Bäche fehlen, sehr geeignet, da sie nur geringes Schwimmbedürfnis hat und auch ohne ausgiebige Badegelegenheit gut gedeiht“.

Einen hohen Leistungsstand haben Moschusenten in Frankreich, wo verschiedene Zuchtunternehmen gemeinsam mit dem Forschungsinstitut für Geflügel die Entwicklung betrieben haben. Generell kann das Leistungsniveau der Moschusenten in Frankreich wie folgt eingeschätzt werden:

- 90–110 Eier in einer 20- bis 24-wöchigen Periode.
- Lebendgewicht im Alter von 12 Wochen bei Erpeln zwischen 4,5 und 5,2 kg und bei Enten im Alter von 9–10 Wochen zwischen 2,2 und 2,5 kg. Der Futteraufwand je kg Lebendgewicht liegt bei 2,7–2,8 kg.
- Brustmuskelanteil am Schlachtkörper 16–20 %.

Es tritt ein erheblicher Unterschied in der Körpergröße zwischen männlichen und weiblichen Tieren (Geschlechtsdimorphismus) auf. Ausgewachsene Erpel können bis zu 8,5 kg, Enten bis zu 4 kg schwer werden. Mähnenartiges Kopf- und Halsgefieder sowie warziger Höcker am Ansatz des Oberschnabels sind auch bei den domestizierten Enten charakteristisch. Bevorzugt wird der weiße Farbschlag. Im Standard werden die Farbschläge weiß, wildfarbig, schwarz gescheckt, schwarz, blauwildfarbig, blau gescheckt, blau und braun gescheckt geführt. Das Fleisch ist sehr schmackhaft und besteht aus etwas mehr Muskulatur und etwas weniger Haut als das der Pekingente. Die in der älteren Literatur geäußerte Meinung, dass beim Schlachten Kopf und Bürzel schnell entfernt werden müssten, damit das Fleisch den Moschusgeruch nicht annehme, trifft nicht zu. In ihrer Heimat wird die Moschusente seit langem sehr geschätzt, da sie viele Eier legt, diese zuverlässig ausbrütet und die Küken sicher aufzieht. Diese Eigenschaften macht sie auch für den Kleintierhalter wertvoll, da die Reproduktion wenig Aufwand erfordert. Hinzu kommen hohe Widerstandskraft und gute Anpassungsfähigkeit der Moschusente, lediglich bei Schnee und Frost ist sie empfindlich an den Füßen.

3.3 Mulardenten

Seit einigen Jahren wird verstärkt die Kreuzung von Moschuserpeln mit Pekingenten zur Erzeugung von **Mularden** oder Mulardenten angewandt. Bei Kreuzungen innerhalb einer Art sind die Nachkommen unbegrenzt fortpflanzungsfähig. Das trifft grundsätzlich für Kreuzungen von Wildformen mit den aus ihnen hervorgegangenen domestizierten Formen zu. Die Mulardenten dagegen sind steril. Die weiblichen Mularden haben mangelhaft entwickelte Eierstöcke und Eileiter, zeigen kein Paarungsverhalten und sind in Größe und Form den männlichen Mularden sehr ähnlich. Diese zeigen demgegenüber Paarungsverhalten, aber die Samenzellen erreichen nicht die erforderliche Reife und bleiben mehrkernig. Die umgekehrte Kreuzung Stockerpel × Moschusente bringt ebenfalls unfruchtbare Hybriden, die als „Hinnies“ bezeichnet werden. Die weiblichen Kreuzungstiere zeigen zwar eine Paarungsreaktion und legen Eier. Diese sind jedoch relativ klein und nicht entwicklungsfähig. Die männlichen Nachkommen sollen hin und wieder fruchtbar sein, allerdings sind auch bei diesen die Spermien allgemein doppelkernig. Insgesamt tendieren die Hinnies mehr zu den Moschusenten. Das betrifft auch die Unterschiedlichkeit beider Geschlechter in der Körpergröße.

Kreuzungen zwischen Moschuserpeln und Pekingenten werden vorwiegend in Frankreich und Asien (Taiwan) vorgenommen, um eine höhere Fleisch- bzw. Fettleberproduktion zu erreichen. Die Brutdauer beträgt etwa 32 Tage. Bei dieser Kreuzung wird der hohe Fleischansatz der Moschusenten mit der guten Reproduktionsleistung der Pekingenten kombiniert. Der Geschlechtsdimorphismus wird reduziert, die männlichen und weiblichen Nachkommen sind in Größe und Aussehen nahezu gleich und erreichen in 9–10 Wochen ein Lebendgewicht von 3,5–4,5 kg bei einem Futteraufwand von 2,6 kg. Die Brustmuskulatur hat einen Anteil von 18–20 % am Schlachtkörper.

Die Erzeugung von Mularden ist auch für hauswirtschaftliche Tierhaltungen attraktiv. Bei der gemeinsamen Haltung von Moschuserpeln und Pekingenten bzw. anderen Hausentenrassen fallen diese Hybriden oft durch natürliche Verpaarung an. Sie sind leicht von Moschus- und Pekingentenküken zu unterscheiden, da sie in der Regel mehr oder weniger große dunkle Gefiederpartien auf Kopf und Rücken aufweisen (Elsterscheckung). Das trifft auch dann zu, wenn beide Eltern weißes Gefieder haben. Zwischen den weißen Moschuserpeln bzw. Pekingenten, die zur Kreuzung eingesetzt werden, gibt es Unterschiede hinsichtlich der Vererbung der dunklen Flecke. Durch Selektion ist es gelungen, weißbefiederte Mulardenten zu erzeugen. Lediglich auf dem Kopf befindet sich ein Farbfleck. Auf Grund der geschlechtsgebundenen Vererbung der braunen Farbe (Chocolate) werden neuerdings Mularden mit Kennfarbe erzeugt. Die Geschlechtssortierung erfolgt nach der Farbe des Kopffleckes. Dieser ist bei männlichen Küken braun und bei weiblichen Küken schwarz.

3.4 Hausgänse

Die meisten der 11 in Deutschland gezüchteten Gänserassen gehen abstammungsmäßig auf die **Graugans** zurück (Tab. 3.2). Abbildung 7 zeigt typische Hausgänse, die aus der Graugans hervorgegangen sind. Die **Höckergans**, die von der Schwanengans abstammt, wird als eigenständige Rasse geführt. In China gibt es von dieser Herkunft ebenfalls über 10 verschiedene Rassen, die sich deutlich in Körpergewicht, Brutverhalten und Legeleistung unterscheiden. Einige leichte Rassen bringen es auf über 100 Eier in einer Legeperiode.

Die ältesten deutschen Gänserassen sind die **Emdener** und die **Pommersche Gans**, die zu den schweren Rassen zu zählen sind. Besonders die Emdener ist als schwere Legegans weltweit verbreitet und dürfte auch in verschiedenen kommerziellen Linien vertreten sein. Die Pommersche Gans ist als schwere Brutgans mehr in Kleinbeständen anzutreffen. Die **Deutsche Legegans**, deren Züchtung in den 40er Jahren im sächsischen Gänseherdbuch auf der Grundlage verschiedener mittelgroßer weißer Landschläge, wie der Nordlausitzer Gans, begann, spielt zusammen mit der leichteren, auf hohe Legeleistung gezüchte-

Abb. 7: Typische Hausgänse.

Tab 3.2. Charakteristik der Gänserassen nach dem Standard des BDRG

Rasse	Körpergew. (kg) Ganter	Gans	Legeleistung (Stück)	Bruteimindestgewicht (g)	Gefiederfarbe	Brutverhalten
Emdener Gans	11,0	10,0	40	170	reinweiß	nein
Pommersche Gans	8,0	7,0	20	170	weiß, grau, gescheckt	ja
Toulouser Gans	9,0	8,0	25	160	grau	nein
Steinbacher Kampfgans	7,0	6,0	20	120	blau, grau	ja
Diepholzer Gans	5,5	4,5	40	140	grau	ja
Höckergans	5,0	4,0	50	120	graubraun, weiß	nein
Lockengans	5,0	4,5	25	120	weiß	ja
Deutsche Legegans	6,5	5,5	40	170	reinweiß	nein
Tschechische Gans	5,0	4,0	45	140	Weiß	nein
Celler Gans	6,0	5,0	15	130	braun	ja
Elsässer Gans	4,5	4,0		120	grau	ja

ten Rasse **Italienische Gans** in der Produktion von Mastgänsen eine wichtige Rolle. Eine weitere im Rahmen des rheinischen Gänseherdbuches entstandene Legegans ist die **Rheinische Gans**. Sie geht ebenfalls auf lokale Herkünfte zurück. Zu ihrer Entstehung hat zweifellos die Nachfrage nach Gänseeiern für den Konsum im Gebiet des Niederrheins beigetragen. Die Italienische Gans, im Ausland auch als Römische Gans bekannt, ist aus italienischen Landgänsen hervorgegangen und hat eine 2 000 Jahre alte Zuchtgeschichte. Als mittelschwere Gans mit hoher Fruchtbarkeit eignet sie sich in modernen Kreuzungsprogrammen gut als Muttergrundlage.

In der Gänsefleischproduktion dominieren Hybriden aus der Kreuzung von Gantern der Deutschen Legegans mit Gänsen der Italienischen Gans oder auch anderer Herkünfte, wie der Dithmarscher und der schweren Dänischen Gans, die auf die Emdener Gans zurückgehen. Von den Elterntieren werden bei einer Legeleistung von 60–70 Eiern in einer Legeperiode 40–45 Gössel erzeugt. Bis zum Alter von 8 Wochen erreichen die Gänsemasthybriden ein Körpergewicht von 5 kg bei einem Aufwand von 2,5 kg Mischfutter je kg Körpergewicht und einen Brustmuskelanteil am Schlachtkörper von 12–13 %. In der verlängerten Jungtiermast bis zur 16. Lebenswoche erreichen sie über 6 kg Körpergewicht und einen Brustmuskelanteil am Schlachtkörper von 17–18 %. Der Aufwand an Mischfutter hängt stark von der Qualität der Weide bzw. des Grünfutters ab und kann mit etwa 3,5 kg je kg Körpergewicht veranschlagt werden.

Für die Gänseleberproduktion im Südwesten Frankreichs spielen die **Toulouser Gans** und neuerdings die **Landaiser Gans** eine besondere Rolle, da sie über Jahrhunderte auf Eignung für die Erzeugung von Fettlebern gezüchtet wurden.

4 Biologische Grundlagen

Kenntnisse zum Körperbau und zu den biologischen Abläufen im Organismus der Enten und Gänse vereinfachen das Verständnis für bestimmte praktische Handhabungen in der Zucht, Haltung und Fütterung der Tiere. Ein solides Wissen über den Bau und die Funktion des Körpers und seiner Organe ist erforderlich, um ein Tier nach Form, Leistung und Gesundheitszustand richtig beurteilen zu können. Besonderheiten im Körperbau von Enten und Gänsen ergeben sich wie generell bei Vögeln aus der Fähigkeit des Fliegens und darüber hinaus aus der Fähigkeit des Schwimmens.

4.1 Exterieur von Ente und Gans

Der Körper von Ente und Gans wird nach der äußeren Form eingeteilt und die einzelnen Regionen in besonders benannte Unterregionen unterteilt. Folgende Körperteile werden unterschieden: Kopf, Hals, Rumpf, Schwanz, Schultergliedmaßen und Beckengliedmaßen. In Abb. 8 ist das Exterieur eines Erpels mit der Bezeichnung wichtiger Körperteile und Federbezirke dargestellt.

Am Kopf werden unterschieden: Stirn, Scheitel, Hinterkopf, Augengegend, Ohrengegend, Schnabel mit Ober- und Unterschnabel sowie Schnabelbohne oder Haken. Der Hals wird unterteilt in Nacken, Kehle, eigentlichen Hals und Halsbasis. Am Rumpf unterscheidet man: Rücken, Brust, Bauch und Kloakengegend. Bei den Schultergliedmaßen handelt es sich um die Flügel, bei den Beckengliedmaßen um Schenkel, Lauf und Paddel mit Schwimmhaut.

4.2 Skelett

Das Skelett gibt dem Organismus Stütze und Halt, schützt in Kopf- und Brusthöhe die empfindlichen inneren Organe und dient der Muskulatur als Ansatzfläche. Die Knochen enthalten – wie Vogelknochen generell – viele Kalksalze. Sie sind deshalb hart, spröde, wenig elastisch und splittern sehr leicht. Charakteristisch ist weiterhin der Luftgehalt verschiedener hohler Knochen, die mit den Luftsäcken in Verbindung stehen. Hierzu gehören der Oberarm, das Brustbein, die Schlüsselbeine, der Schädel sowie die Lenden- und Kreuzwirbel.

Das Kopfskelett besteht aus Hirn- und Gesichtsschädel, Zungenbein und Gehörknöchelchen. Der Hirnschädel bildet die rundliche, gedrungene und verhältnismäßig kleine Hirnkapsel und schützt das Gehirn. Diejenigen Knochen, die die Eingänge zum Verdauungs-

Abb. 8: Exterieur einer Ente. 1 Stirn, 2 Scheitel, 3 Nacken, 4 Hinterhals, 5 Schulterblätter, 6 Rücken, 7 Bürzel, 8 Oberschwanzdecken, 9 Steuerfedern, 10 Unterschwanzdecken, 11 Bauch, 12 Brust, 13 Hals, 14 Kehle, 15 Kinn, 16 Zügel, 17 Wange, 18 Ohrgegend, 19 Flanke, 20 Unterschenkel, 21 Lauf, 22 Hinterzehe, 23 Innenzehe, 24 Mittelzehe, 25 Außenzehe, 26 Schnabel, 27 Nagel, 28 Nasenlöcher, 29 Handschwingen, 30 Armschwingen.

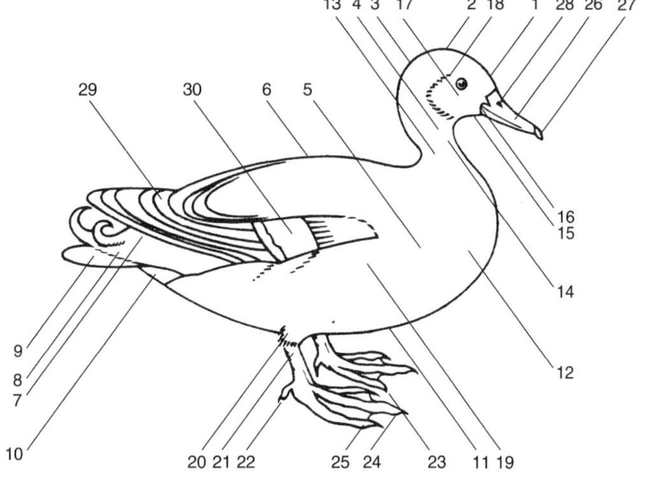

Links oben: Mangelhaft durchgemauserter Stockerpel lässt sich von Mischlingen schwer unterscheiden.
Rechts oben: Stockerpel im Prachtkleid, das sich vor Eintritt der kalten Jahreszeit ausbildet. Besonders ausgeprägt sind der metallisch glänzende tiefgrüne Kopf, das schmale, weiße Halsband und die purpurbraune Brust.
Unten: Weibliche Stockenten mit dem schlichten graubraunen Federkleid. Lediglich der Flügelspiegel ist von stahlblauer Farbe.

und Atmungsapparat umgeben und deren knöcherne Grundlage bilden, machen den Gesichtsschädel aus. Dieser ist mit dem Schnabel sehr lang ausgezogen. Die Hauptgrundlage des Oberschnabels bildet das Zwischenkieferbein. Der Unterkiefer bildet die Grundlage für den Unterschnabel. Ober- und Unterschnabel tragen keine Zähne, sind aber von Hornscheiden überzogen. Ein komplizierter Mechanismus ermöglicht die Senkung des Unter- und die Anhebung des Oberschnabels.

Die knöcherne Grundlage des Halses bilden bei der Ente 14–15 und bei der Gans 16–18 Wirbel. Die Halswirbelsäule ist S-förmig gebogen und der längste Abschnitt der Wirbelsäule. Der erste Halswirbel ist ein schmaler, ringförmiger Knochen. Eine Gelenkpfanne nimmt den halbkugelförmigen Hinterhauptfortsatz des Schädels auf und ermöglicht, dass der Kopf bis zu 180° nach jeder Seite gedreht werden kann. Die übrigen Halswirbel sind durch Sattelgelenke untereinander verbunden und tragen zu der großen Beweglichkeit des Kopfes nach allen Richtungen bei.

Die knöcherne Grundlage des Rückens sind die 9 Brust-, 14 Lenden- und Kreuzwirbel. Alle Brustwirbel tragen Rippen, die mit zwei Fortsätzen am Wirbelkörper verbunden sind.

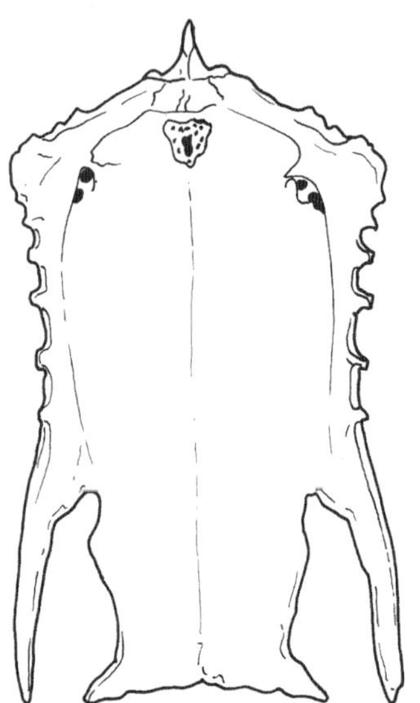

Abb. 9. Brustbein der Ente.

Das Brustbein bildet als Knochenplatte den unteren Abschluss des Brustkorbes. Auf der Brustbeinplatte erhebt sich ein starker Kiel und vergrößert die Ansatzfläche für die Flugmuskulatur (Abb. 9).

Der Schwanz besitzt als knöcherne Grundlage 7–8 untereinander bewegliche freie Wirbel, wobei der letzte aus 4–6 embryonal angelegten, zusammengewachsenen Wirbeln besteht und eine pflugscharähnliche Gestalt (Pygostyl) hat. An diesem setzen die Steuerfedern des Schwanzes an.

Der Schultergürtel besteht aus dem Rabenschnabelbein, Schlüsselbein und Schulterblatt und wirkt als Aufhängegürtel für die zu Flügeln umgewandelten Vordergliedmaßen. Der Oberarm ist kräftig und hohl und wird durch Verbindung mit den Luftsäcken mit Luft gefüllt. Der Unterarm besteht aus Elle und Speiche. In Ruhestellung sind Ober- und Unterarm so gewinkelt, dass sie fast parallel am Körper ruhen. Handwurzelknochen, Mittelhand und Finger tragen die Handschwingen.

Der Beckengürtel besteht aus 2 Hüftbeinen, die zusammen mit den zu einem Stück verschmolzenen Beckenwirbeln zu einem großen stabilen Knochen verwachsen sind. Das Becken dient als Ansatzfläche für die Hinterextremitäten und hat die Aufgabe, den Vogel beim Laufen aufrecht zu halten. Jedes Hüftbein besteht aus Darmbein, Sitzbein und Schambein. Der hintere Abstand der Schambeinenden erweitert sich bei den weiblichen Tieren während der Legetätigkeit. Desgleichen der Abstand zwischen den Schambeinenden und dem hinteren Ende des Brustbeinkammes. Ober- und Unterschenkel sind über das äußerlich nicht sichtbare, in den Rumpf einbezogene Kniegelenk verbunden. Das für Vögel typische Laufbein ist aus den völlig verschmolzenen Mittelfußknochen entstanden und über das Fußwurzelgelenk mit dem Unterschenkel verbunden. Am unteren Ende des Lauf-

beines befindet sich das Zehengelenk. Gewöhnlich haben Vögel 4 Zehen. Die erste Zehe ist nach hinten, die 2., 3. und 4. Zehen sind nach vorn gerichtet und durch Schwimmhäute verbunden. Das letzte Zehenglied trägt eine Kralle, die bei Moschusenten besonders stark entwickelt ist und die Tiere zum Klettern befähigt.

4.3 Muskulatur

Nach den Feinstrukturen (Fibrillen) der Muskeln und den daraus resultierenden optischen Brechungsverhältnissen unterscheidet man glatte und gestreifte Muskulatur. Die glatte Muskulatur wird vom autonomen Nervensystem gesteuert, arbeitet langsam, ist aber ununterbrochen tätig, da sie nicht ermüdet. Man findet die glatte Muskulatur an den inneren Organen. Eine Sonderstellung nimmt die Herzmuskulatur ein, die zwischen beiden Formen steht. Die gestreifte Muskulatur ist der wesentlichste Teil des Bewegungsapparates. Sie ist willenmäßig zu beeinflussen und kann besonders bei Zugvögeln, zu denen Enten und Gänse gehören, zu großen Leistungen befähigt werden. Ihre Beschaffenheit und Stärke bestimmt die Fleischqualität und ist daher von großer wirtschaftlicher Bedeutung.

Jeder Muskel setzt sich aus Muskelbündeln zusammen, die wiederum aus einer Vielzahl von Muskelfasern bestehen. Diese enthalten die kontraktilen (zusammenziehbaren) Muskelelemente, die Fibrillen.

Die Dicke der Muskelfasern hängt vom Typ ab. Der große Brustmuskel von Enten und Gänsen besteht zu 80–90 % aus roten und zu 10–20 % aus weißen Fasern, während beim Huhn nahezu alle Fasern des Brustmuskels weiß sind. Das hängt offensichtlich mit dem unterschiedlichen Flugtyp zusammen. Wildenten und -gänse haben als Zugvögel lange Strecken zu fliegen, während das Wildhuhn am Boden lebt. Die roten Muskelfasern mit einem geringeren Querschnitt von 300–500 μm^2 sind besser kapillarisiert, also gut durchblutet, reicher an Myoglobin und Mitochondrien und zu Dauerbelastungen befähigt, was für Zugvögel unabdingbar ist. Die fibrillenreichen, weißen Muskelfasern mit einem Querschnitt von über 1000 μm^2 zeichnen sich durch einen schnellen Kontraktionsverlauf, aber auch durch schnelle Ermüdung aus. Für die am Boden lebenden Hühner kommt es nicht auf dauerhafte Flugleistungen an.

Der Anteil an roten Muskelfasern schlägt sich auch in der Farbe des Brustmuskels nieder, die bei Wassergeflügel tief rot, bei Hühnern dagegen weiß ist. In der Schenkelmuskulatur der Enten und Gänse machen rote Muskelfasern etwa 50–60 % des Anteils aus und geben dem Fleisch ebenfalls eine rötliche Färbung.

Die Skelettmuskulatur der Enten und Gänse zeichnet sich durch große Faserdichte und feste Fügung aus. Sie werden nur durch ein spärliches Bindegewebe voneinander getrennt, was zur Zartheit dieses Fleisches beiträgt. In Abhängigkeit von der Flug- und Lauffähigkeit sind die Brustmuskeln oder die Muskeln an Becken, Ober- und Unterschenkel stärker entwickelt. Die Muskeln um Brust- und Lendenwirbelsäule, die beim Säugetier das wertvollste Fleisch liefern, sind infolge der Starrheit der Wirbelsäule nur spärlich ausgebildet. Auch die Bauchmuskeln bilden nur dünne Schichten. Der Gehalt an intramuskulärem Fett ist bei Wassergeflügel gering. Das meiste Fett wird im Unterhautgewebe und in der Bauchhöhle angesetzt.

4.4 Körperdecke

Die Körperdecke der Enten und Gänse besteht aus Haut und Federn. Sie dient als Schutzhülle, Wärmeregulator, Speicher- und Sinnesorgan. Solange die Haut nicht verletzt ist, hat sie einen ho-

**Oben links: Wildfarbige Moschusente mit weißem Kopf und Hals.
Oben rechts: Graugänsepaar, Stammart der meisten Hausgänserassen.
Mitte links: Ganter der Rasse Deutsche Legegans, eine der verbreitetsten Wirtschaftsrassen.
Mitte rechts: Schwanengans mit langem, schwarzem Schnabel mit einer Spur von Höcker, der bei den domestizierten Höckergänsen eine halbkugelige Form angenommen hat.
Unten: In Deutschland werden weiße Moschusenten bevorzugt. Holzgerüste zum Aufbaumen werden von Erpeln gern angenommen.**

hen Grad an Resistenz gegenüber Krankheitskeimen.

Die Haut besteht aus **Oberhaut** (Epidermis) und **Lederhaut** (Corium), unter denen sich ein **Unterhautgewebe** (Subcutis) befindet. Die Fettanlagerung erfolgt besonders in der Unterhaut auf der Brust- und Bauchseite und isoliert den Körper zusätzlich zum Gefieder gegen Wasser. Schnabel, Hornschuppen auf den Läufen und Federn sind Gebilde der Oberhaut. Die Warzen am Schnabel der Warzenente entstehen aus der Lederhaut. Der Schnabel ist im wesentlichen aus der Hornschicht der Oberhaut gebildet und von einer nervenreichen Wachshaut überzogen, die zahlreiche Nervenendkörperchen enthält und als Tastorgan dient. Enten und Gänse verfügen am Schnabelrand über ein weiteres Tastorgan, das gleichzeitig auch Nahrungssieb ist. Es sind dicht gestellte, weichhäutige Lamellen, mit deren Hilfe die Nahrung gründelnd im Wasser aufgenommen und abgeseiht werden kann. Auf dem Oberschnabel befindet sich ein Hornkegel, die Schnabelbohne.

Die Nägel bedecken die Zehenspitzen und geben diesen Schutz. Warzenenten haben längere und stärker gebogene Krallen, was sie zum Klettern befähigt. Die Hornschuppen bedecken die Läufe und Zehen und sind in der Regel ebenso gefärbt wie der Schnabel. Die gelbe Farbe der Läufe und des Schnabels ist auf Zoofulvin, die schwarze Farbe auf Eumelanin in der Epidermis zurückzuführen. Bei weißfarbigen Läufen fehlen beide Pigmente. Zoofulvin in der Oberhaut und Eumelanin in der Lederhaut ergeben grünliche Lauffärbung. Fehlt Zoofulvin in der Oberhaut, ergibt sich eine bläuliche Färbung des Laufes.

Die Schwimmhäute spannen sich zwischen der 2., 3. und 4. Zehe aus, so dass die Füße als Ruder verwendet werden können. Nach der Festigkeit der Haut, der Schuppen an den Füßen, der Krallen, des Schnabels und der Schwimmhäute kann das Alter der Enten und Gänse grob eingeschätzt werden.

Vogelhaut besitzt keine Schweißdrüsen. Außer kleinen Talgdrüsen im Gehörgang hat besonders die über den letzten Schwanzwirbeln gelegene Bürzeldrüse Bedeutung. Sie besitzt bei Gänsen einen oder zwei, bei Enten vier Ausführungskanäle, die auf einem zitzenförmigen Kegel, der Bürzelzitze, münden und hat etwa Haselnussgröße. Die Drüse sondert ein öliges Sekret ab, mit dem das Gefieder eingefettet wird, um die Schmiegsamkeit und Elastizität des Federkeratins aufrechtzuerhalten.

Das Gefieder bildet den wichtigsten Wärmeschutz. Zwischen den einzelnen Federn und der Haut entsteht eine isolierende Luftschicht. Damit wird im Organismus die ziemlich hohe Körpertemperatur von 41–42 °C konstant gehalten.

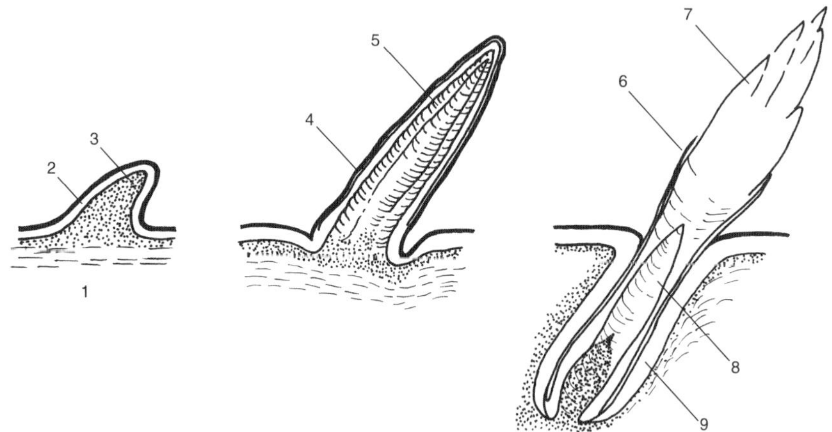

Abb. 10: Schematische Entwicklung einer Daunenfeder (nach Hoffmann und Volker). 1 Lederhaut, 2 Oberhaut, 3 Bindegewebspapille, 4 Federscheide, 5 Daunenstrahlen, 6 abgebrochene Federscheide, 7 Erstlingsdune, 8 Federseele, 9 Federfollikel.

Das Gefieder macht etwa 4,5–6 % der Körpermasse von Enten und Gänsen aus. Jede Vogelfeder entsteht aus einer warzenähnlichen Erhebung der Oberhaut. Die fertige Konturfeder setzt sich aus einem **Kiel** und einer **Fahne** zusammen. Der runde und hohle Abschnitt des Kiels, der im Federbalg steckt, heißt **Spule**. Der obere Abschnitt des Kiels, der sich aus der Haut erhebt und die Fahne trägt, heißt **Schaft**. Vom Schaft ziehen viele feine Äste nach links und rechts in einer Ebene weg. Jeder Ast trägt wieder nach beiden Seiten fortstrebend viele Nebenäste. Die der Hauptoberseite abgekehrten Nebenäste haben kleine Häkchen, die sich mit den Nebenästen des Nachbarastes innig verzahnen bzw. kreuzend übereinanderlegen. Die Federoberfläche erhält somit eine Gitterstruktur mit Wasser abweisenden Eigenschaften, wobei ein Zusammenhang zwischen der Oberflächenspannung des Wassers und der von den feinsten Federelementen geschaffenen Textur besteht (Rutschke 1989).

Nach Bau und Beschaffenheit kann man folgende Federarten unterscheiden:

- **Konturfedern** mit steifem Schaft und steiler fester Fahne,
- **Flaumfedern** oder **Daunen** mit schlaffem und schwachem Schaft und schwach entwickelter Fahne,
- **Fadenfedern** als haarartige Gebilde vor allem am Schnabelgrund,
- **Pinselfedern** in der Umgebung der Bürzeldrüse, die die Ausscheidungen dieser Drüse aufnehmen.

Die Konturfedern bilden als Deckfedern den festen Teil des Gefieders. Mit den unter ihnen liegenden Daunen als wärmendes Futter bilden sie das Kleingefieder. Als Schwung- und Schwanzfedern bilden die Konturfedern das Großgefieder. Bei den Flügelschwingen wird zwischen Hand- und Armschwingen unterschieden.

Die Daunen- oder Flaumfedern sind von den Konturfedern völlig verdeckt. Sie befinden sich an den Flanken und vor allem an der Körperunterseite, die mit dem Wasser am meisten in Berührung kommen und dienen der Isolierung und dem Kälteschutz.

Beim Schlupf sind die Küken nur von Nestdaunen bedeckt (Neoptile), die an der Bauchseite und den Körperflanken am dichtesten und längsten sind. Auf dem Rücken befinden sich lockere und längere Daunen. In der 2. Lebenswoche setzt die Entwicklung der Daunen des Jungtiergefieders ein (**Kükenmauser**). Zu Beginn bedecken sich die Bauchseiten mit einem dichten Pelz von Daunen. Die ersten Konturfedern lassen sich im Alter von 10–12 Tagen im Bereich der späteren Flankenschilder fühlen. Wenig später brechen die Federhüllen der Schulterfittiche und der Schwanzfedern aus der Haut. Etwa am 18. Lebenstag werden diese Federn frei von ihren Hüllen und beginnen sich zu entfalten. An der Spitze der Federn sitzen oft noch die Erstlingsdaunen. In der 4. Lebenswoche sind bei Enten und Gänsen die Federhüllen der Arm- und Handschwingen zu erkennen. Auch Schenkel, Hals und Kopf beginnen sich mit Deckfedern zu überziehen. Bis zur 6. Lebenswoche sind die Tiere in der Regel vollständig befiedert, aber die einzelnen Federfluren weisen noch Längenwachstum auf, bis die Befiederungsreife erreicht ist. Das Längenwachstum lässt sich am besten an der mittleren Schwanzdaune bzw. -feder und der 4. Handschwinge messen. Enten und Gänse sollten bis zum Alter von 7–12 Wochen das Wachstum des 1. Jungtiergefieders abgeschlossen haben. Je besser die Tiere bis zum Schlachtalter zugefiedert sind, desto besser lassen sie sich rupfen. Auch treten dann weniger Hautbeschädigungen auf. Außerdem sind die Tiere, deren Befiederung schnell abgeschlossen wird, widerstandsfähiger gegen ungünstige Umweltbedingungen, insbesondere gegenüber niedrigen Temperaturen. Sie verbrauchen weniger Futterenergie für den Wärmehaushalt und können diese für das Wachstum nutzen. Puchajda und Siekiera (1986) haben an wachsenden Gänsen das Längen-

Tab. 4.1. Längenwachstum von Daunen und Deckfedern an Brust und Bauch von Gänsen in mm (Puchajda und Siekiera 1986)

Körperteil	Federart	Alter in Wochen							
		3	4	5	6	7	8	9	10
Brust	Daunen	3,0	9,8	23,1	25,3	26,0	26,8	–	–
	Federn	17,0	32,9	39,7	44,2	45,4	50,6	52,8	57,8
Bauch	Daunen	3,2	9,4	21,0	23,9	24,5	24,5	–	–
	Federn	25,2	31,1	40,1	42,1	42,9	43,0	48,8	–

wachstum von Daunen und Deckfedern an verschiedenen Bereichen des Körpers gemessen. Im Alter von 7 Wochen ist das Längenwachstum der Daunen abgeschlossen, während die Deckfedern 2 Wochen länger benötigen (Tab. 4.1).

Nach Erreichen der Federreife im Alter von 7–12 Wochen beginnt, abhängig von Art, Rasse und Typ, schlagartig die 1. **Jungtiermauser**. Sie ist nach etwa 50 Tagen beendet. Schnellmasttiere müssen vor Beginn der Jungtiermauser geschlachtet werden, weil sonst die neue Federngeneration heranwächst und den Schlachtkörper stopplig macht. Die Jungtiermauser umfasst nur das Kleingefieder, das Großgefieder mit den Hand- und Armschwingen sowie den

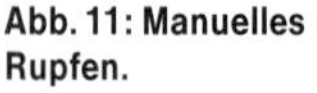

Abb. 11: Manuelles Rupfen.

Steuerfedern wird nicht gewechselt. Im Abstand von etwa 7 Wochen kommt es in der weiteren Entwicklung zum Wechsel des Kleingefieders (Abb. 11 und 12).

Erwachsene Enten und Gänse mausern nach Abschluss der Legeperiode, wobei die Federn vollständig gewechselt werden. Es bestehen aber individuelle Unterschiede hinsichtlich des Verlaufs, der Intensität und Dauer einer Mauser. Zu Beginn der Mauser fallen die Steuerfedern aus, zugleich aber auch die Federn am Bauch, am unteren Teil des Halses und an der Brust. Einige Tage später beginnt die Mauser auf dem vorderen Teil des Rückens. Zuletzt werden die Federn an den Schenkeln abgestoßen. Der Wechsel an den Flügelschwingen verläuft von innen nach außen. Bei den Steuerfedern wird zuerst das mittlere Paar gewechselt, danach nach beiden Seiten die folgenden Federn. Der Wechsel der Schwungfedern setzt etwa einen Monat nach Beginn der Mauser ein, wenn die kleinen Federn schon zur Hälfte herausgewachsen sind. Innerhalb von 10–15 Tagen fallen dann die Flügelfedern aus. Insgesamt dauert die Mauser etwa 50 Tage.

Bei der Mauser wird zunächst die Blutzufuhr zwischen der im Grunde des Federbalgs gelegenen Papille und der Federspule unterbrochen, das Federmark trocknet ein und nimmt an Stelle der rötlichen eine helle Färbung an. Dieser Vorgang wird als **Federreifung** bezeichnet. Eine von der neuen Federanlage ausgelöste Zellwucherung drängt schließlich den alten Federkiel heraus. Die alte Feder wird abgeworfen und durch eine neue ersetzt. Die Tiere sind während dieser Zeit physiologisch in einem labilen Zustand und gegen Krankheitserreger weniger widerstandsfähig.

Der Mechanismus des Mauserns unterliegt der Wirkung verschiedener Hormone, insbesondere den Hormonen von Schilddrüse, Hypophysenvorderlappen, Nebennierenrinde und Gonaden. Der Stoffwechsel mausernder Tiere ist erhöht, sowohl durch die stoffwechselstimulierende Wirkung des Schilddrüsenhormons als auch durch die auf Grund des Federverlustes vermehrte Wärmeabgabe. In manchen Fällen wird bei Zuchttieren die **künstliche Mauser** angewendet, um die Tiere am Ende der Legeperiode zum gleichzeitigen Einstellen der Legetätigkeit zu bringen. Einschränkung der Futtermenge sowie Veränderung der Beleuchtungsdauer leiten die Mauser ein. Nach einer dreimonatigen Legepause beginnen die Tiere nach entsprechender Vorbereitung eine neue Legeperiode. Durch die künstliche Mauser kann die Legeleistung des Einzeltieres erhöht werden.

Die Federfarben sind entweder Absorptionsfarben, die auf dem Pigmentgehalt im Federmark beruhen, oder Strukturfarben, die durch Reflexion, Fluoreszenz und Interferenz in den Gitterstrukturen der Federelemente entstehen. Bei den Pigmenten handelt es sich um körnchen- oder stäbchenförmige Melanine, die entweder schwärzlich (Eumelanine) oder rötlich (Phaeomelanine) aussehen. Diese können gleichmäßig verteilt sein oder in bestimmten Zonen der Einzelfeder vorkommen. Die Intensität der Färbung hängt von der Dichte der eingelagerten Pigmente ab. Fettfarbstoffe oder Lipochrome haben für die Gefiederfärbung eine geringere Bedeutung. Die unterschiedliche optische Brechung des Lichts durch den Feinbau der Federn bewirkt Purpurfarbe wie Glanz und Lack. Die Schillerfarben der Entenfedern werden von Blättchen erzeugt, die als dünne Hornlamellen in den Ästen der Federfarne auftreten.

Bei den meisten bunten Entenrassen ist ein deutlicher Sexualdimorphismus des Federkleides vorhanden. Die Erpel haben auffälligere und buntere Federn als weibliche Tiere. Häufig besitzen sie ausgesprochene Schmuckfedern. Bei Moschusenten und Gänsen ist dies nicht der Fall.

Abb. 12: Links: Gänsefeder (stumpfes Federende). Mitte: Gänsedaune. Rechts: Entenfeder (spitzes Federende).

4.5 Kreislaufsystem

Der **Lymph- und Blutkreislauf** übernimmt die Verteilung der aufgenommenen Nährstoffe und des Sauerstoffs in die Körperzellen und den Abtransport der Schlackenstoffe zu den Ausscheidungsorganen. Außerdem sichern sie die Verteilung der Hormone und die Aufrechterhaltung der konstanten Körpertemperatur. Die hohen Anforderungen an den Stoffwechsel bedingen bei Vögeln einen hohen Blutdruck, hohe Pulszahl und damit verbunden ein großes Herz, das doppelt so schwer ist wie das von gleichgroßen Säugetieren.

Das Blut wird durch das Herz ständig in Bewegung gehalten. Das Zusammenziehen der Herzmuskulatur, die Kontraktion, wird als Systole, die Erschlaffung und Wiederausdehnung als Diastole bezeichnet. Die Pulsfrequenz je Minute liegt bei 200 und man rechnet mit einer Umlaufzeit des Blutes von 10,6 Sekunden.

Das **Blut** setzt sich aus der Blutflüssigkeit (Plasma) und den Blutkörperchen

zusammen und enthält je ml bei Ente und Gans
- 2,6–3,2 Mio. Erythrozyten,
- 14 000–22 000 Leukozyten,
- 55 000–120 000 Thrombozyten.

Der Hämatokritwert beträgt etwa 40 Vol.%. Je 100 g Körpermasse macht die Blutmenge 7,8–9,2 ml aus.

In direkter Verbindung mit dem Blutkreislauf steht der **Lymphkreislauf**. Die Lymphe vermittelt den Sauerstoffaustausch zwischen Blut und einzelnen Geweben. Das Lymphgefäßsystem besteht aus einem mit dem Venensystem verbundenen Gefäßnetz, zu dem neben den eigentlichen Gefäßen die Lymphfollikel, die Milz, die Bursa Fabricii und der Thymus gerechnet werden. Vor allem die Bursa Fabricii, die 0,12% des Körpergewichts von Enten ausmacht, und der Thymus, die die B-Lymphozyten bzw. T-Lymphozyten bilden, die von der Lymphe aufgenommen werden, übernehmen bestimmte Funktionen im Abwehrmechanismus gegen Krankheiten. Die Lymphozyten bilden Antikörper gegen Antigene, wie Bakterien und Viren. Antikörper sind Eiweißverbindungen, die sich im flüssigen Teil des Blutes befinden. Die vom Organismus entwickelte Unempfindlichkeit gegen Antigene wird als Immunität bezeichnet. Dieses Prinzip wird bei der Impfung genutzt (aktive Immunisierung). Über das Brutei können vom mütterlichen Organismus Antikörper auf die schlüpfenden Küken übertragen werden. Diese so genannte maternale Immunität hält für einige Zeit an, bis die Abwehrmechanismen der Jungtiere wirksam werden. Teilweise besteht eine Unempfindlichkeit ohne vorherigen Kontakt mit Antigenen. Diese wird als Resistenz bezeichnet und ist züchterisch zu beeinflussen. Sie kann aber auch vom Alter der Tiere oder vom Geschlecht abhängen.

4.6 Nervensystem und Sinnesorgane

Das Nervensystem hat die Aufgabe, die Verbindung zwischen der Umwelt und dem Organismus und das Zusammenwirken der einzelnen Teile des Körpers herzustellen. Der Aufnahme der Reize dienen Sinnesorgane, deren Weiterleitung Nervenbahnen. Über das **Zentralnervensystem**, bestehend aus Rückenmark und Gehirn, erfolgt die sinnvolle Verknüpfung und Koordination der einzelnen Reize. Alle Lebensäußerungen stehen letztlich unter der Kontrolle des Nervensystems.

Die übergeordnete Zentrale ist das **Gehirn**, das bei Enten etwa 6–7 g und bei Gänsen 12–12,5 g wiegt. Es macht 0,25 % der Körpermasse von Enten bzw. 0,15 % der Körpermasse von Gänsen aus. Gegenüber den Wildformen hat sich die Masse des Gehirns um 25–30 % verringert. Reduziert sind vor allem die hochentwickelten Teile des Gehirns sowie die Teile, die mit Auge und Ohr in Verbindung stehen. Seh- und Hörvermögen sind gegenüber den Wildtieren reduziert. Das Gehirn regelt den Ablauf der Verdauung, der Ausscheidung, der Atmung, der Herztätigkeit, die Blutverteilung und die Geschlechtsfunktion. Weiterhin steuert es die Zustände des Wachseins, des Schlafens, des Hungers und des Sattseins. Diese Steuerung erfolgt unabhängig (autonom) über das vegetative Nervensystem, das aus zwei gegensätzlich wirkenden Systemen besteht. Der Sympathikus wirkt auf viele Organfunktionen beschleunigend und steigert z. B. die Herzschlagfrequenz und die Durchblutung der Muskulatur. Der Parasympathikus wirkt verlangsamend. Beide Systeme befähigen den Organismus, wechselseitig auf Umweltreize schnell und zielgerichtet zu reagieren.

Hinsichtlich der Wertigkeit stehen die Fernsinnesorgane **Auge** und **Ohr** an erster Stelle, während Geruchs-, Geschmacks- und Tastsinn weniger Bedeutung haben.

Der Gesichtssinn der Enten und Gänse ist sehr gut entwickelt. Mit den verhältnismäßig großen Augen, die im Kopf seitwärts in Fett eingebettet in den knöchernen Augenhöhlen liegen, beträgt das Gesichtsfeld etwa 150° je rechter und linker Seite. Der Gesichtsraum, in dem die Tiere räumlich sehen, ist jedoch kleiner. Er endet schon wenige Zentimeter vor der Schnabelspitze. Um weiter entfernte Gegenstände räumlich zu sehen, müssen diese abwechselnd mit dem linken und rechten Auge fixiert werden. Das wird durch Hin- und Herwenden des Kopfes oder durch Zick-Zack-Gang erreicht. Das eigentliche Sehorgan, der Augapfel, ist stumpf-kegelförmig. An seiner inneren Fläche legt sich die Netzhaut an, die die das Licht aufnehmenden Sehzellen beherbergt. Als Sehzellen gibt es Stäbchen für das Helligkeitsempfinden und Zapfen für das Farbsehen. Da Enten und Gänse Tagvögel sind, überwiegen die Zapfen. Die Regenbogenhaut (Iris) enthält zahlreiche Pigmente, die für die unterschiedlichen Augenfarben verantwortlich sind. Bei der Gans ist die Regenbogenhaut fett- und pigmentarm und erscheint deshalb hellblau. Mit einer Nickhaut ist das Auge zusätzlich geschützt und ermöglicht das Sehen unter Wasser.

In der Sehschärfe sind Enten den Gänsen unterlegen. Auf 80 m Entfernung erkennen Enten einander nicht mehr, während Gänse sich noch auf 120 m Distanz erkennen. Ein Maiskorn wird von Enten auf 3 m, ein Weizenkorn auf 0,7 m und ein weißer Teller auf 15 m nicht mehr sicher wahrgenommen. Die Gans erkennt den weißen Teller noch auf 35 m. Der Gehörgang hat eine zweifache Funktion zu erfüllen. Er nimmt einmal die Schallwellen auf, zum anderen registriert er den Schwerereiz. Die Gehörgangsöffnung ist von Federn bedeckt. Sie liegt hinter dem Auge am Hinterhaupt, ist kreisrund und etwas nach hinten gestellt. In der Unterscheidung von Lauten bleiben Enten und Gänse deutlich hinter Hühnern zurück, weil sie mehr Augen- als Ohrentiere sind.

Das **Gefühlsorgan** umfasst vor allem den Schmerz-, Temperatur- und Tastsinn. Infolge der Befiederung werden direkte Schmerzreize weitgehend von der Haut ferngehalten, so dass der Schmerzsinn wenig entwickelt ist. Am besten ist der Tastsinn ausgebildet, da er zusammen mit dem Gesichtssinn besonders wichtig für die Futterwahl ist. Die Tastkörperchen befinden sich an den Rändern und der Spitze des Schnabels sowie in großer Zahl in der Schleimhaut der Zunge und der Mundhöhle. Von ihnen werden Größe, Form, Härte und Oberflächenbeschaffenheit der Nahrung wahrgenommen. Am Schnabelrand finden sich dicht gestellte weichhäutige Lamellen, die ebenfalls zahlreiche Tastkörperchen enthalten, aber auch dem Absieben und Zerdrücken der mit dem Wasser aufgenommen Nahrung dienen. Zuerst erfolgt die Beurteilung des Futters optisch, wobei von einem angeborenen Augenmaß für verzehrbare Größe gesprochen wird, das von Schnabelgröße und Schlundweite abhängt. Es kommt vor allem auf einen Bissen an, der sich gut verschlingen lässt. Diesem Maß entspricht bei der Ente das Maiskorn, bei der Gans mehr das Weizenkorn. Hierbei spielt auch der Tastsinn eine Rolle und führt zu folgender Reihenfolge abnehmender Beliebtheit für Getreidearten (Engelmann 1984):

Ente: Mais > Weizen > Gerste > Hafer > Roggen
Gans: Hafer > Weizen > Gerste > Roggen > Mais

Gänse sind mit ihrem festen und schmalen Schnabel auf das Abbeißen von Gras ebenso wie auf das Aufnehmen von Körnern und das Beknabbern größerer Futterbrocken ausgerichtet. Die breit- und langschnäbligen Enten sind besser für das Verschlingen von Wasserpflanzen und Getier, also von weicher Nahrung geeignet.

Bei der Auswahl von Grünfutter sollen Enten im Vergleich zu anderen Geflügelarten weniger wählerisch sein. En-

GELMANN (1984) schreibt hierzu: „Die filzige Behaarung von Süßlupinenblättern ist ihnen ebensowenig zuwider wie die Derbheit des Sellerie- und Ligusterblattes, deren Reißfestigkeit ihnen anscheinend sogar gefällt. Starke Behaarung in Verbindung mit rauer, blasiger Oberfläche (Gurken- und Brennesselblatt) ist auch Enten mechanisch unangenehm. Zarte Pflanzen, wie Salatblätter, die ein schnelles Verschlingen gestatten, sind besonders geschätzt. Enten achten nicht auf die botanischen Besonderheiten der einzelnen Pflanzenarten. Sie reißen im Vergleich mit dem Huhn wahllos Kostproben heraus, ohne sich die jeweilige Widerwärtigkeit einzelner Formen tiefer einzuprägen." Gänse haben eine deutliche Vorliebe für Gräser gegenüber grobblättrigen Pflanzen, wie z. B. Breitwegerich.

Die Feuchtigkeit des Futters ist eine weitere vom Tastsinn erfassbare Eigenschaft. Die Vorliebe des Wassergeflügels für Weichfutter ist allgemein bekannt. Da mit der Flüssigkeitsaufnahme die Geschmacksstoffe leichter zu den Geschmacksknospen vordringen, spielt bei feuchtem Futter auch der Geschmackssinn eine Rolle. Insgesamt liegen aber wenige eindeutige Untersuchungsergebnisse zur Unterscheidung des Futters nach Schmackhaftigkeit vor. Es kann aber angenommen werden, dass junges Gras, Wasserlinsen, gelber Senf u. ä. auch aus geschmacklichen Gründen bei Enten beliebt sind. Bei Gänsen sind aus diesen aber auch aus taktilen Gründen besonders weiche Gräser mit schmalen Blättern (Weidelgras, Wiesenrispe), kleinblättrige Pflanzen (Weißklee, Vogelmiere) und Pflanzen mit zerteilten Blattspreiten (Schachtelhalm, Möhrenkraut) beliebt. Gemieden werden Gänsefingerkraut, Ampfer, Malve, Knöterich und ältere Brennnessel.

Der **Geschmackssinn** ist bei Enten und Gänsen stärker entwickelt als beim Huhn, da bei ihnen mehr Geschmacksknospen ausgebildet sind. Sie empfinden als Geschmacksqualitäten süß, sauer, salzig und bitter. Bittere Lösungen werden von Wassergeflügel abgelehnt. Bemerkenswert ist in diesem Zusammenhang die spezifische Anpassung des Wassergeflügels an Salzwasser. An Enten ist nachgewiesen worden, dass es bei steigendem Salzgehalt des Wassers zu zusätzlicher Elektrolytausscheidung durch Nasendrüsen (Glandulae supraorbitales) kommt, die normalerweise inaktiv sind. Der zulässige Salzgehalt erstreckt sich bis 0,9 % (RUDOLPH 1975).

Das **Geruchsorgan** ist bei Wassergeflügel wie generell bei Vögeln wenig differenziert. Das Riechepithel ist auf einen kleinen Teil der Nasenschleimhaut beschränkt. Bei Stockenten wurde aber nachgewiesen, dass sie imstande sind, aus sechs verschlossenen Kästen den herauszufinden, der Nelkenölduft ausströmte. Aus 1–1,5 m nahmen die Wildenten den Geruch wahr, wenn der Wind auf sie zustand. Auch Gänse reagieren auf mit Düften versehenes Futter.

4.7 Hormonsystem

Neben dem Nervensystem sorgt das hormonale System für das harmonische Zusammenwirken der einzelnen Organe des Organismus, indem es deren Tätigkeit anregt oder hemmt. Zu diesem System gehören die Hormondrüsen, die stark durchblutet werden und dabei die Hormone in das Blut abgeben. Hormone sind hochwirksame, spezifische Stoffe, die die Prozesse der Fortpflanzung, des Wachstums, des Stoffwechsels u. a. steuern. Die Hormondrüsen stehen untereinander in Wechselbeziehungen, so dass in der Regel ein hormonales Gleichgewicht im Organismus herrscht (s. Seite 50, Seite 60).

4.8 Atmungssystem

Bei der Atmung erfolgt ein Gasaustausch, nämlich Aufnahme von Sauerstoff und Abgabe von Kohlendioxyd. Die mit der Nahrung zugeführten Nährstoffe müssen verbrannt werden, um die Energie für den Organismus nutzen zu können. Dazu wird Luft aufgesaugt. In der Lunge wird dem Sauerstoff der Übertritt in das Blut ermöglicht. Das bei der Verbrennung der Nährstoffe entstandene Kohlendioxyd wird mit dem Blut zur Lunge transportiert und ausgeschieden.

Bei Enten zählt man 60–70, bei Gänsen nur 15–25 Atemzüge je Minute. Aus der Nasenhöhle gelangt die aufgenommene Luft in den oberen Kehlkopf, der am oberen Ende der langen Luftröhre liegt. Beim Einatmen wird der Eingang der Speiseröhre durch Schleimhautblätter verschlossen. Im Brustraum gabelt sich die Luftröhre in die beiden Bronchien. Hier befindet sich der untere Kehlkopf oder Stimmkopf. Beim Erpel sitzt am Stimmkopf seitlich eine etwa haselnussgroße knöcherne Blase, die so genannte Pauke.

Die beiden Lungenflügel sind im Verhältnis zum Brustraum klein. Die Hauptbronchien enden nicht blind, sondern münden in Luftsäcken. Diese bestehen aus durchsichtigen Bindegewebshäuten. Man unterscheidet den Schlüsselbeinluftsack, die paarigen Halsluftsäcke, die ebenfalls paarig angelegten vorderen und hinteren Brust- sowie Bauchluftsäcke, also insgesamt 9 Luftsäcke. Bei tauchenden Wasservögeln pendelt die Luft zwischen den kopfwärts und schwanzwärts gelegenen Luftsäcken hin und her und durchströmt dabei die Lunge, so dass ihr mehr Sauerstoff entzogen werden kann.

Von Bedeutung sind die Luftsäcke für die Statik beim Fliegen und Schwimmen. Durch wechselnde Anfüllung der Luftsäcke mit erwärmter Luft wird das spezifische Gewicht und damit der Auftrieb verändert. Infolge verschieden starker Füllung einzelner Luftsäcke kann der Schwerpunkt des Körpers verlagert werden. Eine weitere Aufgabe der Luftsäcke liegt in der Wärmeregulierung des Körpers, indem an ihrer Oberfläche Verdunstungsvorgänge stattfinden. Sie bilden so einen gewissen Ersatz für die fehlenden Schweißdrüsen.

4.9 Thermoregulation

Vögel sind warmblütige Tiere, d.h. sie sind homöotherm. Sie müssen eine konstante Körpertemperatur erhalten, damit die physiologischen Prozesse ungestört ablaufen können. Bei hoher Umgebungstemperatur muss aber der Körper Hitze abgeben und Kühlmechanismen nutzen. Bei kühler Umgebungstemperatur muss der Organismus Wärme durch Stoffwechselprozesse produzieren und Isolationsmechanismen zur Einschränkung von Wärmeverlusten nutzen. Da Vögel keine Schweißdrüsen haben, wirken bei hoher Temperatur Mechanismen des Respirationstrakts. Der größte Teil der erzeugten Wärme wird, an Wasserdampf gebunden, mit der Atemluft an die Umwelt abgegeben. Mit steigender Temperatur nimmt auch die Hautdurchblutung stark zu. Die Isolationswirkung der Körperdecke, in erster Linie des Federkleides, wird eingeschränkt, indem die Federn aufgerichtet werden. Für die Wärmeabgabe haben auch Ständer und Schnabel beim Aufenthalt im Wasser Bedeutung. Über ein hochentwickeltes arteriovenöses Wärmeaustauschsystem in Schnabel und Füßen kommt es zur Abkühlung. Auf hohe Umgebungstemperatur wird mit verminderter Futteraufnahme reagiert, weiterhin mit vermehrter Wasseraufnahme, Hecheln und Spreizen der Flügel.

Ausgewachsene Gänse und Enten haben eine Körpertemperatur von 41–42 °C. Sie bildet sich in den ersten Lebenstagen heraus und wird über das Regelzentrum im Hypothalamus gesteuert. In Abhängigkeit vom Alter haben die Tiere eine unterschiedliche biologisch optimale Temperatur (BOT). Dies ist die Umgebungstemperatur, bei der der Organismus thermisch minimal belastet und das Thermoregulationssystem minimal aktiviert werden sowie der regulatorische Aufwand zur Konstanthaltung der Körperkerntemperatur am geringsten ist (NICHELMANN 1987).

Während bei Gänsen und Enten die biologisch optimale Temperatur relativ

Tab. 4.2. Biologisch optimale Temperaturen (BOT) sowie obere (OGT) und untere (UGT) Grenztemperaturen (°C) für Enten und Gänse (NICHELMANN 1987)

Alter	Gänse			Pekingenten			Moschusenten		
Tage	BOT	OGT	UGT	BOT	OGT	UGT	BOT	OGT	UGT
10	30	35	20	25	30	20	30	30	20
20	25	30	20	22	30	20	28	30	25
40	20	25	15	20	25	20	27	30	22
91	20	25	15	18	25	15			
360	15	25	10	15	20	15	24	30	20

schnell absinkt, bleibt sie bei den Moschusenten generell höher, so dass die Umgebungstemperatur für Moschusenten während der Aufzucht auf einem höheren Niveau sein sollte. Auch in der Legeperiode ist eine Temperatur über 20 °C zweckmäßig. Die biologisch optimale Temperatur ist keine konstante Größe und wird durch eine Reihe Faktoren, wie Luftfeuchtigkeit, Luftbewegung, Wärmeabstrahlung u. a. beeinflusst. Sinkende Umgebungstemperatur verringert die Hautdurchblutung und erhöht die Isolation der Körperdecke. Entenküken und Gössel suchen die behaglichen Temperaturbereiche auf und drängen sich bei niedrigen Temperaturen eng aneinander, um die Wärmeabgabe zu reduzieren. In der Ruhe wird nach Möglichkeit ein Bereich mit der thermisch neutralen Temperatur aufgesucht. Sind die Tiere aktiv, bevorzugen sie Bereiche mit der biologisch optimalen Temperatur.

4.10 Verdauungssystem

Das Verdauungssystem besteht aus den Organen zur Futteraufnahme, zur Futterpassage durch den Körper, zur Verdauung und zur Ausscheidung der unverdauten Reste. Die Futteraufnahme wird durch das Hunger- und Sättigungszentrum im Zwischenhirn gesteuert und wird von verschiedenen Faktoren beeinflusst, wie Füllungszustand des Magen-Darm-Traktes, Blutzuckerspiegel, Aminosäurengehalt des Blutes, Umgebungstemperatur, Trinkwasserversorgung, Art und Beschaffenheit des Futters. Das Futter wird mit dem **Schnabel** aufgenommen und, da keine Zähne vorhanden sind, unzerkleinert abgeschluckt. Am Schnabelrand sind weichhäutige, quergestellte Hornblättchen, in denen sich Nervenendigungen befinden, die eine erhöhte Tastempfindlichkeit der Schnabelränder bedingen. Zusammen mit der Zunge wird mit diesen Hornlamellen die feste Nahrung abgefiltert und abgeseiht. Durch Zurückziehen und Vorschieben der Zunge wird – wie mit einer Injektionsspritze – der Schnabel gefüllt und durch die Lamellen die Flüssigkeit wieder ausgepresst. Das feste Futter gelangt in die dehnbare Speiseröhre. Trockenes Futter wird mit den schleimigen Sekreten der Drüsen in der Mundhöhle gleitfähig gemacht. Bei Wassergeflügel findet sich in der Speiseröhre eine spindelförmige, drüsenreiche Erweiterung, der so genannte **falsche Kropf**. Dieser dient der Speicherung von Nahrung, wenn der Magen bereits gefüllt ist.

Im **Drüsenmagen**, bei dem es sich um verdicktes sekretorisches Gewebe am Ende der Speiseröhre handelt, wird der Nahrung Magensaft beigegeben, der vorwiegend aus Pepsin und Salzsäure besteht und die chemische Verdauung einleitet. Pepsin wirkt in der Eiweißverdauung, während Salzsäure die Zerstörung der Hüllen der Getreidekörner einleitet und den pH-Wert im Futterbrei auf etwa 2,5 senkt.

Im **Muskelmagen** erfolgt die mechanische Zerkleinerung der Nahrung. Die mit einer reibplattenartigen Hornhaut

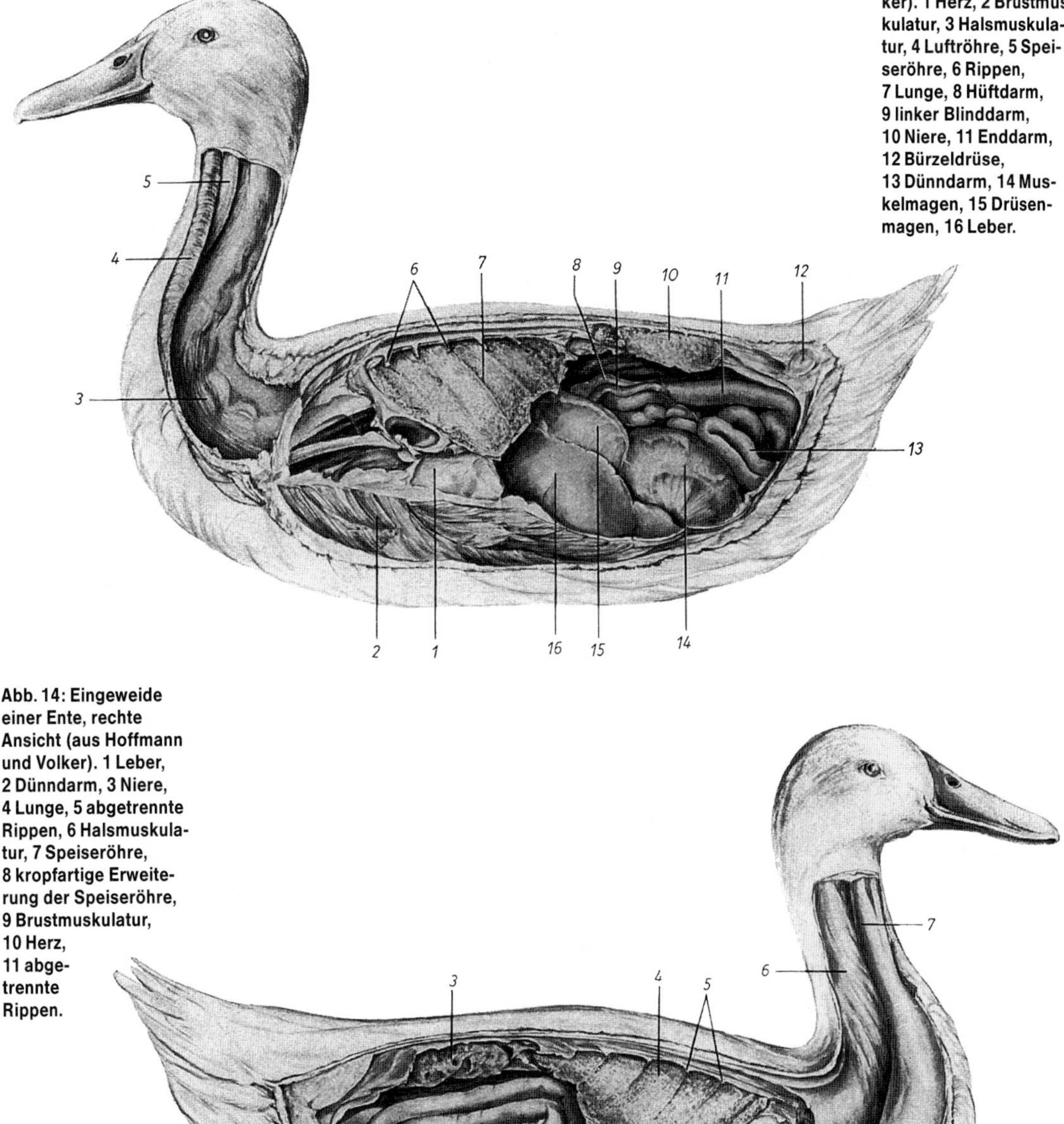

Abb. 13: Eingeweide einer Ente, linke Ansicht (aus Hoffmann und Volker). 1 Herz, 2 Brustmuskulatur, 3 Halsmuskulatur, 4 Luftröhre, 5 Speiseröhre, 6 Rippen, 7 Lunge, 8 Hüftdarm, 9 linker Blinddarm, 10 Niere, 11 Enddarm, 12 Bürzeldrüse, 13 Dünndarm, 14 Muskelmagen, 15 Drüsenmagen, 16 Leber.

Abb. 14: Eingeweide einer Ente, rechte Ansicht (aus Hoffmann und Volker). 1 Leber, 2 Dünndarm, 3 Niere, 4 Lunge, 5 abgetrennte Rippen, 6 Halsmuskulatur, 7 Speiseröhre, 8 kropfartige Erweiterung der Speiseröhre, 9 Brustmuskulatur, 10 Herz, 11 abgetrennte Rippen.

überzogenen Magenwände wirken durch die Kraft der Magenmuskeln reibend, mahlend und pressend auf die Nahrung ein, wobei aufgenommene Steinchen diese Zerkleinerungsarbeit unterstützen. Der Magensaft aus dem Drüsenmagen wird mit dem Nahrungsbrei gründlich vermischt. Die Hornhaut schützt die Magenmuskeln gegenüber dem relativ sauren Mageninhalt. Der starke Innendruck des Muskelmagens zerstört in stärkerem Maße als bei Hühnern die Zellwände von rohfaserreichen Pflanzen. Enten und vor allem Gänse sind deshalb besser geeignet für die Nutzung von Grünfutter oder rohfaserreichen Futtermitteln.

Der Muskelmagen entlässt schubweise den fein zerkleinerten Mageninhalt in den **Dünndarm**, der sich aus drei Abschnitten zusammensetzt. Der **Zwölffingerdarm** erreicht bei Enten eine Länge von 22–38 cm und einen Durchmesser von 0,4–1,1 cm. Der sich anschließende **Leerdarm** ist der längste Abschnitt und hat bei Enten eine Länge von 90–140 cm bei einem Durchmesser von 0,4–0,9 cm. Der **Hüftdarm** als kürzester Dünndarmabschnitt (10–19 cm) erstreckt sich bis zur Einmündung der beiden Blinddärme. Bei Gänsen sind die entsprechenden Längenmaße 40–49 cm, 150–185 cm und 20–28 cm. Der Durchmesser liegt zwischen 1,2 und 1,7 cm.

Im Dünndarm kommt der Magensaft voll zur Wirkung. Hinzu kommen noch die Sekrete der Darmwand, der Bauchspeicheldrüse und der Leber (Gallensaft). Die Bauchspeicheldrüse sekretiert Enzyme, die in der Lage sind, Eiweiß, Kohlenhydrate und Fett zu hydrolisieren. Außerdem wird das Hormon Insulin erzeugt, das den Zuckerstoffwechsel reguliert.

Die **Leber** ist bei Geflügel verhältnismäßig groß, bei der Ente bis zu 115 g, bei der Gans bis zu 175 g. Die Leber spielt eine große Rolle in zahlreichen Stoffwechselprozessen. Sie speichert Kohlenhydrate in Form von Glykogen, bildet und speichert Fett und baut aus Aminosäuren körpereigenes Eiweiß auf. Weiterhin werden Harn- und Gallensäure synthetisiert und aus Abbauprodukten des Blutfarbstoffes die Gallenfarbstoffe gebildet. In der Leber findet weiterhin eine Entgiftung von Abbauprodukten statt. Am rechten Leberlappen befindet sich die Gallenblase mit einer Länge von 3–6 cm und nimmt die in der Leber produzierte Gallenflüssigkeit auf, die dann in den Zwölffingerdarm gelangt und an der Verdauung der Fette beteiligt ist. Sie emulgiert die Fette, so dass sie verdaut werden können.

Die Nährstoffe werden im Dünndarm in ihre resorbierbaren einfachen Bausteine zerlegt und von Darmwandzotten aufgesaugt. Nach Aufnahme der Nahrungsstoffe wird der Darminhalt durch peristaltische Wellen nach und nach in den **Dickdarm** befördert. Der Dickdarm ist sehr kurz und besteht aus den beiden Blinddärmen und dem eigentlichen Enddarm. Die **Blinddärme** haben eine Länge von 10–20 cm bei Enten und von 22–34 cm bei Gänsen. Hier wird die Nahrung in geringem Maße bakteriell aufgespalten, so dass auch Rohfaser aufgeschlossen werden kann. Es kommt auch zur Synthese von B-Vitaminen. Da aber nur etwa der 10. Teil des Darminhalts in den Blinddarm gelangt, bleibt die Rohfaserverdauung unvollkommen. Der Blinddarmkot ist mehr flüssig und übelriechend. Der normale Kot erreicht über den 8–13 cm langen **Enddarm** die **Kloake**, ein erweitertes Endstück des Darms.

Aus den **Nieren** gelangt auch der Harn über Harnleiter in die Kloake. Die Harnsäure als Abbauprodukt des Eiweißstoffwechsels ist Hauptbestandteil des Harns. Nach Rückresorption des Wassers bleiben die harnsauren Salze und bedecken den Kot als weiße Kappe bzw. vermischen sich mit diesem.

4.11 Fortpflanzungssystem

Die Geschlechtsorgane der Erpel und Ganter bestehen aus den beiden bohnenförmigen Hoden, den Nebenhoden und den Samenleitern, die vor der Mündung in die Kloake eine blasenförmige Erweiterung zur Spermaaufbewahrung besitzen, und dem spiralig gewundenen, durch Lymphfüllung erigierbaren Penis, der in gestrecktem Zustand eine Länge bis zu 9 cm erreicht (Abb. 15). An seiner Oberfläche verläuft eine Samenrinne, die sich während der Begattung zu einer Röhre schließt. Frisch geschlüpfte Erpel und Ganter weisen einen sichtbaren Penis auf, so dass durch Vorstülpen der Kloake wenige Stunden nach dem Schlupf das Geschlecht bestimmt werden kann.

Bei künstlicher Samengewinnung erzielt man ein Volumen von 0,4–1,2 ml Sperma mit etwa 1–2 Milliarden Samenzellen. Das Samenplasma stammt hauptsächlich aus den Sekretionsprodukten des Nebenhodenganges und des Samenleiters. Die Spermienbildung erfolgt in den Hoden, die Reifung bis zur Befruchtungsfähigkeit im Nebenhoden. Der Kopf der Spermien ist zylindrisch und leicht gebogen. An der Spitze des Kopfes sitzt ein von einer Kappe umgebenes dornenartiges Akrosom, das bei der Befruchtung in die Eizelle eindringt. Den Hauptteil des Kopfes bildet der Zellkern. Sehr empfindlich ist das Mittelstück zwischen Kopf und Schwanz. Hier kommt es bei abweichenden osmotischen Verhältnissen im Samenplasma zur Knickung um 180 Grad. Derartige Spermien sind nicht in der Lage, die Befruchtung zu vollziehen. Der Schwanz des Spermiums hat eine Länge von etwa 80 µm und bewirkt die Vorwärtsbewegung.

Für die weiblichen Geschlechtsorgane ist kennzeichnend, dass sie zwar paarig angelegt sind, aber nur der linke Eierstock und Eileiter funktionsfähig werden. Enten werden im Alter von 24–28 Wochen und Gänse im Alter von 32–36 Wochen geschlechtsreif. Der Eierstock wächst bis zu diesem Alter stark an und enthält in großer Anzahl Eizellen der verschiedensten Entwicklungsstadien. Bei der Wildente sind etwa 500, bei der Pekingente über 2 000 sichtbare Eianlagen vorhanden. In etwa 9 Tagen entwickelt sich eine Eianlage durch Aufnahme von Protein (Eiweiß), das in der Leber aufgebaut und über die Blutbahn in den Eierstock gelangt, auf die typische Dottergröße. Die zunächst kleine, weißliche Bläschen darstellenden Eizel-

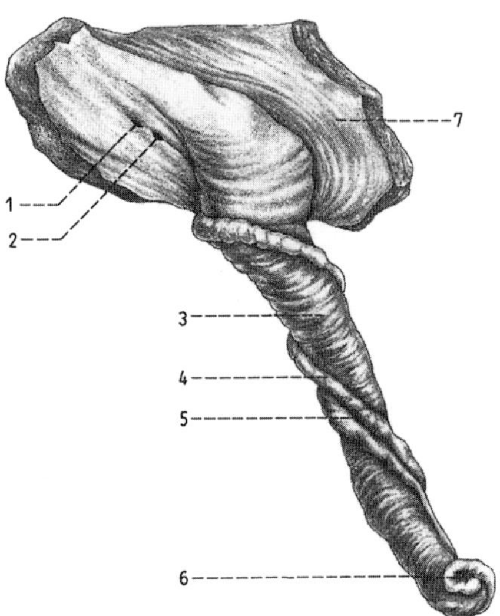

Abb. 15: Eregierter Phallus eines Erpels. 1 Mündung des Samenleiters, 2 Mündung des Harnleiters, 3 Penis, 4 Rinnenwulst, 5 Samenrinne, 6 Mündung des Drüsenschlauches, 7 Kloakenwand.

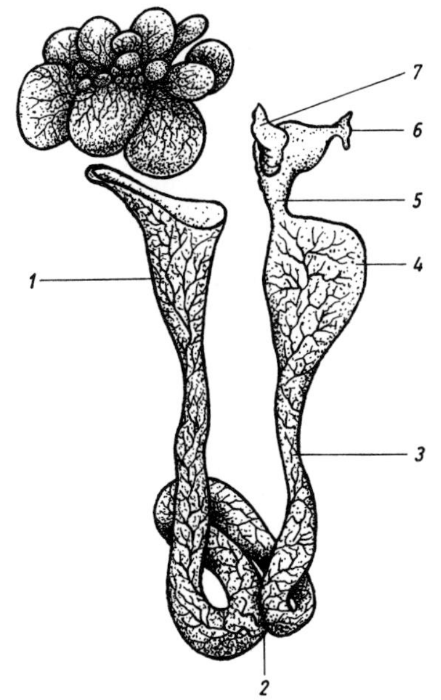

Abb. 16: Eierstock und Abschnitte des Eileiters. 1 Trichter (Infundibulum), 2 großer Eileiterabschnitt (Magnum), 3 enger Abschnitt (Isthmus), 4 Eihalter (Uterus), 5 Scheide (Vagina), 6 Kloake, 7 rudimentärer rechter Eileiter.

len wachsen durch eine konzentrisch übereinander erfolgende Ablagerung von Dotterschichten zu kleineren und größeren gelblichen Kugeln heran, die dem späteren Eidotter entsprechen. Hat das reife Ei seine Endgröße erreicht, löst es sich aus dem Eierstock und gelangt in den Eileiter. Dieser Vorgang wird als Ovulation oder Eisprung bezeichnet (Abb. 16).

Analog zum linken Eierstock ist auch nur der linke Eileiter voll entwickelt. Bei geschlechtsaktiven Tieren erreicht der Eileiter eine Gesamtlänge von 40–60 cm. Er reicht als dehnbarer und geschlängelter, häutig-muskulöser Schlauch vom Eierstock bis zur Kloake. Nach der Aufnahme der Dotterkugel im Trichter des Eileiters gelangt diese in kurzer Zeit in den eiweißbildenden Teil und durchwandert diesen Abschnitt in etwa 2–3 Stunden. Während dieser Zeit wird der Dotter mit Eiklar umgeben. Die Abgabe des Eiklars wird in starkem Maße mechanisch durch den Dotter stimuliert. Zunächst wird der Dotter von einem dicken, gallertartigen Sekret umgeben. Dieses verdichtet und verzwirnt sich durch die langsamen Drehungen zu den Hagelschnüren, die die Aufgabe haben, den Dotter im Ei in der Schwebe zu halten. Während des einstündigen Durchganges durch den engen Teil des Eileiters (Isthmus) werden die beiden Schalenhäute gebildet. Gleichzeitig tritt Flüssigkeit in das Eiklar ein und es kommt zur Schichtung des Eiklars. Die feste Kalkschale wird im Eihalter oder Uterus während einer etwa 18- bis 20-stündigen Verweildauer des Eies gebildet. Die erforderlichen Mineralstoffe kommen dabei direkt aus dem Blut. Der größte Teil des Kalziums gelangt aus der Nahrung über das Blutserum in die Schalendrüsen, etwa ein Drittel kommt aus dem Depot des Knochengerüstes. Es besteht ein Fließgleichgewicht im Kalziumhaushalt zwischen Blut, Knochen und Kalkschalenbildung. Die grüne bis blaugrüne Pigmentierung der Enteneier bestimmter Rassen beruht auf Gallenfarbstoffen. Am Ende des Eibildungsvorganges wird die Schale durch eine schleimige Hülle, die Kutikula, abgedeckt, die dem fertigen Ei ein fettiges Aussehen verleiht.

Beim Legevorgang stülpt sich zunächst die Vagina in die Kloake nach außen. Die Vagina erweitert sich, der Uterus fällt vor und befördert das Ei direkt ins Freie, ohne dass es mit der Kloake in Berührung kommt. Durch das Erkalten des Eiinhalts nach dem Legen bildet sich zwischen der inneren und äußeren Schalenhaut am stumpfen Pol des Eies die Luftblase.

Das Ei besteht aus Eigelb (Dotter), Eiklar und den Hüllen. Die eigentliche Eizelle liegt auf der Oberfläche des Dotters als rundliche, weißliche und im Durchmesser etwa 1–2 mm große Keimscheibe, die bei einem aufgeschlagenen Ei mit bloßem Auge erkennbar ist. In dieser Keimscheibe befindet sich das Keimbläschen, der Kern, unabhängig von der Befruchtung. Von der Keimscheibe zieht sich ein flaschenförmiger Strang von weißem Dotter in das Eigelb hinein. Um dieses legen sich konzentrische Lagen von gelbem und weißem Dotter. Das Eigelb wird von einer Vitellinmembran umhüllt. Um den Dotter befinden sich beim fertigen Ei vier verschiedene Eiklarschichten. Die erste Schicht ist zähflüssig und enthält in den Längsachsen des Eies die korkenzieherartig gewundenen, halbdurchsichtigen Hagelschnüre (Chalazae), die an der Dottermembran locker befestigt sind. Sie bewirken, dass der Dotter immer so gedreht wird, dass die Keimscheibe nach oben zu liegen kommt. Die zweite Eiklarschicht ist dünnflüssig und ermöglicht die genannten Drehungen des Dotters, die für die Entwicklung des Embryos wichtig sind. Dieser folgen eine zähflüssige äußere und eine dünnflüssige äußere Eiklarschicht. Auf das Eiklar folgt eine dünne, zweiblättrige Schalenhaut, die am stumpfen Ende auseinanderweicht und die Luftkammer einschließt. Diese ist für den Beginn der Atmung kurz vor dem Schlupf wichtig. Um die Schalenhaut legt sich die Kalkschicht, die bei Enteneiern etwa 0,40 mm und bei Gänseeiern bis 0,50 mm dick ist. Sie wird von zahlreichen feinen Poren unterbrochen, durch die ein Gasaustausch zwischen Eiinnerem und Außenwelt erfolgt. Beim Erwärmen des Eies während des Brütens dehnt sich die Luft im Inneren des Eies aus und strömt durch die Poren nach außen. Wenn das Nest zeitweilig verlassen wird, kühlt sich das Ei ab, und es erfolgt umgekehrt das Einströmen von Frischluft. Der Schleimüberzug auf dem Ei, die Kutikula, verschließt pfropfartig die Poren der Kalkschale und verhindert damit das Eindringen von Bakterien.

Die Dauer der Eibildung ist bei Enten kürzer als bei Hühnern, insbesondere durch den um 1 Stunde kürzeren Aufenthalt im Uterus. Bei Gänsen ist es jedoch umgekehrt.

Enteneier haben je nach Rasse und Alter des Zuchttieres ein Gewicht von 60–100 g. Gänseeier wiegen 130–200 g. Im Vergleich zu Hühnereiern besitzen sie einen relativ hohen Dotteranteil von über 35 %. Dieser ist auch dafür verantwortlich, dass Enten- und Gänseeier mit 14,4 % einen höheren Fettgehalt aufweisen als Hühnereier mit 11,6 %. Dieser hohe Fettgehalt im Ei hat Bedeutung für die Energielieferung an den wachsenden Keim. Über weitere Unterschiede hinsichtlich der Anteile und des Nährstoffgehaltes von Wassergeflügel- und Hühnereiern informiert die Tabelle 4.3.

Enten- und Gänseeier haben in der Regel eine ellipsoide Form. Es gibt aber auch abnorm geformte und deformierte Eier. Sie sind die Folge von Störungen des Eiablagerhythmus.

Die Fortpflanzung unterliegt der hormonalen Steuerung. Eine wichtige Rolle spielt die Hypophyse (Hirnanhangdrüse). Sie ist eine rundlich-ovale Ausstülpung des Zwischenhirns. Ihre Hormone wirken entweder direkt auf die Körperzellen ein oder über die Beeinflussung anderer Hormondrüsen. Die Reifung der Eizellen am Eierstock wird durch ein Hormon der Hypophyse gesteuert, dem follikelstimulierenden Hormon (FSH). Die Ovulation (Follikelsprung) wird durch das Luteinisierungshormon (LH) der Hypophyse veranlasst, dessen Konzentration im Blutserum 8 Stunden vor der Ovulation den Höhepunkt erreicht. An der Steuerung ist auch das Progesteron, das am Eierstock produziert wird, beteiligt. Mit dem beschleunigten Follikelwachstum kurz vor Beginn der Legetätigkeit werden im Eierstock in zunehmendem Maße Östrogene gebildet, die den Eileiter voll zur Entfaltung bringen. Diese Geschlechtshormone sind weiterhin zusammen mit dem Parathormon der Nebenschilddrüse an der Eischalenbildung beteiligt. Es gibt bestimmte zeitliche Beziehungen zwischen den aufeinander folgenden Ovulationen sowie zwischen dem Legen eines Eies und der Ovulation des nachfolgenden Eies. Die Eiablage wird durch

Tab. 4.3. Zusammensetzung der Eier von Enten, Gänsen und Hühnern

	Ente	Gans	Huhn
Eimasse (g)	70,4	160	58,1
Dotteranteil (%)	35,8	35	31,8
Eiklaranteil (%)	53,9	55	58,1
Schalenanteil (%)	10,3	10	10,1
Schalendicke (mm)	0,40	0,50	0,32
Wasser (%)	69,7	69,5	72,5
Trockensubstanz (%)	30,3	30,5	27,5
Eiweiß (%)	13,7	13,8	13,3
Fett (%)	14,4	14,4	11,6
Kohlenhydrate (%)	1,2	1,3	1,5
Anorganische Substanz (%)	1,0	1,0	1,1

Oben: Kunststofflochtränken eignen sich gut für die Weidehaltung. Sie ermöglichen das Eintauchen des ganzen Schnabels und schränken das Verspritzen des Wassers ein.
Mitte: Bei begrenzter Auslaufhaltung wird zusätzlich Grünfutter in Raufen verabreicht.
Unten: Tiefstreuhaltung von Pekingenten mit einem Rundautomaten aus Metall, der dem Futteraufnahmeverhalten angepasst ist und Futtervergeudung einschränkt. Der Tränkbereich befindet sich an der Stallwand über einem mit Rosten abgedeckten Spritzwasserbecken.

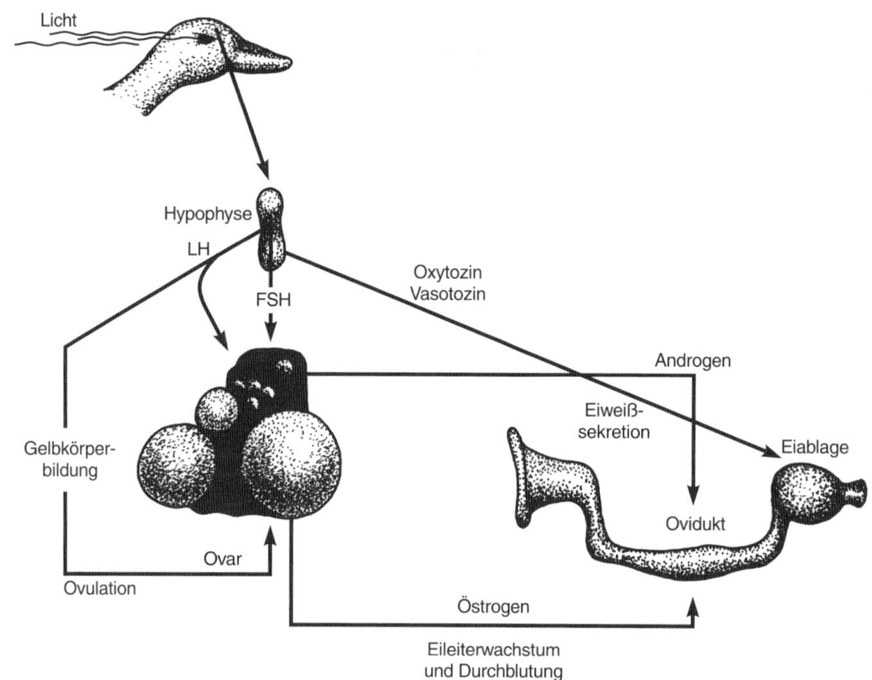

Abb. 17: Hormonale Steuerung der Legetätigkeit.

die Hypophysenhormone Oxytocin und besonders Vasotocin gesteuert, die kurz vor der Ovulation in größerer Menge ausgeschüttet werden und eine Kontraktion des Uterus hervorrufen (Abb. 17).

In engem Zusammenhang mit der hormonalen Steuerung der Fortpflanzung steht die Reaktion auf Licht, die bei Enten und besonders bei Gänsen von der von Hühnern abweicht. Die Lichtreize gelangen über die Netzhaut des Auges ins Großhirn. Es wird vermutet, dass im Hypothalamus Lichtrezeptoren sind, die die Ausschüttung von Releaserhormonen bewirken, die die Hypophyse anregen, verstärkt gonadotrope Hormone auszuschütten, die wiederum die Reifungsvorgänge am Eierstock beschleunigen. Auf diesem Wege kommt es dazu, dass eine Verlängerung des Lichttages die Geschlechtsreife früher auslöst. Beginnen die Tiere aber zu früh mit dem Legen, sind sie körperlich nicht ausgereift und liefern anfangs sehr kleine Eier. Bei hoher anfänglicher Legeintensität verausgaben sie sich und haben ein geringes Durchhaltevermögen. Verkürzung des Lichttages verzögert die Legereife, Verlängerung des Lichttages beschleunigt sie.

Durch lange Lichttage, wie sie bei natürlichem Licht im Mai und Juni herrschen, kommt es besonders bei Gänsen zur Unempfindlichkeit gegenüber dem Lichtreiz (Refraktärphase) und die Legetätigkeit wird eingestellt. Die Hormondrüsen des Hypophysenvorderlappens reagieren immer weniger auf das Releasinghormon des Hypothalamus und die Ausschüttung gonadotroper Hormone reicht nicht mehr aus, um die Eibildung zu stimulieren. Daher ist es günstiger, den Lichttag auf 9–11 Stunden zu begrenzen. Die Legetätigkeit setzt zwar langsamer ein, wird aber länger aufrechterhalten, so dass es über eine längere Legeperiode zu höherer Eizahl kommt.

Nach Beendigung der Legeperiode und Einstellung der Legetätigkeit kommt es zur Regeneration des Fortpflanzungssystems. Diese wird beschleu-

Oben: Hühner-, Gänse- und Entenküken.
Unten: Hühner-, Enten- und Gänseei.

nigt, wenn der Lichttag über 8 Wochen auf maximal 6 Stunden begrenzt wird. Danach lässt sich die Legetätigkeit erneut durch Lichttagverlängerung innerhalb weniger Tage einleiten. Bei natürlichem Tageslicht während der Legeruhe führt eine Zusatzbeleuchtung erst nach den kurzen Lichttagen im November und Dezember zu erneuter Legetätigkeit. Hieraus geht hervor, dass Gänse in der Legeruhe wenigstens für 5–6 Wochen kurzen Lichttagen ausgesetzt werden müssen, damit die durch die langen Sommertage ausgelöste Refraktärphase aufgehoben und die sexuelle Aktivität zurückgewonnen werden kann. Ganter reagieren in gleicher Weise. Bei Enten ist die Refraktärphase nicht so stark ausgeprägt wie bei Gänsen.

4.12 Reproduktionsleistung

Die Reproduktion schließt neben der Eizahl die Befruchtung und den Schlupf des Kükens ein. Die Reproduktionsleistung der Enten und Gänse hängt von verschiedenen Faktoren ab. Die wichtigsten Faktoren für die Eizahl sind die Legereife (Alter bei Legen des ersten Eies), die Dauer der Legeperiode bis zum Einsetzen der Mauser (Federwechsel) und die Intensität des Legens. Bei Wassergeflügel spielt auch die Anzahl der Legeperioden sowie das Auftreten der Brütigkeit eine Rolle.

Legereife

Die Legereife, die vom Alter beim Legen des ersten Eies gekennzeichnet wird, tritt bei leichten Entenrassen mit 5–6 Monaten ein. Moschusenten und auch schwere Pekingenten sind später reif und beginnen im Alter von 7 Monaten zu legen. Gänse sollten bei Legebeginn 8–9 Monate alt sein. Generell ist die Legereife rassenspezifisch. Wird der Legebeginn zu früh induziert, legen die Tiere sehr viele kleine Eier und stellen die Legetätigkeit vorzeitig ein, weil sie physiologisch nicht ausgereift sind.

Legeintensität

Die Legeintensität ist gekennzeichnet durch den zeitlichen Abstand der aufeinander folgenden Eiablagen und von der Länge der Legeserien. Pekingenten haben lange Legeserien, d. h. eine große Zahl von Eiern fällt an aufeinander folgenden Tagen an. Der zeitliche Abstand zwischen zwei Eiern beträgt etwa 24 Stunden. Die Ovulation erfolgt ungefähr 10 Minuten nach der Ablage des vorhergehenden Eies. Das ovulierte Ei verbleibt 15–30 Minuten im Infundibulum, bis zu 3 Stunden im Magnum, bis zu 2 Stunden im Isthmus und 18–19 Stunden im Uterus, wo die Schalenbildung stattfindet. Über 90 % der Eier werden zwischen 4 und 7 Uhr gelegt. Lediglich das letzte Ei einer Serie oder auch eines Geleges wird nach 9 Uhr gelegt. Dann kommt es nicht zur Ovulation und eine Legepause von einem oder mehreren Tagen beginnt.

Bei Gänsen ist gegenüber Enten die serienmäßige Eiablage kaum erkennbar. Häufig wird während der Legeperiode nur jeden 2. Tag ein Ei gelegt oder nach 2–3 aufeinander folgenden Eiern folgt eine Legepause von einigen Tagen. Deshalb bewirkt die Selektion auf Legeleistung bei Gänsen kaum eine Erhöhung der Legeintensität, sondern eher eine Verlängerung der Legeperiode (Rouvier 1999). Über 60 % der Eier werden bis 7 Uhr früh gelegt, die anderen bis in die Nachmittagsstunden.

Legepersistenz

Aus dem Beginn und dem Ende der Legeperiode ergibt sich die Legedauer, die Legepersistenz oder das Durchhaltevermögen (Abb. 18). Eine kurze Legepersistenz wirkt sich negativ auf die gesamte Eizahl aus. Im Vergleich zu Pekingenten ist die Legeperiode bei Gänsen und Moschusenten relativ kurz. Pekingenten haben eine Legepersistenz von über 40 Wochen. Bestimmte Legeentenrassen in Ostasien legen sogar über 50 Wochen, bevor sie in die Mauser eintreten, und erreichen eine Jahreslegeleistung von weit über 300 Eiern. Bei Mo-

Abb. 18: Verlauf der Legekurven bei Enten und Gänsen.

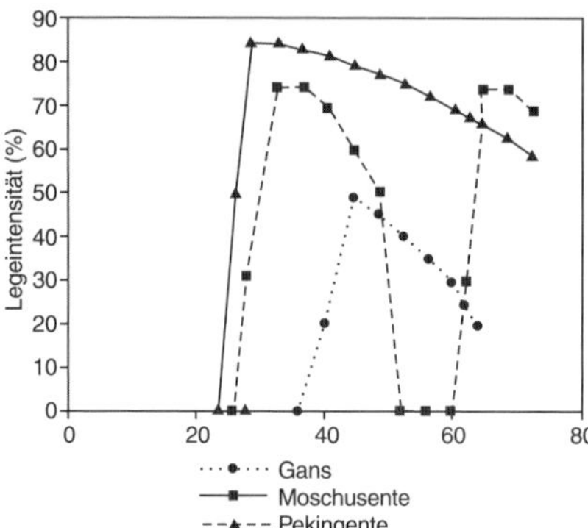

schusenten und Gänsen beträgt die Legedauer 20–24 Wochen. Bei natürlichem Lichttag beginnen Gänse die Legetätigkeit im Februar und stellen sie Ende Mai/Anfang Juni infolge der Refraktärphase ein. Die Refraktärphase ist dadurch gekennzeichnet, dass die Sekretion von gonadotropen Hormonen reduziert wird, so dass die Stimulierung des Follikelwachstums am Eierstock nicht mehr ausreicht (ETCHES, 1996). Insbesondere die Sekretion des follikelstimulierenden Hormons (FSH) geht zurück. Analog zu den Wildgänsen wird auch bei Hausgänsen der Beginn der Refraktärphase durch lange Lichttage beschleunigt. Wenn im Juni die Tage am längsten hell sind, wird die Legetätigkeit eingestellt. Gänse, die in die Refraktärphase gekommen sind, können erst wieder zum Legen stimuliert werden, wenn sie mindestens 6 Wochen einem Kurztag von 6 Stunden oder wenn sie der natürlichen Lichttaglänge im November und Dezember ausgesetzt worden sind. Bei Pekingenten tritt die Refraktärphase weniger in Erscheinung, weil sie stärker auf Legeleistung und Legepersistenz selektiert worden sind als Gänse. Bei Moschusenten tritt die Refraktärphase gar nicht in Erscheinung, weil sie aus Gebieten stammen, wo mehr oder weniger Tag-Nacht-Gleichheit besteht. Um den Beginn der Refraktärphase bei Gänsen zu verzögern, ist ein 8–10stündiger Lichttag anzuwenden. Dies ist jedoch nur in Ställen möglich, die verdunkelt werden können. Bei einem Lichttag von 8–10 Stunden wird die Legeperiode der Gänse um 30–40 Tage verlängert und die Eizahl um 20–30 % erhöht. Bei Pekingenten bewirkt ein konstanter Lichttag von weniger als 12 Stunden ebenfalls eine Verlängerung der Legepersistenz. Auf Grund der kurzen Legedauer werden bei Moschusenten über Zwangsmauser bis zu 4 Legeperioden von jeweils 20 Wochen mit 12-wöchigen Pausen genutzt. Auch bei Gänsen ist es möglich, im Herbst eine 2. Legeperiode durch entsprechende Lichtstimulierung zu nutzen, aber in den Herbstmonaten liegt nur ein geringer Bedarf für Gössel vor. Die Zwangsmauser wird bei Gänsen durch Verlängerung des Lichttages auf 18 Stunden ausgelöst. Nach 2 Wochen wird der Lichttag über einen Zeitraum von mindestens 6 Wochen auf 6–7 Stunden reduziert. Durch diese Ruhephase wird die Lichtsensibilität wieder gesteigert. Mit Verlängerung des Lichttages auf 9–11 Stunden beginnt etwa 5 Wochen später die 2. Legeperiode.

Da Gänse in der Regel im 2. und 3. Legejahr mehr Eier legen als im ersten, ist eine Nutzung bis zu 4 Jahren sinnvoll. Zwischen der Höhe der Legeleistung in den einzelnen Legejahren bestehen jedoch nur geringe Beziehungen. Im 10. Lebensjahr legen Gänse noch 25 Eier mit 80 % Befruchtung und 60 % Schlupffähigkeit (ROSINSKY u. a. 1995).

Brütigkeit

Das Bebrüten der Eier ist bei Vögeln ein normaler und notwendiger Teil des Fortpflanzungsgeschehens. Von Natur aus zur Erhaltung der Art angelegt, ist die Brütigkeit lebensnotwendig und genetisch determiniert. Da seit Jahrhunderten die natürliche Brut durch die künstliche Brut verdrängt wurde, sind brütige Tiere heute Störfaktoren in der Reproduktion, weil sie während der Brütigkeit keine Eier legen und die Legeleistung hierdurch sinkt. Bei solchen Enten- und Gänserassen, die den Wildformen nahestehen und in geringem Maße auf Legeleistung gezüchtet wurden, tritt das Brutverhalten noch regelmäßig auf.

Die Brutstimmung wird durch das Hormon Prolaktin ausgelöst, das von der Hypophyse erzeugt wird. Es hemmt die Produktion des follikelstimulierenden Hormons, so dass es zur Einstellung der Legetätigkeit kommt. Die Brütigkeit wird durch verschiedene Faktoren begünstigt, wie hohe Temperatur, abgedunkelte Nischen oder Nester.

Mauser

Das Ende einer Legeperiode wird durch eine Mauser eingeleitet. Die Mauser wird durch komplexe Wirkung verschiedener Hormone ausgelöst. Eine wichtige Rolle spielen hierbei Thyroxin, das in der Schilddrüse erzeugt wird und den Ablauf der Stoffwechselvorgänge regelt, und Progesteron, ein Hormon des Eierstocks. Bei mausernden Tieren wird der Stoffwechsel erhöht, um den Federverlust durch erhöhte Wärmeproduktion auszugleichen. Plötzliche Veränderungen in der Umwelt, wie drastische Verkürzung des Lichttages, Futter- und Wasserentzug oder Umstallungen können die Mauser auslösen, insbesondere dann, wenn der Zeitpunkt der natürlichen Mauser infolge der hormonalen Veränderungen ohnehin nahe ist. Diese Reaktion der Tiere wird genutzt, um eine ganze Herde zum gleichen Zeitpunkt in die Mauser und damit in eine Legepause zu bringen. Nach 10–12 Wochen setzt die Herde bei vollwertiger Fütterung und zunehmender Lichttaglänge erneut mit dem Legen ein. Bei Moschusenten werden auf diese Weise bis zu 4 Legeperioden mit einer Dauer von jeweils 20 Wochen und bei Pekingenten 2 Legeperioden von 40 Wochen innerhalb von 2 Jahren genutzt. Bei Gänsen wird die Mauser ausgelöst, wenn nach der Frühjahrslegeperiode noch eine Herbstlegeperiode vorgesehen ist.

Befruchtung

Voraussetzung für eine Befruchtung ist ein erfolgreicher Tretakt, verbunden mit einem arttypischen Paarungsverhalten. In bestimmten Situationen kann anstelle der natürlichen Verpaarung die künstliche Besamung angewendet werden. Sie basiert auf der Samengewinnung mit der Massagemethode bzw. mit der künstlichen Vagina während des natürlichen Tretaktes (nur bei Moschuserpeln möglich) und der intravaginalen Besamung mit einer Pipette. Durch Massage des Rückens und des Kloakenbereichs von Erpeln und Gantern werden diese sexuell erregt und stülpen den korkenzieherartigen Penis vor. Dieser wird in ein trichterförmiges Samenauffangglas geführt. Durch leichten seitlichen Druck auf die Kloake wird das Sperma aus dem in die offene Samenrinne endenden Samenleiter ausgepresst. Den Moschuserpeln wird eine Ente zugesetzt, die in der Regel sogleich von dem Erpel getreten wird. Kurz vor Einführung des Penis in die Vagina der Ente ist dieser in das Samenauffangglas zu führen. Mit dem seitlichen Druck auf das Schwellgewebe innerhalb der Kloakenwand wird die Spermaabgabe beschleunigt.

Um das Sperma mit einer Pipette in die Vagina zu injizieren, wird durch Druck mit den Handflächen auf Legebauch und Rücken der Ente oder Gans die Vaginamündung vorgestülpt. Die Besamung sollte zweimal wöchentlich mit 0,05 ml unverdünntem Sperma innerhalb von 30 Minuten nach der Gewinnung des Spermas erfolgen.

Nach erfolgter Verpaarung oder Besamung durchwandert ein Teil der Spermien sehr schnell den gesamten Legetrakt, so dass etwa 24–25 Stunden später das erste befruchtete Ei anfallen kann. Ein großer Teil der Spermien stirbt bereits in der Vagina ab. Etwa 10–20 % der Spermien werden in Schlauchdrüsen aufbewahrt, die sich in Schleimhautfalten am Übergang von Vagina zu Uterus befinden, wo sie bis zu 20 Tage lebensfähig bleiben. Aber schon nach 3–4 Tagen geht die Befruchtungsrate zurück. Über einen noch nicht völlig geklärten Mechanismus gelangen die Spermien aus den Aufbewahrungsdrüsen in den Trichter des Eileiters, wo nach der Ovulation des Dotters aus dem Eierstock die Befruchtung stattfindet. Hier durchdrin-

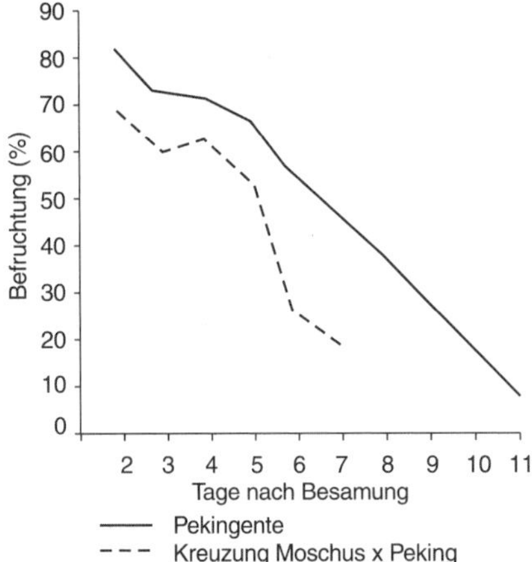

Abb. 19: Dauer der Befruchtung bei Pekingenten in Reinzucht und Kreuzung mit Moschuserpeln.

gen die Spermien die Membran des ovulierten Dotters und der Eizelle, jedoch nur eine Samenzelle verschmilzt mit der Eizelle. Es kommt zur Befruchtung als Vorbedingung für die nachfolgende embryonale Entwicklung. Ein Ei ist befruchtet, wenn beim Durchleuchten (Schieren) nach 5–7 Tagen Brut ein im Zentrum des Eies liegendes spinnennetzartiges Geäder roter Blutgefäße sichtbar ist.

In der Geflügelzucht wird der Anteil befruchteter Eier an den zur Brut eingelegten Eiern als Befruchtungsrate gekennzeichnet. Daneben spielt die Befruchtungsdauer oder -persistenz eine Rolle. Hierbei handelt es sich um den Abstand von der Paarung bis zum letzten befruchteten Ei in Tagen. Die mittlere Dauer der Befruchtung nach einer Verpaarung liegt bei Enten und Gänsen zwischen 6 und 8 Tagen. Bei der Kreuzung von Moschuserpeln mit Pekingenten ist die Befruchtungsdauer 2–3 Tage kürzer (Abb. 19). Deshalb ist bei dieser Kreuzung zweimal wöchentlich zu besamen oder bei natürlicher Paarung im Verhältnis von 1 : 2-3 zu verpaaren. Durch Selektion kann die Befruchtungsdauer verlängert werden.

Für die Spermaproduktion und die Paarungsaktivität der männlichen Tiere spielen Geschlechtshormone, die im Hoden gebildet werden, eine große Rolle. Das in diesem Zusammenhang wichtigste Geschlechtshormon ist das Testosteron. Es wirkt vor allem auf die Ausprägung der sekundären männlichen Geschlechtsmerkmale und bewirkt das männliche Aussehen. Im Stoffwechsel fördert es den Eiweißansatz. Durch Licht kann die geschlechtliche Entwicklung beschleunigt werden.

Schlupffähigkeit

Für eine erfolgreiche Brut ist nicht nur die Befruchtung, sondern auch eine gute Schlupffähigkeit wichtig. Bei einer störungsfreien Embryonalentwicklung während der Brut müssen nach etwa 28 Tagen bei der Hausente, nach 35–36 Tagen bei der Moschusente, nach 28–30 Tagen bei Gänsen und nach 32 Tagen bei Mularden gesunde Küken schlüpfen. Eine sachgerechte Gestaltung der Bedingungen während der Brut garantiert den Schlupf vitaler Küken. Im Gegensatz zur Befruchtung ist die Schlupffähigkeit ein Vitalitätsmerkmal der neuen Generation. Sie ist ein Maßstab für die Entwicklungsfähigkeit des Embryos und für die Lebenskraft des fertig entwickelten Kükens. Bei schweren Linien oder Rassen ist in Verbindung mit hoher embryonaler Frühsterblichkeit (während der ersten 5 Bruttage) häufiger eine verringerte Schlupffähigkeit festzustellen, insbesondere bei Moschusenten und Gänsen. Bei Pekingenten, die mit Moschuserpeln gekreuzt werden, besteht ein Zusammenhang zwischen erhöhter embryonaler Frühsterblichkeit und Häufigkeit von Chromosomenveränderungen.

Unmittelbar nach der Befruchtung und Bildung der Zygote setzt die Zellteilung ein. Nach der Eiablage kommt es zunächst zum Wachstumsstillstand. Unter Brutbedingungen wird die einfache Zelllage zunächst mehrschichtig und es differenzieren sich drei Keimblätter, die im weiteren Verlauf des embryonalen Wachstums bestimmte Funktionen übernehmen. Aus dem äußeren Keimblatt entwickeln sich Haut, Federn, Rücken, Füße und Nervensystem, aus dem mittleren Knochen, Muskeln, Blut und Geschlechtsorgane, aus dem inneren

Tab. 4.4. Angaben zur Embryonalentwicklung der Pekingente (KALTOFEN 1971)	
1. Tag	Durchmesser der Keimscheibe 5–7 mm, Primitivstreifen
2. Tag	Durchmesser der Keimscheibe 10–21 mm, Neuralrinne
3. Tag	Durchmesser der Keimscheibe 34–41 mm, Amnionbildung
4. Tag	Blutgefässe, Amnion geschlossen,
5. Tag	Deutliche Blutgefäße, Extremitätenstummel
6. Tag	Allantois verbindet sich mit Chorion, Fußplatte deutlich
7. Tag	Allantois voll ausgebildet, Beinlänge 3,8–4,9 mm
8. Tag	Beginn Schnabelbildung, Beinlänge 6–7 mm
9. Tag	Schnabel und Kiefer gleich lang, Beinlänge 9,5 mm
10. Tag	Schnabellänge 5,4 mm, Länge der 3. Zehe 3,3 mm
13. Tag	Schnabellänge 9,2 mm, Länge der 3. Zehe 6,9 mm
17. Tag	Schnabellänge 12,8 mm, Länge der 3. Zehe 12,4 mm
27. Tag	Schnabellänge 17,9 mm, Länge der 3. Zehe 27,4 mm

Keimblatt schließlich Verdauungstrakt, respiratorische und sekretorische Organe. Von den verschiedenen Fruchthüllen umgibt das Amnion unmittelbar den Embryo, die Allantois nimmt die Stoffwechselprodukte auf und das Chorion umgibt als äußere Hülle Embryo, Amnion und Allantois.

In Tabelle 4.4 ist die Embryonalentwicklung der Pekingente nach KALTOFEN (1971) angegeben. Die Embryonalentwicklung der einzelnen Wassergeflügelarten entspricht einander und verschiebt sich lediglich zeitlich infolge der unterschiedlichen Brutdauer, insbesondere am Ende der Brut. So sind die ersten Anlagen von Federn bei der Pekingente am 10., bei der Gans am 12. und bei der Moschusente am 13. Bruttag zu erkennen. Vor dem Schlupf wird der Dottersack als Nahrungsreserve eingezogen, der für die Ernährung an den ersten beiden Lebenstagen ausreicht. Der zur Luftkammer gewendete Schnabel durchtrennt die innere Schalenhaut und die Lungenatmung setzt ein. Das Durchstoßen der Schalenhaut verursacht einen Klicklaut, der bei natürlicher Brut das Schlüpfen synchronisiert. Der Schlupfvorgang beginnt mit dem Aufbrechen der Schale durch Picken mit einem kleinen Hornaufsatz auf dem Oberschnabel, bis sich das Küken von der Eischale befreien kann.

4.13 Wachstum

Der Verlauf des Wachstums nach dem Schlupf ist der entscheidende biologi-

Abb. 20: Tägliche Zunahme des Körpergewichts bei Enten und Gänsen. a männlich, b weiblich.

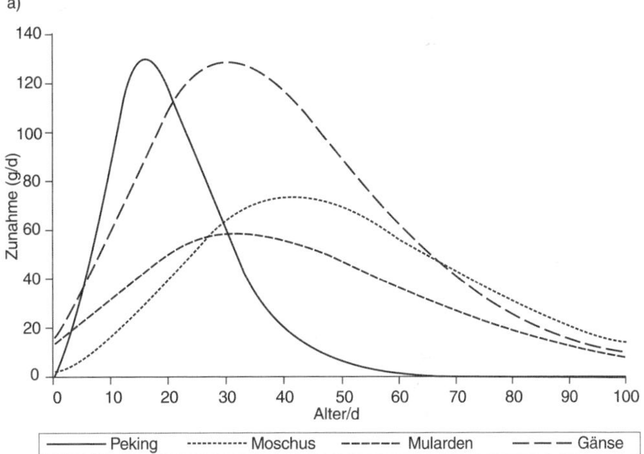

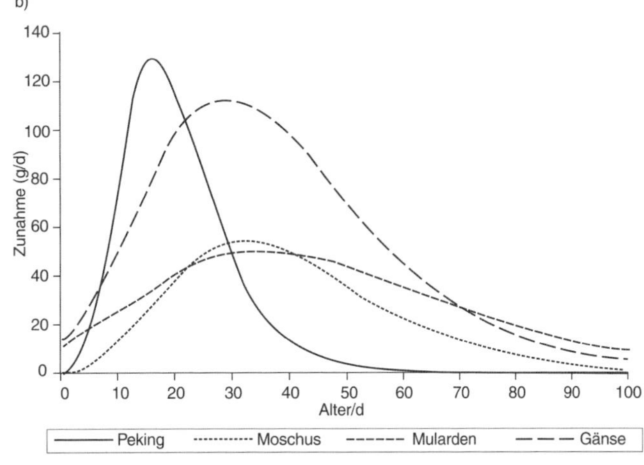

Tab. 4.5. Vergleich von Wachstumsparametern des Körpergewichts (Kgw. in g) von Wassergeflügel

Merkmal	End-Kgw. (g)	Max. tägl. Zunahme (g)	bei Kgw. von (g)	im Alter von (d)	Kgw. bei 2. Wd.pkt. (g)	Alter bei 2. Wd.pkt. (d)
Pekingerpel	2950	129,3	1085	17	2014	25
Pekingente	2621	128,9	964	16	1789	24
Moschuserpel	4589	72,5	1688	42	3232	64
Moschusente	2484	54,6	914	32	1696	49
Ganter	6874	129,2	2529	31	4692	49
Gans	5689	113,5	2093	29	3883	49
Mularderpel	3932	58,7	1467	33	2683	57
Mulardente	3680	51,2	1354	36	2512	62

Tab. 4.6. Vergleich von Wachstumsparametern des Brustmuskelvolumens (BMV in cm^3) von Wassergeflügel

Merkmal	End-BMV	max. tägl. Zunahme	bei BMV von	im Alter von, d	BMV b. 2. Wd.pkt.	Alter b. 2. Wd.pkt.
Pekingerpel	472,5	10,6	173,8	44,6	322,5	60,4
Pekingente	404,2	8,6	148,7	42,5	275,9	59,2
Moschuserpel	684,0	12,9	251,7	63,8	467,0	82,7
Moschusente	373,9	8,9	137,6	50,9	255,2	65,7
Ganter	817,5	16,3	300,7	51,4	567,9	69,2
Gans	805,4	13,7	296,3	54,6	549,7	75,4
Mularderpel	572,7	11,4	211,0	53,6	390,9	71,4
Mulardente	468,0	8,9	172,1	55,4	319,3	74,1

sche Vorgang für die Fleischerzeugung und von Bedeutung für die Schlachtkörperqualität und für das Schlachtalter. Dabei interessiert nicht nur das Wachstums des Gesamtkörpers, sondern auch das Wachstum der einzelnen Organe und vor allem der fleischreichen Teilstücke. Das Körpergewicht der geschlüpften Küken macht etwa 60 % des Eigewichts aus. Nach anfänglich langsamer Entwicklung unmittelbar nach dem Schlupf erreicht die tägliche Gewichtszunahme immer höhere Werte und übertrifft stets den Wert des Vortages. Dann aber kommt ein Zeitpunkt, nach dem die Tageszunahme unter der des Vortages liegt. Für mittelschwere Pekingenten, Moschusenten und Gänse sind in den Tabellen 4.5 und 4.6 Parameter des Wachstums für Körpergewicht und Brustmuskelvolumen angegeben, die nach einer modifizierten Gompertz-Funktion geschätzt wurden (LEHMANN 1975). Die Abbildungen 20 und 21 verdeutlichen den unterschiedlichen Wachstumsverlauf des Gesamtkörpers und der Brustmuskulatur. Die Bestimmung der Volumen der Brust- und Schenkelmuskulatur erfolgte im Institut für Tierzucht und Tierverhalten Mariensee mit der Magnet-Resonanz-Tomographie. Jeweils 40 Tiere jeder Art wurden von der 4.–10. bzw. 12. Woche im Abstand von 2 Wochen gemessen.

Bei den Pekingenten wird schon in der 3. Lebenswoche die maximale Tageszunahme des Körpergewichts erreicht, bei Moschusenten ist dies mit 6 Wochen bei männlichen bzw. mit 4 Wochen bei weiblichen, bei Gänsen mit etwas über 4 Wochen und bei Mularden mit 4–5 Wochen der Fall. Der 2. Wendepunkt, der gewöhnlich als der optimale Schlachtzeitpunkt in der Schnellmast angesehen wird und an dem etwa 2/3 des Endgewichtes erreicht sind, wird von Pekingenten schon mit 3 Wochen, von Moschusenten mit 9 bzw. 7 Wochen, von Gänsen mit 7 Wochen und von Mularden mit 8–9 Wochen erreicht. Der Schlachtzeitpunkt richtet sich nicht nur nach dem Körpergewicht, es müssen auch die fleischreichen Teilstücke und der Befiederungsgrad beachtet werden. Wachstum ist nicht nur Vermehrung von Körpersubstanz, es sind gleichzeitig Veränderungen in den Körperportionen damit verbunden, da die einzelnen Partien unterschiedliche Wachstumsintensitäten aufweisen. Für die Schlachtkörperqualität ist es wichtig, dass die Wachstumskapazität der fleischreichen Teile genutzt wird. Bei einem zu frühen Schlachtalter fehlt die Muskulatur an der Brustpartie und das Muskel-Haut-Verhältnis ist ungünstig.

Während die Schenkelmuskulatur einen ähnlichen Wachstumsverlauf hat wie das Körpergewicht, unterliegt die Brustmuskulatur einer völlig anderen Rhythmik. In Übereinstimmung mit der Entwicklung des Gefieders bis zum Alter von 8–9 Wochen setzt das intensive Wachstum der Brustmuskulatur relativ spät ein. Die maximale Tageszunahme des Brustmuskelvolumens erreichen Pekingenten mit 6–7 Wochen, Moschusenten mit 7 und Moschuserpel erst mit über 10 Wochen sowie Gänse und Mularden mit 7–8 Wochen. Der 2. Wendepunkt liegt bei Pekingenten im Alter von 8 Wochen, bei Moschusenten im Alter von 9 1/2 Wochen und bei Moschuserpeln bei über 12 Wochen und schließlich bei Gänsen und Mularden im Alter von 10–11 Wochen. Für die Schlachtkörperqualität sind diese Alterszeitpunkte als optimales Schlachtalter anzusehen. Es muss aber auch ein vertretbarer Futteraufwand realisiert werden, so dass das Schlachtalter letzlich ein Kompromiss zwischen Schlachtkörperqualität und Futteraufwand ist. Zu berücksichtigen ist auch der Befiederungsgrad. Bei der Schnellmast muss die Schlachtung vor der schlagartig einsetzenden 1. Jungtiermauser erfolgen, da sonst der Schlachtkörper voller Federstoppeln ist und nicht als Ganzes abgesetzt werden kann.

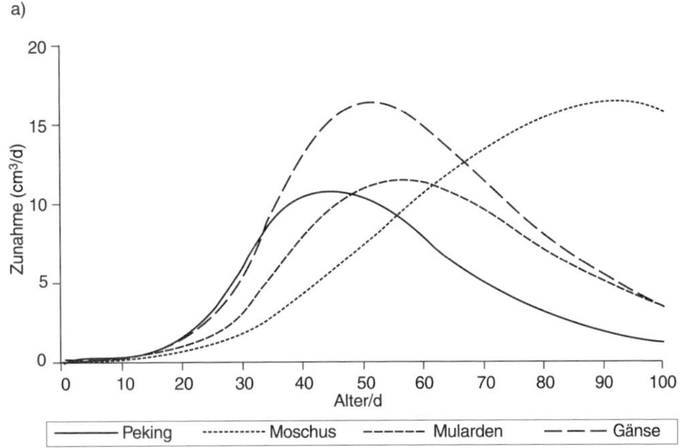

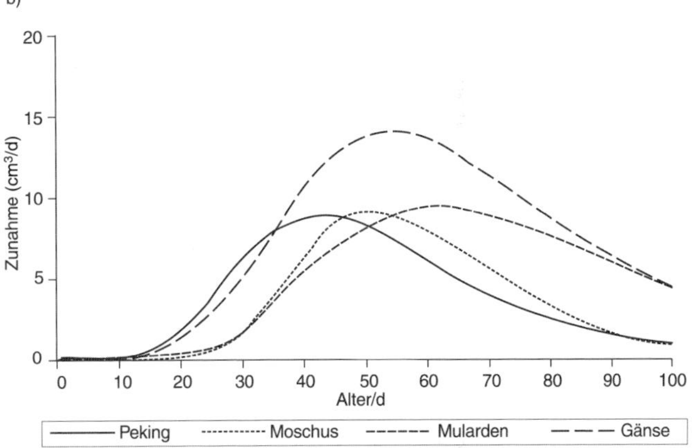

Abb. 21: Tägliche Zunahme des Brustmuskelvolumens bei Enten und Gänsen. a männlich, b weiblich.

Generell gilt bei Wassergeflügel, dass mit zunehmendem Alter der Muskelanteil zu- und der Hautanteil abnimmt. SCOTT und DEAN (1991) berichten, dass bei Pekingenten von der 5.–8. Woche die Brust- und Schenkelmuskulatur von 386 g auf 659 g und bezogen auf den grillfertigen Rumpf (ohne Hals und Flügelspitzen) von 29,1 % auf 36,1 % zunahm, dagegen erhöhte sich der Hautanteil mit dem Fett im Unterhautgewebe nur von 550 g auf 652 g, was bezogen auf den Rumpf einer relativen Abnahme von 41,6 % auf 35,8 % gleichkommt. Ähnlich verhält sich die Entwicklung des Muskel- und Hautanteils bei den anderen Wassergeflügelarten. So erhöht sich bei Moschuserpeln von der 7.–11. Woche der Brust- und Schenkelmuskelanteil am grillfertigen Rumpf von 26,4 % auf 34,4 %, während der Anteil der Haut mit dem Fett in der Unterhaut von 27,9 % auf 20,0 % zurück geht. Bei den Moschusenten lauten die entsprechenden Zahlen 27,6 % auf 38,5 % bzw. 25,6 % auf 16,0 %.

Besonders deutlich wird dieser Sachverhalt, wenn die allometrischen Wachstumsbeziehungen analysiert werden. Wiederhold (1996) hat die Allometriekoeffizienten für die Wachstumsgeschwindigkeiten des Brustmuskelvolumens in Beziehung zum Körpergewicht und zum Schenkelmuskelvolumen von der 5.–10. Lebenswoche geschätzt. Sie betragen für

- Pekingenten 4,15 und 3,27,
- Moschusenten 1,89 und 1,82,
- Mularden 2,17 und 2,65,
- Gänse 2,43 und 2,77.

Bei einem Allometriekoeffizienten von 1 liegt gleiche Wachstumsgeschwindigkeit vor (Isomerie). Die angegebenen Allometriekoeffizienten zeigen, dass ab der 5. Lebenswoche die Wachstumsgeschwindigkeit der Brustmuskulatur wesentlich höher ist als die des Körpergewichts und des Schenkelmuskelvolumens und eine zu frühe Schlachtung zu Schlachtkörpern mit wenig Brustfleisch führt, die vom Verbraucher abgelehnt werden.

Bis zur 1. Jungtiermauser erreichen die Tiere in der Regel 75 % und mehr des Lebendgewichtes ausgewachsener Tiere. Das bedeutet, dass bei Wassergeflügel die Wachstumskapazität (Endgröße) in hohem Maße ausgenutzt wird. Broiler erreichen beispielsweise zum Schlachtzeitpunkt nur 40 % des Lebendgewichtes ausgewachsener Tiere.

Auf das Wachstum hat das somatotrope Hormon (Wachstumshormon) der Hypophyse einen starken Einfluss. Es fördert die Bildung von Eiweiß, beeinflusst den Kohlenhydrat- und Fettstoffwechsel und verbessert die Verwertung von Kalzium und Phosphat im Knochenwachstum. Die fördernde Wirkung dieses Hormons wird durch Thyroxin, einem Schilddrüsenhormon, und durch Insulin, das in der Bauchspeicheldrüse erzeugt wird, unterstützt. Thyroxin steigert den Grundumsatz und intensiviert die Verbrennungsvorgänge, indem es den Sauerstofftransport reguliert. Bei heißem Wetter und mit zunehmendem Alter geht die Thyroxinproduktion zurück. Insulin greift in den Kohlenhydratstoffwechsel ein und fördert die Aufnahme von Aminosäuren in das Muskelgewebe. Einen bedeutenden Einfluss auf das Wachstum haben auch die Geschlechtshormone. Beim Vergleich männlicher und weiblicher Tiere lässt sich die anabole Wirkung der männlichen Geschlechtshormone deutlich erkennen.

Die Wassergeflügelarten unterscheiden sich in der Wachstumsrate und in dem Grad, in dem die männlichen Tiere schneller wachsen als die weiblichen. Moschusenten wachsen anfangs langsamer, weisen aber im Alter von 10 Wochen schon eine Differenz von fast 40 % zwischen den Geschlechtern auf. Dagegen wachsen Pekingenten schon in den ersten Lebenswochen sehr schnell und gehen relativ früh in die langsamere Wachstumsphase. Der Unterschied zwischen den Geschlechtern beträgt etwa 7 %. Bei Gänsen beträgt die Differenz im Lebendgewicht beider Geschlechter im Alter von 10 Wochen etwa 10–12 %. Bei den Mulardenten ist der Unterschied zwischen den Geschlechtern ähnlich wie bei Pekingenten.

Für die späteren Zuchttiere ist das Wachstum so zu beeinflussen, dass die Tiere in eine gute Kondition kommen. Die Aufzucht verläuft in den ersten Lebenswochen ähnlich wie in der Mast. Danach darf das Wachstum nicht so intensiv verlaufen, damit die Tiere nicht zu früh geschlechtsreif werden oder verfetten.

4.14 Verhalten der Enten und Gänse

Beobachtungen zum Verhalten der Enten und Gänse wurden schon frühzeitig genutzt. Nach den Gewohnheiten bei der Nahrungsaufnahme legte der Mensch Entenfänge an. Später nutzte er Lockenten, die mit ihren Rufen die Wildenten in die Fänge holten. Kenntnisse zum Eiablage- und Brutverhalten müssen vorgelegen haben, wenn in der Antike Eier von Graugänsen und Stockenten gesammelt und Hühnerglucken zum Ausbrüten untergelegt wurden, um die geschlüpften Jungtiere in den ummauerten und mit Netzen abgedeckten Gehegen zu mästen. Bei Gänsen ist die sprichwörtliche Wachsamkeit frühzeitig bekannt geworden. Auch die Fähigkeit, lange Wegstrecken zurückzulegen, wurde genutzt, um Gänseherden von den wasser- und weidereichen Gebieten Germaniens und Galliens nach Rom zu treiben, wo sie vor allem wegen der Daunenfedern sehr gefragt waren.

Mit dem Beginn der Rassezucht in der Mitte des vorigen Jahrhunderts wurde das Verhältnis zwischen Mensch und Tier enger. Je besser das Verhalten der Tiere bekannt ist, desto besser kann dieses Wissen zur tiergerechten Gestaltung von Zucht, Haltung und Fütterung genutzt werden. Im Verlauf der Domestikation, insbesondere durch die Selektion auf Lege- und Mastleistung, ist es zu markanten Veränderungen im Verhalten gekommen. Bei verschiedenen Rassen ist u.a. das Brutverhalten verloren gegangen, ein eindeutiger Beweis für die genetischen Grundlagen des Verhaltens, aber auch dafür, dass das Verhalten der Stammart nicht generell zum Maßstab für das Verhalten der jeweiligen Haustierform genommen werden kann.

Jede Art hat ein spezifisches lebensnotwendiges Verhaltensmuster. Es setzt sich aus einer artspezifisch angeborenen und einer individuell über das Lernen erworbenen Variante zusammen. Die Lernvorgänge können in obligatorisches und fakultatives Lernen gegliedert werden. Das obligatorische Lernen, auch Prägung genannt, ist durch bestimmte sensible Perioden gekennzeichnet und für den Aufbau des Normalverhaltens unbedingt erforderlich. In der ersten Phase erfolgt die Prägung auf den Artgenossen (Nachfolgeprägung), in einer weiteren Phase wird die Motorik an die Umweltbedingungen angepasst. Die dritte Phase dient dem Aufbau innerer Informationsstrukturen (z.B. Fähigkeit zum individuellen Unterscheiden von Artgenossen). Genetisch fixiert sind die Lerninhalte und der Zeitraum der Prägung. Durch fakultatives Lernen wird die Informationsmenge erweitert und neues Verhalten programmiert. Das Tier verschafft sich so eine größere Anpassungsfähigkeit gegenüber der Umwelt. Wichtig ist die Erkenntnis, dass das Verhalten zum Erbgut des Tieres gehört, dem durch die Gestaltung der Umwelt Rechnung zu tragen ist. Werden durch die Haltungsbedingungen bestehende Verhaltensweisen unterdrückt, kann das zu erheblichen psychischen und physischen Belastungen des Tieres führen. Diese wirken entweder direkt oder über Lernvorgänge. So ist Fehlverhalten, wie das Federfressen oder das Afterpicken, ein erlernter Bewegungsablauf und beeinträchtigt das Wohlbefinden und die Gesundheit der Tiere. Kenntnisse der angeborenen Verhaltensmuster sind eine wichtige Voraussetzung für eine tiergerechte Gestaltung der Umwelt.

Das Verhalten kann nach der Art der Grundbewegungen und den damit im Zusammenhang stehenden Funktionen betrachtet werden. Die Grundfunktionen des Organismus sind die Erhaltung des Individuums und der Art.

Der Individualerhaltung dienen:
- Futter- und Wasseraufnahme,
- Bewegen und Ausruhen,
- Körperpflege (Komfortverhalten),
- Schutz und Verteidigung.

Die Erhaltung der Art wird durch die Fortpflanzung gewährleistet. Zum Fortpflanzungsverhalten gehören Paarung, Nestbau und Eiablage, Brut und Aufzucht.

Verhalten bei der Futter- und Wasseraufnahme

Die Kenntnis des Verhaltens bei der Futter- und Wasseraufnahme ist für das Einrichten der Futtertröge und Tränken wichtig, um den typischen Bewegungsablauf zu gewährleisten und das Vergeuden von Futter und Wasser weitgehend einzuschränken. Das Futteraufnahmeverhalten wird durch Futtersuche, Futterwahl und Futterverzehr charakterisiert. Einen großen Teil der Nahrung nehmen Enten und Gänse im Wasser auf. Der Bau des Schnabels und das Futteraufnahmeverhalten ermöglichen ihnen die Nutzung der Nahrungsquellen im Wasser. Entenküken nehmen zunächst mehr tierische als pflanzliche Futterstoffe auf, um das notwendige Eiweiß für das Wachstum zur Verfügung zu haben. Das wird dadurch begünstigt, dass im Frühjahr das Zooplankton (Zuckmückenlarven, Wasserflöhe, Hüpferlinge usw.) reichhaltig vorkommt. Ausgewachsene Enten dagegen nehmen über 90 % pflanzliche Nahrung auf. Der Boden der Gewässer wird gründelnd nach weichen Unterwasserpflanzen abgesucht. Durch seihende Schnabelbewegungen bleiben Wasserlinsen und Zooplankton an den Zahnleisten der Schnabelränder und an der Zunge hängen und können somit gefressen werden. Dieses Verhalten ist auch bei den Hausenten ausgeprägt. Pekingenten nehmen bei Freiwassermast auf nährstoffreichen Seen täglich 30–80 g Grünalgen, Unterwasserpflanzen, Zooplankton und Wurzelteile sowie alle erreichbaren Insekten auf. Auch auf dem Land werden Pflanzen aufgenommen, jedoch sind Moschusenten und Gänse auf Grund der scharfen Kanten ihres Schnabels besser auf das Abrupfen von Gras und Grünpflanzen eingestellt. Mit den scharfen Schnabelkanten können sie Gras und andere Pflanzen leicht abrupfen und seitlich abbeißen, allerdings auch sehr tief verbeißen. Dieser tiefe Verbiss kann die Grasnarbe stark beanspruchen, insbesondere wenn der Bestand an Tieren zu hoch ist. Enten und Gänse fangen Insekten sehr geschickt aus der Luft, weil sie sehr schnell den Schnabel schließen können. Moschusenten jagen im Auslauf regelrecht nach Insekten.

Mit ihrer dehnbaren Speiseröhre, die wie ein Kropf fungiert, können Enten und Gänse in kurzer Zeit relativ viel Futter aufnehmen. Deshalb lassen sich billige, faserreiche Futterstoffe einsetzen. Die Troglänge je Tier kann bei ad libitum Fütterung relativ kurz sein, weil es wenig Konkurrenz am Futtertrog gibt. Anders ist es bei restriktiver Fütterung oder bei Verabreichung von Weichfutter, wenn alle Tiere gleichzeitig fressen. In diesen Fällen sind 10–15 cm Troglänge je Tier zu veranschlagen.

Die Sensorik spielt bei der Futterwahl eine entscheidende Rolle und ist auf leichte Aufnahme und Verzehrbarkeit gerichtet. Bei der Futteraufnahme stehen die Tastsinnleistungen im Vordergrund. Aufgrund der Schnabelform werden feuchte gegenüber trockenen Schroten bevorzugt, da diese leichter aufgenommen werden können. Die Beliebtheit verschiedener Getreidekörner richtet sich insbesondere nach deren Größe. Futterpflanzen werden nach taktilen und geschmacklichen Qualitäten unterschieden. Bei Enten erwiesen sich von den untersuchten Pflanzen Melde, Zuckerrübenblatt, Entenflott (Wasserlinsen), Radieschen und Raps als taktil und geschmacklich positiv, während Gurke und Kamille weniger gefressen wurden. Unbeliebt sind sauer und bitter schmeckende Pflanzensäfte sowie schmalblättrige und verholzte Pflanzen. Weißer Senf wird von Enten gierig verzehrt. Bei Gänsen sind Gräser, Schachtelhalm und Möhrenkraut besonders beliebt.

Neben der Schnabelform ist die Schlundweite für die Futteraufnahme und Verzehrbarkeit entscheidend. Entenküken bevorzugen nach dem Schlupf

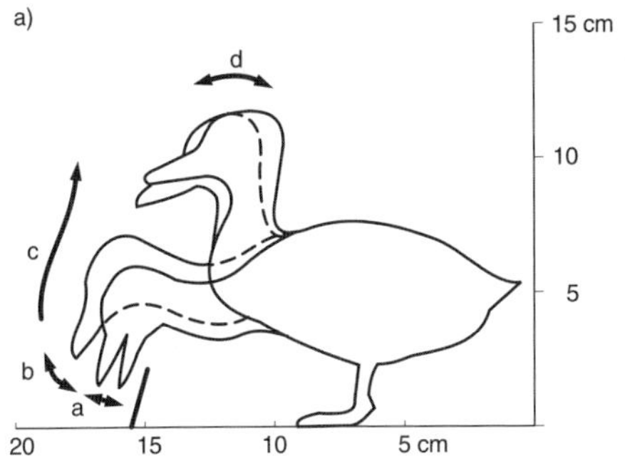

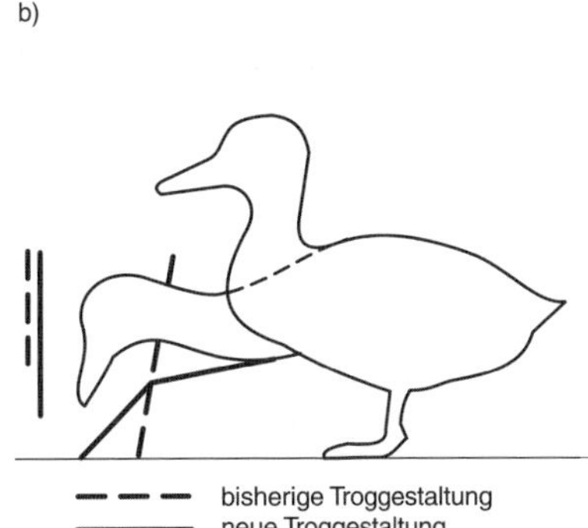

Abb. 22: Anpassung der Futtertrogform an das Futteraufnahmeverhalten (nach Reiter 1991). a Bewegungsablauf bei der Futteraufnahme, b zweckmäßige Anpassung des Futtertroges an das Fressverhalten.

Futterteilchen unter 2 mm Durchmesser, können aber schon Futter von 5 mm Durchmesser schlucken. Mit zunehmendem Alter werden größere Futterteilchen häufiger gefressen. Ab dem 7. Lebenstag wird mehr Futter mit 5 mm als mit 3 mm Durchmesser aufgenommen. Wird dieser Korngröße nicht im Futterangebot entsprochen, kommt es zu erhöhter Futtervergeudung. Mehliges Futter kann von Enten und Gänsen nicht sicher erfasst werden, so dass es bei der Aufwärtsbewegung des Kopfes und dem ruckartigen Schlucken aus dem Schnabel fällt. Häufig bildet Mehlfutter mit dem Speichel eine klebrige Masse, die an Schnabel und Zunge haftet und nicht abgeschluckt werden kann. Die Tiere versuchen dieses anhaftende Futter abzuschütteln oder im Wasser abzuspülen, was zu Futterverlusten führt. Steht kein pelletiertes Futter zur Verfügung, sollte feuchtkrümeliges Weichfutter gereicht werden.

Wichtig für die verhaltensgerechte Futterverabreichung ist auch die richtige Gestaltung der Futtertröge. Es ist der Anatomie des Schnabels und der nach vorn gerichteten schaufelartigen Greifbewegung Rechnung zu tragen. Die Trogkante auf der Fressseite muss relativ breit sein und darf nur flach in einem Winkel bis zu 30° ansteigen (Abb. 22). Durch entsprechende Veränderung der Tröge konnte Reiter (1991) die Futtervergeudung bei pelletiertem Futter mit 30 % Abrieb bei Pekingenten von 5,3 auf 0,6 % und bei Moschusenten von 7,2 % auf 0,7 % senken. Wird feuchtkrümeliges Futter gereicht, lassen sich die Futterverluste deutlich reduzieren, wenn die Tröge kastenförmig gestaltet und nur bis zu einem Drittel befüllt werden. Mit zunehmendem Alter wird die Höhe der Oberkante der Tröge wie folgt verändert: vom 1. Lebenstag an 5 cm, vom 10. Lebenstag an 10 cm, ab der dritten Lebenswoche 12 cm und ab der 8. Lebenswoche 15 cm.

Nach Aufnahme von Trockenfutter wird versucht, dieses vor dem Abschlucken in benachbarten Tränken einzuweichen. Von der 1.–3. Lebenswoche sollte der Abstand zwischen Futter und Wasser nicht unter einem Meter sein. Danach ist ein Abstand von mindestens 5 m anzustreben. Sind die Entfernungen zu gering, tragen die Enten das Futter zur Tränke und nehmen es dort mit sehr viel Wasser auf. Erhöhte Futterverluste in der Tränke sowie Wasserverschmutzung sind die Folge. Die Ente muss auf dem Wege zur Tränke genügend Zeit haben, das aufgenommene Futter abzuschlucken. Sind die Abstände dagegen zu groß, wird zu viel Bewegungsenergie verbraucht.

Bedeutsam und vom Verhalten abhängig sind zeitliche Verteilung und Häufigkeit der Futtergaben. Das Futter wird in einem bestimmten Rhythmus aufgenommen, der durch innere und äußere Faktoren bestimmt wird. Durch Abstimmung der täglichen Futtergaben mit diesem Rhythmus kann die Futteraufnahme und die Verwertung erhöht werden. Wenn nicht ad libitum mit Pellets gefüttert wird, sollten Enten- und Gänseküken in den ersten Lebenstagen 6- bis 7-mal Futter am Tag in gleichen Zeitabständen erhalten. Ab dem 21. Lebenstag kann viermal täglich gefüttert werden. Die Hauptfuttermenge sollte in den Morgen- und Abendstunden zur Verfügung stehen. Mit zunehmendem Alter kann auf eine zweimalige Fütterung übergegangen werden. Wachsende Zuchttiere sollten einmal täglich mengenmäßig begrenzt und legende Tiere viermal am Tag Futter erhalten. Bei Zuchtgänsen in Einzelhaltung wurde beobachtet, dass in der Nacht die Futteraufnahme keineswegs niedriger war als am Tage (BIERSCHENK et al. 1997).

Immer wieder kann beobachtet werden, dass Enten und Gänse gern knabbern, und zwar nicht nur aus Hunger, sondern auch zur Befriedigung eines Spiel- bzw. Beschäftigungstriebes. Stalleinrichtungen aus Holz, Hartfaserplatten u.ä. sowie Obstbäume müssen deshalb gegen dieses Abnagen geschützt werden. Andererseits sorgen Gegenstände zum Beknabbern für Abwechslung.

Wasser wird von Gänsen seltener, aber dafür reichlicher als von Enten aufgenommen. Sofern keine Bade- oder Schwimmgelegenheit vorhanden ist, dient das Tränkwasser gleichzeitig zur Reinigung der Nasenlöcher und Augen. Deshalb müssen die Tränkvorrichtungen so bemessen sein, dass die Tiere ihren Schnabel ausreichend tief eintauchen können. Wichtig ist, dass immer Trinkwasser bereitsteht. Hierbei ist aber auf sparsamen Verbrauch und Vermeidung von Spritzwasser zu achten. Beim Trinken aus der Wasserrinne wird der Schnabel schräg eingetaucht und dann etwas über die Horizontale angehoben. Da sich in den Rinnentränken meist gelöste Futterstoffe befinden, werden auch seihende Schnabelbewegungen ausgeführt. Um den Bewegungsablauf des Seihens zu ermöglichen, muss die Tränke eine ausreichende Breite und Tiefe aufweisen, damit die Tiere den Kopf und den Schnabel hineinstecken können. Als Regel gilt, dass die Tiefe des Wassers in der Tränkrinne mindestens dem Abstand der Schnabelspitze von den Nasenlöchern entspricht. Bei mangelhaften Tränkrinnengestaltungen steigt der Anteil des Spritzwassers auf über 20 % des Wasserverbrauchs (Abb. 23).

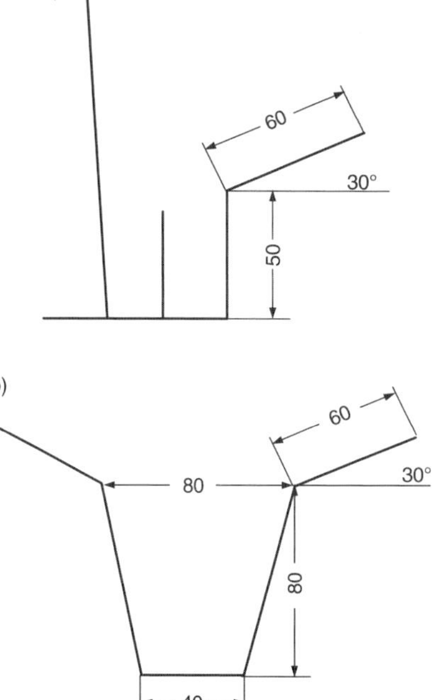

Abb. 23: Anpassung der Tränkrinne an das Wasseraufnahmeverhalten (nach Reiter 1991). a veränderte Ventilrundtränke, b veränderte Rinnentränke.

Seit einiger Zeit gibt es für Enten und Gänse Nippeltränken, bei denen weniger Spritzwasser anfällt. Die Wasseraufnahme aus Nippeltränken entspricht nicht dem natürlichen Wasseraufnahmeverhalten, aber die Tiere entwickeln eine Strategie, nach der sie das Wasser aus den Nippeln aufnehmen. Sind gleichzeitig offene Tränken und Nippeltränken vorhanden, nutzen Pekingenten beide Tränksysteme. Es gibt keine Abneigung gegenüber Nippeltränken.

Eine Besonderheit der Enten ist ihre bemerkenswerte Salztoleranz, d.h. sie können auf Wasser mit relativ hohem Salzgehalt gehalten werden. Eine Verabreichung von Wasser an Pekingenten, das 60 % des Salzgehaltes von Meerwasser enthielt, hatte über 20 Monate keine negativen Auswirkungen. Bei diesen Tieren soll sich ein Gleichgewicht hinsichtlich der Aufnahme und Ausscheidung der Salze eingestellt haben (Rudolph 1978).

In Verbindung mit der Nahrungsaufnahme muss auch das Ausscheiden des Kotes betrachtet werden. Entenküken bewegen sich nach dem Schlupf bis 10 cm rückwärts, bevor sie den Kot absetzen. Der Kot wird in dieser Entwicklungsphase meist nach der Ruheperiode vor der nächsten „Mahlzeit" abgegeben.
Es können zwei Arten von Kot unterschieden werden:
- grau bis schwarz gefärbt und geformt,
- senfartig, braun.

Die zweite Art stellt den Blinddarmkot dar, der ein- bis zweimal täglich abgesetzt wird.

Ist der Kot hellbraun und schaumbedeckt, ist dies ein Hinweis auf falsche Ernährung (Eiweißüberschuss, zu wenig Ballaststoffe, schlechte Qualität des Futters). Die weißen Fäden im Kot stellen eingedickten Harn dar.

Bewegen
Wassergeflügel nutzt verschiedene Fortbewegungsarten, wie Laufen, Schwimmen und Fliegen.

Als Schwimmvögel haben Enten und Gänse zwischen den Zehen Schwimmhäute.

Das Bewegungsverhalten wird vor allem durch den Bau des Skeletts bestimmt. Das Laufvermögen der Ente im Landententyp (Pekingente) ist wegen der weit hinten am Körper befindlichen Beine gemindert und durch ein sprichwörtliches „Watscheln" gekennzeichnet. Bei der Flucht ermüden die Tiere schnell und schlagen mit den Flügeln. Anders dagegen der Pinguinententyp, z. B. die Laufente. Bei diesen Enten befinden sich die Läufe durch die aufrechte Körperhaltung unter dem Schwerpunkt des Körpers und gewährleisten somit das bessere Laufen. Die Moschusente ist mit Hilfe der langen, scharfen Krallen an den Füßen zusätzlich zum Klettern befähigt. Die Gans verfügt über kräftige, weit seitlich ansitzende, schräg einwärtsgestellte Beine, wodurch sie auch auf dem Land weite Wege zurücklegen kann.

Bemerkenswert ist das gute Erinnerungsvermögen des Wassergeflügels. Sie merken sich sehr schnell den Weg, auf dem sie zu entfernten, reizvollen Zielen, z. B. zum Teich, gelangen bzw. auf dem sie zum heimischen Stall kommen.

Die gute Schwimmfähigkeit der Enten und Gänse wird durch die luftgefüllten großen Knochen unterstützt. Bei der Beugung des Laufes und Führung des Fußes nach vorn sind die Zehen zusammengelegt, um den geringstmöglichen Widerstand zu bieten. Bei der Streckung des Laufes werden die Zehen maximal gespreizt. Die Schwimmhäute erzeugen – ähnlich einem Ruderblatt – einen Schub. Beim Gründeln wird der Körper durch Beinbewegungen lotrecht gehalten.

Vorteilhaft für die Flugfähigkeit der Wildenten und -gänse ist das lange Brustbein mit einem hohen Kamm für den Ansatz der kräftigen Brustmuskulatur, der bei den Haustieren nicht mehr in der Größe vorkommt. Gefördert wird die Flugfähigkeit durch die geringe Dichte des Knochengerüstes, die vor allem durch die charakteristischen Hohlraumsysteme in den Knochen und die daraus resultierende Lufthaltigkeit bedingt wird. Das Federkleid bringt eine Vergrößerung des Körpervolumens mit sich und setzt ebenfalls die Dichte herab. Das Gleiche gilt für die spezifische Ausbildung des Atmungsapparates mit den Luftsäcken. Alle schweren Organe liegen zentral um den Schwerpunkt des Körpers und erleichtern somit das Fliegen. Hinzu kommt das Fehlen der Harnblase als Wasserspeicher und die Verlagerung der Embryonalentwicklung in das Ei außerhalb des Körpers. Trotz der geringen Masse des Vogels wird beim Flug sehr viel Energie verbraucht. Deshalb muss das Skelett große Ansatzflächen für die beim Flug hauptsächlich beanspruchten Brustmuskeln bieten.

Mit der Entwicklung des Gefieders zeigen Hausenten und -gänse Flugstimmung. Dabei versuchen sie, durch kräftige Flügelschläge vom Boden abzuheben. Besonders bei Moschusenten fällt auf, dass Flugversuche unternommen werden. Diese Versuche reichen vom Flügelschlagen am Boden über leichte Sprünge, ähnlich denen junger Stelzvögel, bis zu richtigen Rundflügen. Der Flug der Erpel ist gleitend, schwerfällig; die langsamen Flügelschläge sind denen der Schwäne ähnlich. In der Regel ist bei den Hausenten und -gänsen das Flugvermögen verloren gegangen, weil das Körpergewicht bezogen auf die Tragfläche der Flügel zu hoch ist (siehe Seite 23). Einige kleine Entenrassen besitzen noch das ursprüngliche Flugvermögen der Stockente, wie die Hochbrutflug- und die Zwergente.

Ruhen und Schlafen
Enten und Gänse ruhen und schlafen nach jeder „Mahlzeit". Geringe Störungen verändern den Rhythmus des Ruhens. Allgemein ist über Ruhen und Schlafen beim Geflügel wenig bekannt. Es sollen sich Tiefschlaf- und Flachschlafphasen abwechseln. Die Tiefschlafphasen treten relativ häufig auf, dauern aber nur wenige Sekunden. Beim Schlummern auf dem Land stehen sie häufig auf einem Bein, auf dem Wasser paddeln sie hin und wieder, um nicht an Land zu treiben. Beim Schlafen auf dem Land befindet sich der Körper am Boden. Diese sitzende Ruheweise ist vor allem in der ersten Nachthälfte zu beobachten, gegen Morgen nimmt die stehende Ruheweise zu. Der Kopf wird in das Schultergefieder gesteckt oder nach hinten auf den Rücken gezogen und der Schnabel auf die Brust gelegt. Die Augen werden häufig geöffnet. Bei Störungen werden die Tiere sogleich wach. Der Anteil des Ruhens (sitzend und stehend) macht bei Enten und Gänsen über 50 % im Verhältnis zu allen Verhaltensweisen aus.

Komfortverhalten
Alle Verhaltensweisen, die der Reinigung und Pflege des Gefieders dienen, gehören zum Komfortverhalten und dienen dem Wohlbefinden der Tiere. Diese Aktivitäten werden besonders nach der morgendlichen Nahrungsaufnahme beobachtet. Die Körperpflege nimmt 10–15 % der gesamten Tageszeit in Anspruch. Hierbei wird mit dem Schnabel aus der Bürzeldrüse Fett entnommen und auf das Federkleid aufgetragen, so dass dieses ein glattes, glänzendes Aussehen bekommt. Auf dem Wasser schöpfen die Tiere durch schnelles Eintauchen von Kopf und Hals sowie ruckartiges Aufrichten des Vorderkörpers unter Zurückbiegen des Halses Wasser, das über Schulter und Rücken abfließt. Danach kommt die Gefiederpflege, bei der die Federn geglättet, geordnet und mit dem Sekret der Bürzeldrüse eingefettet werden. Hinzu kommt Aufrichten und Flügelschlagen, Körperrütteln sowie Kopfschütteln, Gefiederordnen und Sichkratzen. Wenn die Tiere auf dem Land aufgerichtet stehen, nehmen sie nicht die einzelne Feder in den Schnabel, sondern fahren mit ihrem breiten Schnabel, dem Hals, den seitlichen Kopfpartien und der Kehle glättend über ganze Federbezirke. Kopf, Nacken und Kehle werden mit den Zehen gekratzt. Neben Flügelschlagen ist auch Flügel- und Beinstrecken zu beobachten.

Bei Haltung ohne Zugang zu Wasser kommt es zum Trockenbaden. Die Tiere strecken sitzend den Hals weit vor, sträuben das Halsgefieder und wenden den Hals am Boden hin und her. Kopf und Hals werden auf die Schulter zurückgeworfen und hin und her geschlenkert. Begleitet wird dieser Bewegungsablauf von Flügelschlagen, Schwanzschütteln und einseitigem Flügel- und Beinstrecken. Bei Trockenhaltung des Wassergeflügels sondert die Bürzeldrüse nicht genügend Sekret ab, so dass die Tiere das Gefieder nicht ausreichend einfetten können. Das Gefieder verschmutzt leicht und wird spröde.

Abb. 24: Gänse in Angriffshaltung (aus Engelmann 1984).

Steht Wasser im Eimer oder in einer tiefen Tränkrinne zur Verfügung, werden Kopf und Hals eingetaucht. Durch plötzliches Aufrichten kann das Wasser über Brust und Rücken abfließen. Aus der Affinität des Wassergeflügels zu Wasser wird oft die Notwendigkeit abgeleitet, dass Bade- oder Schwimmgelegenheiten zur Verfügung stehen müssen. Badeverhalten wird jedoch mit und ohne Wasser ausgeübt. Beim Trockenbaden ist der gleiche Bewegungsablauf zu beobachten wie beim Baden im Wasser MARKO et al. (2003) weisen aber nach, dass die Gefiederpflege als Komfortverhalten bei Bademöglichkeit intensiver erfolgt, woraus geschlossen wird, dass Baden das Wohlbefinden der Tiere erhöht. Enten mit Bademöglichkeit haben auch signifikant höhere Endgewichte (3348 g gegenüber 3179 g), allerdings eine schlechtere Futterverwertung (2,36 kg gegenüber 2,25 kg) als Enten mit Wasserversorgung über Nippeltränken. Dies ist auf erhöhten Energiebedarf zurückzuführen, ähnlich wie bei der Freiwassermast.

Da das Badewasser stark verschmutzt und schnell mit Keimen angereichert wird, ist die zeitweilige Nutzung von Duschen über einem mit Rosten abgedecktem Sammelbecken aus hygienischer Sicht als sinnvolle Alternative zum Baden anzusehen. Duschen führt nach REITER (2003) ebenfalls zur Stimulierung des Komfortverhaltens. Die gleiche Beobachtung wird bei Regen in der Auslaufhaltung gemacht. Duschvorrichtungen sind jedoch mit hohem Wasserverbrauch verbunden.

Schutz und Verteidigung

Für Ente und Gans ist das Auge das führende Sinnesorgan beim Erkennen von Gefahren, das auch zielgerichtete Reaktionen zur Folge hat. Innerhalb einer Herde spielen ferner charakteristische Lautäußerungen zur gegenseitigen Orientierung und für die Warnung eine Rolle. Alle Warnlaute werden von den Artgenossen verstanden. Im Rahmen der Feindvermeidung hat Wassergeflügel ein weites Verhaltensspektrum. Es erstreckt sich vom „Erstarren“ oder „Sich-tot-stellen“ bis zur panikartigen Flucht. Das Fluchtverhalten kann in der Intensivhaltung verheerende Folgen haben. Die Tiere flüchten plötzlich in eine Ecke des Stalles, drängen sich dort zusammen, so dass ein großer Anteil der Herde erstickt. Wegen der Schreckhaftigkeit sollte nachts eine schwache Beleuchtung die Orientierung erleichtern.

Gänse sind für ihr wachsames Verhalten bekannt und werden sogar als Wachtiere eingesetzt. Mit ihrem lauten und trompetenartigen Geschrei können sie allerdings auch zur Lärmbelästigung werden. Die typische Angriffs- oder Abwehrhaltung ist das Halsvorstrecken, verbunden mit Sträuben des Gefieders und Zischen (Abb. 24).

Generell muss bei der Betreuung der Enten und Gänse versucht werden, beruhigend auf sie einzuwirken. Dies geschieht durch Gewöhnung der Tiere an die Stimme sowie durch ruhiges Hantieren und regelmäßiges Ausführen bestimmter Arbeitsgänge. Besonders Gänse werden sehr anhänglich und zutraulich und kommunizieren mit den Tierpflegern.

Oben: Durchleuchten von Entenbruteiern mit einer speziellen Schierlampe.
Unten: Kunststoffkästen für den Kükentransport.

Fortpflanzungsverhalten

Paarung. Stockenten sammeln sich im Herbst zu gemeinsamen Balzspielen, die zu Paarbindungen führen. Diese Zeremonien sind gekennzeichnet durch Antrinken (Begrüßung), Scheinputzen, Sichschütteln, Grunzpfiff, „Kurzhochwerden" und Auf- und Abbewegungen des Kopfes (Abb. 25). Der Grunzpfiff entsteht aus einer Spannung der Luftröhre bei den genannten Bewegungen der Ente. Der Tretakt wird auf dem Wasser durch „Pumpen" eingeleitet, einem schnellen Einziehen von Hals und Kopf und langsamem Wiederhochrecken. Damit wird die Ente animiert und fordert durch flaches Ausstrecken auf der Wasseroberfläche zum Treten auf. Nach der Begattung umschwimmt der Erpel die Ente kreisförmig und streckt dabei den Hals flach über das Wasser nach vorn. Beim Paarungsverhalten der aus der Stockente hervorgegangenen Rassen sind die Balzvorgänge nur noch andeutungsweise zu erkennen. Die Paarbildung ist aufgehoben. Der Tretakt der Enten findet auch auf dem Land statt. Bei Gruppenhaltung kann es zu Vergewaltigungen durch mehrere Erpel kommen. Erst nach 3-5 Minuten Tretbewegungen des Erpels auf der Ente wird der Penis eingeführt. Dieser befindet sich eingerollt in einer Hautfalte an der Kloake und windet sich in 2 1/2-3 Spiralen heraus. Durch eine Rinne fließt das Sperma in den Eileiter der Ente. Nach

Abb. 25: Paarungsverhalten der Stockenten (aus Engelmann 1984). a Kurz-Hochwerden, b Hindrehen des Hinterkopfes zur Ente, c Umwerben, „Nickschwimmen", d Grunzpfiff, e „Pumpen" als Paarungseinleitung, g Tretakt, h Abweisungsgebärde der Ente.

erfolgter Ejakulation des Samens sinkt der Erpel zur Seite.

Bei Moschusenten fehlt die Balz oder ist sehr kurz. Nach einer heftigen Jagd legt sich das weibliche Tier auf die Wasseroberfläche. Nachdem der Erpel die Enten einige Male umschwommen hat, steigt er auf. Es kommt vor, dass der Moschuserpel die Ente völlig unter Wasser drückt. Nach dem Tretakt beginnen sie sich ausgiebig zu putzen und zu baden. Auf dem Land wird die Ente fauchend und mit aufgerichteten Schopffedern umkreist und schließlich durch Nackenbiss unterworfen. Fällt dieses Vorspiel aus, erfolgt die Paarung robust und überfallartig. Nach Besteigen der Ente bringt der Erpel unter rhythmischen Seitwärtsbewegungen des Schwanzes seine Kloake an die des Weibchens. Die Kopulation erfolgt blitzartig durch das Eindringen des vollständig erigierten Penis in die Vagina. Nach erfolgreichem Tretakt kippt der Erpel seitlich von der Ente ab, die sich sogleich befreit und mit der Gefiederpflege beginnt (Abb. 26). Der Penis wird erst nach einiger Zeit zurückgezogen und häufig von anderen Enten beknabbert, was Entzündungen nach sich zieht.

Moschuserpel sind während der Fortpflanzungszeit sehr zänkisch und boshaft und verhalten sich auch gegenüber anderem Hausgeflügel sehr aggressiv. Es kommt vor, dass sie versuchen, andere Arten zu treten. Die Erpel sind beim Begattungsakt sehr stürmisch, was meist zur Folge hat, dass die Hinterköpfe oder Oberhälse der Enten zerrupft aussehen und kahle Stellen aufweisen. Werden Erpel gemeinsam gehalten, kann eine Neigung zur Homosexualität beobachtet werden.

Bei den Graugänsen führen genau geregelte Verhaltensweisen zur Auswahl und Übereinstimmung der Partner, bis sie die Einehe eingehen. Bei der Hausgans sind diese Verhaltensweisen abgeschwächt und aus dem Zusammenhang gerissen. Aus der Einehe ist eine Vielehe geworden, lediglich im Zuchtstamm bilden sich manchmal monogame Beziehungen heraus, was dazu führt, dass nur die auserwählte Gans getreten wird und befruchtete Eier legt. Nach Erreichen der Geschlechtsreife deuten Gänse und Ganter ihre Paarungsbereitschaft an. Ganter zeigen ein stolzes Gehabe unter ruckartigen Bewegungen und unnatürlicher Krümmung des Halses. Schließlich wendet er sich an eine bestimmte Gans, nimmt in unmittelbarer Nähe Futterbrocken auf und hält sich dicht neben ihr. Danach drängen sich beide Partner aneinander, legen die Hälse gegenseitig auf die Schulter und kraulen mit dem Schnabel im Gefieder. Sobald sich die Gans hinduckt oder der Ganter

Oben: Haltung von Mastgänsen auf einem Fischteich in Ungarn.
Unten: Bei Nutzung des Auslaufes als Dauerweide für Gänse kommt es zur Zerstörung der Grasnarbe, weil auch die Kriechtriebe aus dem Boden herausgerissen werden.

Abb. 26: Paarungsverhalten der Moschusenten (aus Bogenfürst, 1999). a Umwerben, b Ergreifen der Nackenfedern, c Beginn des Tretaktes, d Tretakt, e seitliches Abfallen des Erpels.

sie durch Auflegen von Hals und Kopf hinunterdrückt, kommt es zum Tretakt.

Eiablage. Für die Nistplatzwahl verfügen Wildvögel über ein angeborenes „Suchbild", das über Lernvorgänge modifiziert werden kann. Sie legen die Eier immer wieder in ein begonnenes Gelege. Bei den Hausenten und -gänsen ist die Beziehung zum Nest weniger ausgeprägt. Oft wird das Ei dort abgelegt, wo sich das Tier gerade befindet. Das Aufstellen einer angemessenen Zahl an Nestern in einem vom Fütterungs- und Tränkbereich abgesonderten Teil des Stalles ist angebracht, um das Verlegen von Eiern einzuschränken. Günstig ist es, wenn die Nestkästen leicht erhöht angebracht und für Moschusenten überdacht werden. Vor dem Legen ist eine gewisse Unruhe in Verbindung mit Nestsuche und Nestbau zu beobachten, die bei nicht ausreichender Anzahl an Nestern zu Aggressionen ausarten kann.

Brut- und Aufzuchtverhalten. Wildgeflügel besitzt den Bruttrieb ausnahmslos als angeborene Verhaltensweise. Das Brutverhalten wird durch das Hormon Prolaktin aus der Hypophyse ausgelöst, indem es das gleichfalls aus der Hypophyse ausgeschüttete follikelstimulierendes Hormon unterdrückt. Moschusenten und verschiedene Gänserassen sind gute Brüter und ziehen auch ihre Jungen zuverlässig auf. Moschusenten verteidigen ihr Nest sehr nachhaltig gegen vermeintliche Feinde, indem sie mit den Flügeln schlagen, den Gegner anspringen und mit Schnabel und Krallen bearbeiten. Sie gehen auch sehr geschickt vor, wenn es gilt, den Neststandort nicht zu verraten. Bei der natürlichen Brut der Gänse schaltet sich auch der Ganter ein. Er bewacht seine Gans am Nest und greift jeden Störenfried an.

Die Selektion auf hohe Legeleistung bringt es mit sich, dass Enten und Gänse mit Brutverhalten von der Zucht ausgeschlossen werden und diese Verhaltensweise in der betreffenden Population eliminiert wird. Dies gilt vor allem für Legeenten- und Legegänserassen.

Wenn die Küken sich von der Schale befreien, nehmen sie durch leise Piepslaute den lebenswichtigen Kontakt zur brütenden Mutter auf. Diese ruft zuerst leise, später lauter zurück. Über diese Signalreize oder Stimmfühlungslaute wird ein Mutter-Kind-Verhältnis aufgebaut, auch wenn die Entenküken und Gössel von einem Huhn oder einer Pute ausgebrütet werden. Der Signalreiz wirkt bei dem brütenden Tier auf die Aktivierung des Brutfürsorgetriebes. Die Piepslaute führen auch zur Synchronisation des Schlüpfens. Die Nachfolgereaktion der Küken ist eine angeborene Verhaltensweise, die noch verstärkt wird, wenn Laute hinzukommen. So wurden Entenküken im Alter von 1–5 Tagen stärker durch das Rufen der Ente beeinflusst, das auf dem Tonband vorgespielt wurde, als durch eine lebende, aber stumme Ente. Der Kopf einer Ente und das Piepen gleichaltriger Entenküken hatte die gleiche Anziehungskraft. Dieser Vorgang der Prägung ist ein Lernvorgang, der auf wenige Stunden vor und nach dem Schlupf beschränkt bleibt. Im Experiment gelang es, Entenküken auf Attrappen (Würfel, Spielauto) zu prägen. Das empfängliche Prägungsalter kann bei Entenküken bis zur 80. Stunde nach dem Schlupf anhalten. Die höchste Sensibilität ist bis zur 17. Stunde nach dem Schlupf zu beobachten. In Ostasien werden Entenküken nach dem Schlupf für das spätere Wanderweiden auf einen Bambusstab mit Fahne geprägt. Derartig geprägte Enten führt der Hirte zum jeweiligen Reisfeld, steckt die Fahne in die Erde und verlässt die Herde. Die Enten bleiben in Sichtweite dieser Fahne, bis der Hirte zurückkehrt.

Auch Gössel haben einen starken Anschlusstrieb bzw. starke Prägungsbereitschaft. Dies äußert sich in einem ausgeprägten Familiensinn, der bei Haltung in großen Herden nicht mehr zum Tragen kommt, was Leistungsdepressionen zur Folge hat.

In den ersten Lebenstagen bleiben die Entenküken und Gössel ständig in engem Kontakt mit der Mutter. Von Zeit zu Zeit werden sie unter dem Gefieder gehudert, wobei sie sich aufwärmen und danach wieder für eine gewisse Zeit die kühlere Umgebungstemperatur ertragen können. Sehr schnell erlangen sie die Fähigkeit, sich durch hohe Wärmeproduktion im Organismus niedrigen Temperaturen der Umwelt anzupassen. Das Wärmeausgleichvermögen der Enten und Gänse ist im Alter von 4 Wochen schon so weit entwickelt, dass sie Temperaturen um 0 °C ertragen können. Das bedeutet natürlich nicht, dass plötzliche Temperaturänderungen schadlos verkraftet werden. Beim Ruhen werden nach Möglichkeit Bereiche mit der thermisch neutralen Temperatur aufgesucht. Bei der Futteraufnahme und anderen Aktivitäten werden Bereiche mit der biologisch optimalen Temperatur bevorzugt.

Sozialverhalten

Unter Sozialverhalten wird die Gesamtheit der Verhaltensweisen zusammengefasst, die Funktionen der Verständigung zwischen den Tieren erfüllen, wie sie bereits beschrieben wurden. Das Sozialverhalten soll hier noch einmal von der biologischen Seite beleuchtet werden. Entenküken und Gössel nehmen über Fühlungslaute (zufriedenes Piepen und Wi-Laut) den Kontakt zur Mutter und zu den Geschwistern auf. Daneben verfügen sie über einen Verlassenheitsruf, mit dem sie auf sich aufmerksam machen. Ihnen ist die Neigung angeboren, auf bewegliche Objekte zu- und hinter ihnen herzulaufen. Über dieses angeborene Verhalten entwickelt sich die Bindung an die Mutter und an die Geschwister. Bei Gösseln ist die Prägung nach dem Schlupf besonders stark.

Enten zeigen wenig Bindung zum Standort und bilden mit den Gefährten nur einen lockeren Gruppenverband, der aber bei gemeinsamer Futtersuche oder gemeinsamem Aufsuchen von Ruheplätzen bestehen bleibt. Eine engere Verbindung entsteht in der Aufzucht. Die Entenmutter bildet mit den Küken eine enge vaterlose Familie, die sich aber mit dem Flüggewerden der Jungen völlig löst. Unter den heranwachsenden Entenküken bildet sich auch keine Rangordnung heraus. Lediglich gegenüber jüngeren Entenküken treten sie aggressiv auf, ohne individuelle Unterschiede zu machen.

Zu einer gewissen Rangordnung kommt es im Frühjahr bei den Erpeln im Zusammenhang mit der Paarung. Die Kämpfe werden in Form von Beißereien durchgeführt. Moschuserpel, die sich kennen, bedrohen sich allerdings nur durch Halsvorstrecken gegen die Körperflanke des anderen oder an diesem vorbei. Dadurch wird eine Auseinandersetzung vermieden. Moschuserpel, die sich nicht kennen, drohen sich frontal und es kommt zum Kampf. Bei Pekingerpeln ist die kämpferische Auseinandersetzung ungeschickt. Sie schwimmen mit gekrümmt eingezogenem Hals, unter Auf- und Abbewegen des Kopfes umeinander herum. Sobald sie mit den Köpfen einander zugewandt sind, versuchen sie den Gegner im Brustgefieder zu packen. Durch Bisse in die Brust, in den Nacken oder in den Körper versuchen sie sich schmerzhaft zu treffen. Wilderpel schlagen dabei auch mit den Flügeln. Bei kämpferischen Auseinandersetzungen auf dem Lande fallen die Erpel wegen der geringen Standfestigkeit bald flach auf den Boden und führen den Kampf

Abb. 27: Unterwürfigkeitsgeste erwachsener Gänse (aus Engelmann 1984).

Abb. 28: Zweikampf zwischen Gantern (aus Engelmann 1984). a Angriff, b und c Kampfphasen, d Entscheidung, Flucht und Verfolgung.

sitzend weiter. Moschuserpel verhalten sich bei den Rangkämpfen ähnlich wie Ganter. Kämpfe werden mit großer Verbissenheit geführt.

Bei Gänsen ist die Gemeinschaft viel fester zusammengefügt als bei Enten. Die Führung obliegt dem stärksten Ganter. Der höhere Rang sichert Vorrechte bei der Futtersuche u. a.

In Gemeinschaften ist die Kommunikation notwendig. Dabei wird zwischen taktiler, optischer und akustischer Informationsübermittlung unterschieden. Bei Küken von Pekingenten gibt es hauptsächlich zwei Rufarten, den Angstruf und den Zufriedenheitsruf. Am 27. Bruttag sind die ersten Laute zu hören. Vor dem Schlupf überwiegt der Angstruf (lange, hohe Rufe, im Durchschnitt 3 je Sekunde). Nach dem Schlupf, während der ersten zwei Tage, wächst die Zahl der Angstrufe (Prägung). Sind Mutter und Küken zusammen, tritt die höchste Zahl der Zufriedenheitsrufe auf (kurze, tiefe Rufe, im Durchschnitt 6 je Sekunde). Ausgewachsene Pekingenten haben eine relativ variable Art und Weise, sich mit Hilfe der Stimme zu verständigen. Sie können sich rufen, vor Gefahr warnen und auf Futter hinweisen. Die stimmlichen Kontakte ermöglichen ein Kennenlernen der Individuen. Bei den Moschusenten ist

Tab. 4.7. Anteil der Verhaltensweisen (in %) bei Peking-, Moschus- und Mulardenten während der Mast (Reiter und Bessei 1997)

Verhaltensweisen	Pekingenten	Moschusenten	Mulardenten
Fressen	2,4	3,7	2,0
Trinken	8,0	6,4	6,5
Schnattern in Einstreu oder Gras	13,2	10,9	11,0
Putzen	12,6	14,9	16,2
Sitzen	58,1	58,8	55,5
Laufen	4,3	4,2	4,1
Baden	2,8	1,5	1,5

die Stimme nur gering entwickelt. Zisch- und Fauchlaute unterstreichen die Drohgesten.

Unter Gösseln wird die Rangordnung bereits in den ersten Lebenstagen festgelegt und ist gekennzeichnet durch frontales Entgegenstrecken der Köpfe bei waagerecht gehaltenem Hals. Schwächere Tiere unterwerfen sich durch Kopfwegwenden. Erwachsene Gänse drohen durch Kopfanheben bei lang ausgestrecktem Hals und unterwerfen sich durch Einziehen und Krümmen des Halses (Abb. 27). Gleichzeitig vermeiden sie es, den Gegner anzusehen. Unter Gantern kommt es zu heftigen Zweikämpfen mit kraftvollem Schlagen der Flügel und Beißen in das Brustgefieder oder den Hals des Gegners (Abb. 28).

Tab. 4.8. Anteil einzelner Verhaltensmerkmale von Zuchtgänsen in Einzelhaltung in % (Bierschenk u. a. 1997)

Verhaltensmerkmal	Tags, 10 Stunden	Nachts, 14 Stunden
Futteraufnahme	1,9	2,4
Wasseraufnahme	2,9	2,1
Gefiederpflege	12,2	11,6
Legeverhalten	5,6	4,1
Beschäftigung mit Stroh	8,5	10,7
Knabbern an Gegenständen	7,5	5,4
Fluchtverhalten	2,1	1,4
Ruhen, sitzend	22,5	34,5
Ruhen, stehend	26,2	20,6

Dauer einiger Verhaltensweisen und Verhaltensänderungen

Die quantitative Verteilung des Verhaltens über 24 Stunden verändert sich mit zunehmendem Alter, wie Reiter und Bessei (1997) nachweisen konnten (Tab. 4.7). Bei Pekingenten nimmt die Dauer des Sitzens von 30 % in der ersten Woche auf 52 % in der 6. Woche zu. Die Dauer des Putzens bleibt auf einheitlichem Niveau. Bei Stall- und Auslaufhaltung sind nur geringe Unterschiede im Verhalten festzustellen. Die Dauer der Putzaktivität ist im Auslauf höher, die Sitzdauer ist dagegen kürzer. Bei guter Einstreuqualität hat das Vorhandensein einer Bademöglichkeit einen geringen Einfluss auf das Putzverhalten. Bei diesem Vergleich zeigt sich, dass Mulardenten den Moschusenten im Verhalten näher stehen. Verhältnismäßig gering ist der Anteil des Badens, wenngleich er bei Pekingenten am höchsten ist.

Bei Verhaltensstudien an Zuchtgänsen in Einzelhaltung durch Bierschenk u. a. (1997) ergab sich für die einzelnen Aktivitäten während der Nacht und am Tage fast der gleiche Anteil. In der Nacht ist der Anteil „Ruhe sitzend" und am Tage der Anteil „Ruhe stehend" höher (Tab. 4.8).

Die relative Häufigkeit der Verhaltensweisen von Moschuserpeln in der Intensivhaltung auf Rosten über den Verlauf eines Lichttages ermittelte Holub (1991).

Danach nimmt die Ruhezeit über 30 % in Anspruch, wobei die Tiere häu-

Tab. 4.9. Relative Häufigkeit von Verhaltensweisen von 7 Moschuserpeln während eines Lichttages bei Intensivhaltung am Ende der 2. Legeperiode in% (Holub 1991)

Erpel Nr.	1	2	3	4	5	6	7	Mittel
Ruhe/liegend	13,7	23,5	32,4	15,5	7,0	16,1	12,2	17,2
Ruhe/stehend	17,2	5,1	1,7	7,7	23,5	13,9	26,9	13,7
Liegen	2,7	6,2	9,5	7,5	0,2	2,2	1,5	4,2
Stehen	37,4	30,6	26,1	36,2	43,2	45,3	36,6	36,5
Lokomotion	8,2	8,8	10,2	7,9	6,8	6,3	5,9	7,7
Futteraufnahme	0,6	2,6	1,9	2,1	1,3	1,7	0,8	1,6
Wasseraufnahme	3,4	5,3	4,8	4,7	3,4	2,2	2,9	3,8
Komfortverhalten	13,4	15,2	11,4	11,1	9,9	8,1	9,9	11,3
Agon. Verhalten	1,9	2,1	1,1	6,0	3,0	3,5	1,7	2,8
Treten	1,5	0,6	0,9	1,3	1,7	0,7	1,0	1,1

figer liegend als stehend ruhen. Unter den aktiven Verhaltensweisen sind die Lokomotion mit 7,7 % und das Komfortverhalten mit 11,3 % hervorzuheben. Die Verhaltensweise Futteraufnahme nimmt weniger Zeit in Anspruch als das Trinken. Relativ gering ist kämpferisches Verhalten und Treten. In allen Verhaltensweisen bestehen große Unterschiede zwischen den Individuen (Tab. 4.9).

Abweichungen vom üblichen Verhalten treten bei Wassergeflügel gelegentlich auf und können in extremen Fällen das Wohlbefinden der Tiere herabsetzen. Solche Verhaltensänderungen sind das panikartige Fluchtverhalten, Frustration in Form erhöhter Aggressivität und stereotypen Hin- und Herlaufens sowie Federpicken und Kannibalismus.

Panikartige Flucht kommt eher bei Pekingenten vor, da sie besonders scheu sind. Vom Betreuer ist deshalb ein sorgsamer Umgang mit den Tieren erforderlich, um sie nicht unnötigerweise zu erschrecken. Enten und Gänse reagieren zutraulich auf die vertraute menschliche Stimme. Schon vor Betreten des Stalles soll der stimmliche Kontakt hergestellt werden. Nachts ist Dämmerbeleuchtung einzuschalten, damit sich die Tiere orientieren können und bei plötzlichem Erschrecken nicht gegenseitig in einer Stallecke erdrücken.

Abb. 29: Häufigkeit des Penisbepickens bei Moschuserpeln (nach Bilsing u.a. 1992).

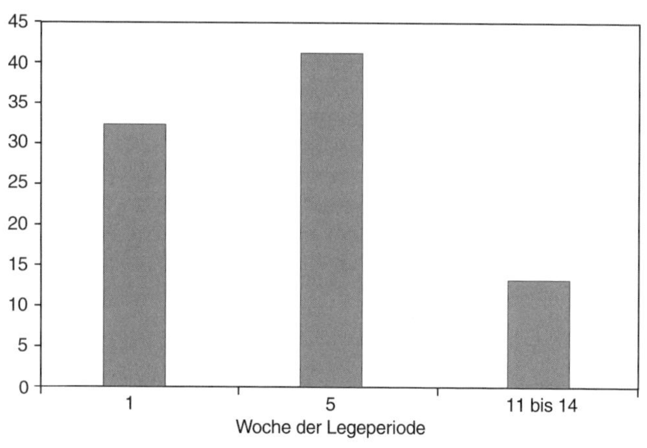

Frustration kann auftreten, wenn das Tier in eine Situation kommt, in der es gehindert ist, mit einer bestimmten Verhaltensweise das erwünschte Ziel zu erreichen. Es äußert sich in verstärkter Aggression und in stereotypen Bewegungen. Bei Moschusenten beobachteten BILSING u.a. (1992) verstärkte Aggression, wenn alle Legenester besetzt und die Tiere an der Eiablage gehindert waren. Ob das häufig beobachtete Trockenbaden (Baden ohne Wasser) Ausdruck der Frustration ist und das Wohlbefinden beeinträchtigt, muss bezweifelt werden. Badeverhalten und Gefiederpflege werden mit und ohne Wasser mit dem gleichen Bewegungsablauf ausgeübt. Auch Stockenten führen auf dem Land Badebewegungen und Gefiederpflege aus. Bei Haltung von Hausenten und -gänsen ohne Bademöglichkeit sondert die Bürzeldrüse jedoch weniger öliges Sekret ab, das Federkeratin kann nicht so geschmeidig gehalten werden und die Federn werden eher spröde. Bisher ist jedoch nicht erwiesen, ob weniger eingefettetes Gefieder das Wohlbefinden der Enten und Gänse mindert.

Verhaltensänderungen, die durch äußere Faktoren ausgelöst werden, äußern sich in Federfressen und Kannibalismus, wobei direkte Schäden und Verletzungen auftreten. Diese Verhaltensstörung geht stets von einigen Tieren aus und greift nach und nach auf die ganze Herde über. Bei Intensivhaltung tritt Federfressen häufiger auf als in der Auslaufhaltung, desgleichen bei hoher Lichtintensität und in der Nähe der Stalleingangstür. Die Rassen zeigen eine unterschiedliche Neigung zu dieser Unart. Auch die Rangordnung hat eine gewisse Bedeutung. Merzt man schon stark geschädigte Tiere aus, kann das zur Selektion auf verstärktes Federfressen führen. Mangel an Nährstoffen in der Futterration löst eine größere Pickaktivität aus, die sich auch auf die Federn richten kann. Federfressen und Kannibalismus treten bei Pekingenten und Gänsen selten auf, bei Moschusenten kommt es häufiger vor und führt zur

Beeinträchtigung des Wohlbefindens der Tiere. Besonders kritisch ist der Zeitpunkt der Kükenmauser im Alter von 2–4 Wochen, wenn die Federn des Jungtiergefieders herausgeschoben werden. Häufig erweckt es den Eindruck, dass die bepickten Entenküken Gefallen daran finden, da sie verharren und nicht abwehrend reagieren. Federpicken wird als gestörtes Futterpickverhalten angesehen. Es ist Futterpicken, das auf andere Objekte gerichtet ist, in diesem Fall auf Federn zunächst einzelner Enten der Gruppe. Später greift es immer mehr um sich und kann sogar zu Kannibalismus ausarten.

Kannibalismus tritt eher bei erwachsenen Moschusenten im Zusammenhang mit der Paarung auf. Das Picken richtet sich auf die beim Tretakt oder beim Legeakt geöffnete Kloake der weiblichen Tiere und oder auf den nach dem Tretakt nicht sofort zurückgezogenen Penis der Erpel. Das Ergebnis dieses Afterpickens sind Verletzungen und Entzündungen, verbunden mit Schmerzen und Rückgang der Reproduktionsleistung. BILSING u. a. (1992) sehen als Ursache für diese Verhaltensstörung ein nicht befriedigtes Erkundungsverhalten in einer wenig abwechslungsreichen Umgebung. Es tritt vor allem zu Beginn der Legeperiode auf (Abb. 29).

Das Risiko von Federpicken und Kannibalismus wird durch verschiedene Faktoren erhöht, wie

- Futterrestriktion,
- Mangel an Mineralien und Vitaminen (löst größere Pickaktivität aus),
- Pelletfütterung und niedriger Rohfasergehalt der Ration,
- hohe Lichtintensität,
- mangelhafte Klimabedingungen (warme, trockene Luft, hoher Schadgasgehalt),
- hohe Besatzdichte.

Maßnahmen zur Verhinderung dieser Verhaltensstörungen sind:

- Verlängerung der Zeit für Futterpicken durch Streuen von Pellets oder Körnern auf die trockene Einstreu oder auf trockene Plätze im Auslauf,
- Anbieten von Grünfutter oder Möhren in Spezialkörben,
- Anreicherung des Raumes durch hängende Kunststoffbänder oder Ketten sowie durch Holzreuter und Sitzstangen zum Klettern und Auffliegen,
- Mischung von Moschusenten mit Pekingenten, die zu größerer Bewegungsaktivität animieren.

Mit solchen Maßnahmen können Verletzungen durch Federpicken und Kannibalismus reduziert, aber nicht generell verhindert werden, wie Untersuchungen zur gemischten Haltung von Moschus- und Pekingenten zeigen (Abb. 30). Besonders wenn Auslauf und Bademöglichkeit zur Verfügung stehen, senkt die gemeinsame Haltung der Moschus- und Pekingenten das Federpicken. Die Pekingenten sind laufaktiver und stimulieren die Moschusenten zur Nachahmung.

Wenn es zum Verbot des Schnabelkupierens kommt, bleibt als wichtigste Alternative die Züchtung von Linien mit verringerter Neigung zu diesen Verhaltensstörungen. Dies erfolgt, indem die Nachkommen der einzelnen Zuchtstämme als Gruppe bei hoher Lichtintensität aufgezogen werden. Stammnachkommenschaften mit hohem Anteil an Federpicken werden von der weiteren Zucht ausgeschlossen.

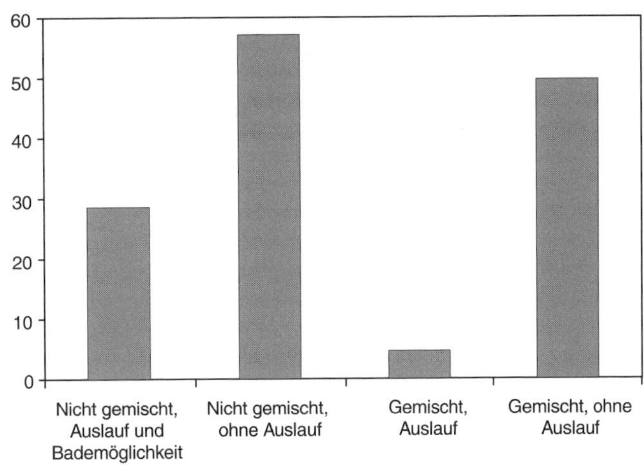

Abb. 30: Wirkung der gemischten Haltung von Moschus- und Pekingenten auf das Federpicken.

5 Zucht und Reproduktion von Wassergeflügel

Über viele Jahre ist die Züchtung bei Wassergeflügel mit wenig Intensität betrieben worden, was zur Folge hatte, dass es nur zu geringfügigen Leistungsfortschritten kam. Auch die Einführung des Herdbuches für Pekingenten im Jahre 1948 und für Legegänse im Jahr 1941 änderte daran wenig, denn in den Herdbuchzuchten war wegen der geringen Zahl an Zuchtstämmen die Selektionsbasis zu klein. Hinzu kam das lange Generationsintervall, besonders in der Gänsezucht, das den Zuchtfortschritt gering hielt.

In den letzten 30 Jahren sind auch bei Enten und Gänsen moderne Zuchtmethoden auf einer breiten Selektionsbasis angewandt worden. Die Züchtung konzentriert sich auf wenige große Unternehmen. Lediglich die Gänsezüchtung findet man auch in kleineren Einheiten.

Ausgehend vom jeweiligen Zuchtziel werden über die Erfassung und Bewertung der Leistungen die besten Tiere ausgewählt und im Sinne des Zuchtziels miteinander verpaart.

Zuchtziel

In den Zuchtzielen für Enten und Gänse werden die in einem bestimmten Zeitabschnitt zu erreichenden Leistungsziele in den wirtschaftlich wichtigen Merkmalen formuliert. Sie stellen die anzustrebende genetische Leistungsveranlagung dar, die durch günstige Umweltgestaltung auszuschöpfen ist. Aus dem Bedarf der Verbraucher hinsichtlich Menge und Qualität ergeben sich für die Erzeuger die Aufgaben, diesen mit geeignetem Tiermaterial zu erfüllen und gleichzeitig die Produktion so effektiv wie möglich zu gestalten. Im Interesse der Verbraucher müssen die Schlachtenten und -gänse vor allem an Brust und Schenkel gut befleischt sein und eine gut proportionierte Körperform aufweisen. Die Haut darf keine Beschädigungen und Federrückstände aufweisen. Deshalb ist eine weiße oder zumindest helle Gefiederfarbe erwünscht, weil sie beim Rupfen keine dunklen Stoppeln oder Pigmentflecke hinterlässt. Aus wirtschaftlichen Gründen sollen Enten und Gänse schnell wachsen, um so rasch wie möglich das erwünschte Schlachtgewicht bei geringem Futteraufwand zu erreichen. Negative Korrelationen zwischen Mast- und Reproduktionsleistung haben auch bei Wassergeflügel zur konsequenten Trennung zwischen Vater- und Mutterlinien mit differenziertem Selektionsprogramm geführt. Es deuten sich auch negative Beziehungen zwischen Mastleistung und Stressresistenz an. In Linien mit hoher Mastleistung ist oft eine genetische Disposition für Bein- und Kreislaufschwäche und eine geringere Immunreaktion zu beobachten.

Während für die Züchtung in den Vaterlinien schnelles Wachstum, hoher Fleischansatz und niedriger Futteraufwand im Vordergrund stehen, dabei aber Paarungsfähigkeit und Befruchtung zu beachten sind, muss bei den Mutterlinien die optimale Kombination zwischen Mast- und Reproduktionsleistung berücksichtigt werden. Im Interesse einer ausreichenden Kükenzahl je Muttertier muss eine hohe Bruteizahl, Befruchtung und Schlupffähigkeit gefordert werden, wobei durch Kreuzung verschiedener Linien für diese Merkmale auch Heterosis nutzbar gemacht werden kann.

Heterosis: Basiert auf speziellen Geneffekten und bewirkt eine Leistungssteigerung gegenüber den Eltern.

Die Züchtung mit dem Ziel, ein bestimmtes Leistungsniveau zu erreichen, basiert auf
- Prüfung (Erfassung) der Leistungsmerkmale,
- Bewertung der jeweiligen Leistung (Schätzung des Zuchtwertes der geprüften Tiere),
- Selektion (Auswahl der Tiere mit den höchsten Zuchtwerten für die Zuchtstämme),
- Paarung (Zuordnung eines männlichen und 4–6 weiblichen Tieren im Zuchtstamm).

5.1 Leistungsprüfung

Die Effektivität der Züchtung beginnt mit einer genauen Leistungsprüfung. Die in die Prüfung einbezogenen Leistungsmerkmale müssen geeignet sein, den genetischen Wert des Tieres mit hoher Sicherheit einschätzen zu können. Die Leistungsprüfung kann an Einzeltieren, an Voll-oder Halbgeschwister bzw. Nachkommengruppen vorgenommen werden. Voraussetzung für diese Prüfungen ist die Kennzeichnung mit Kükenmarken und Fußringen.

Die zu prüfenden Leistungsmerkmale lassen sich in 3 Komplexe einteilen:
- **Legeleistung** (Eizahl bzw. Anzahl brutfähiger Eier und Brutfähigkeit der Eier),
- **Fruchtbarkeit und Vitalität** (Befruchtung, Schlupffähigkeit und Aufzuchtverluste),
- **Mast- und Schlachtleistung** (Wachstum, Futteraufwand und Fleischansatz).

Da eine Einzelkäfighaltung von Zuchtenten und -gänsen mit Ausnahme der Moschusenten kaum angewendet wird, ist für die Ermittlung der Legeleistung die Fallnesterkontrolle anzuwenden. Im Interesse der Arbeitszeiteinsparung wird die Legeleistungsprüfung auf 5 Kontrolltage je Woche eingeschränkt. Die ermittelte Eizahl muss dann mit dem Faktor 1,4 multipliziert werden. Da die Eier von Enten und Gänsen fast ausschließlich zur Brut verwendet werden, um Masttiere zu erzeugen, ist neben der Anzahl der Eier auch deren Bruteignung zu berücksichtigen. Deshalb ist es notwendig, an Stichproben von Eiern eines Prüftieres das Gewicht und die Schalenbeschaffenheit zu bestimmen. Das Eigewicht sollte bei Pekingenten im Bereich von 80–100 g, bei Moschusenten im Bereich von 70–90 g und bei Gänsen im Bereich von 130–180 g liegen, wobei das Leistungsniveau der jeweiligen Linie zu beachten ist. Eine gute Schalenbeschaffenheit ist gekennzeichnet durch eine saubere, glatte, gleichmäßige Schalenoberfläche. Auf eine Messung der Schalenstabilität durch Erfassung der Schalendicke oder Bruchfestigkeit kann bei Wassergeflügel verzichtet werden.

Die Fruchtbarkeit umfasst das Befruchtungsergebnis und die Schlupffähigkeit. Das Befruchtungsergebnis wird beim Durchleuchten (Schieren) von 5–7 Tage angebrüteten Eiern ermittelt und gibt den Anteil befruchteter Eier an. Der Anteil der aus den befruchteten Eiern geschlüpften Küken kennzeichnet die Schlupffähigkeit und ist ein Zeichen für die Vitalität der Embryonen. Die im Verlauf der Aufzucht und Nutzung auftretenden Verluste in Verbindung mit der körperlichen Entwicklung liefern weitere Informationen über die Vitalität.

Als Maßstab für die Mastleistung gilt das Wachstum bis zu einem bestimmten Alter, das durch Wiegen erfasst wird. Hinzu kommt der Futteraufwand, der wegen seiner wirtschaftlichen Bedeutung auch zunehmend an Einzeltieren erfasst wird, indem die Prüftiere ab dem Alter von 3–4 Wochen bis zum üblichen Schlachtalter einzeln gehalten werden. Künftig wird es möglich sein, den individuellen Futterverbrauch von Enten und Gänsen in der Gruppenhaltung zu erfassen, indem die Tiere mit einem Transponder markiert werden und am Fressplatz die jeweils aufgenommene Futtermenge auf elektronischem Wege dem im Computer gespeicherten Tier zugeschlagen wird. Aus der Zunahme des Körpergewichts und der verzehrten Futtermenge kann der Futteraufwand errechnet werden.

In die Schlachtleistungsprüfung wird besonders die Schlachtausbeute sowie der Anteil fleischreicher Teilstücke (Brust und Schenkel) einbezogen, die exakt nur nach Schlachtung und Zerlegung des Schlachtkörpers erfasst werden können. Das betreffende Tier kann dann aber nicht mehr selbst zur Zucht verwendet werden. Deshalb wird zur Erfassung des Brustfleischanteils am lebenden Tier bei Enten und Gänsen die Dicke der Brustauflage mit einer Messnadel oder mit Ultraschall gemessen. Auch hier sind künftig effektivere Messmethoden zu erwarten. Wichtig ist in jedem Fall, dass der Fleischansatz am lebenden Tier als Eigenleistung erfasst wird.

5.2 Leistungsbewertung

Die aufgeführten Leistungsmerkmale können von dem betreffenden Tier als Eigenleistung, aber auch von Vorfahren, Geschwistern und Nachkommen vorliegen. Die Bedeutung der Informationsquellen für die Einschätzung des Zuchtwertes eines Tieres ist abhängig vom Heritabilitätskoeffizienten des jeweiligen Merkmals. Der Heritabilitätskoeffizient h^2 oder Erblichkeitsgrad eines Merkmals gibt an, welcher Anteil der gesamten Varianz des Merkmals innerhalb einer Population von genetischen Faktoren abhängt. Er nimmt Werte von 0–1 oder von 0–100 % ein. Für die in der Wassergeflügelzucht wichtigen Merkmale sind die h^2-Werte in Tabelle 5.1 aufgeführt.

Tab. 5.1. Erblichkeitsgrade (h^2) für verschiedene Merkmale von Enten und Gänsen

Merkmal	h^2
Eizahl	0,20–0,30
Eigewicht	0,40–0,60
Legepersistenz	0,10–0,20
Befruchtungsrate	0,05–0,15
Schlupffähigkeit	0,05–0,15
Körpergewicht im Alter von 7–12 Wochen	0,30–0,60
Futteraufwand je kg Zuwachs	0,2–0,4
Dicke der Brustfleischauflage	0,30–0,40
Brustmuskelanteil	0,30–0,40
Schenkelmuskelanteil	0,20–0,30

Die Höhe des Erblichkeitsgrades gibt wichtige Anhaltspunkte für die Wahl der Selektionsmethode. Bei Merkmalen mit hohen Heritabilitätskoeffizienten wie Wachstum und Eigewicht ist ein Proband recht sicher nach seiner Eigenleistung einzuschätzen. Bei Merkmalen mit niedrigem Heritabilitätskoeffizienten sind die Leistungen von Geschwistern und/oder Nachkommen zusätzlich zu berücksichtigen. Die Nachkommenleistung liegt jedoch mit Ausnahme der Mast- und Schlachtleistung relativ spät vor, so dass sich das Generationsintervall verlängert. Merkmale der Schlachtleistung werden auch über Hilfsmerkmale eingeschätzt. Dies ist jedoch nur dann sinnvoll, wenn zwischen Hilfsmerkmalen und Zielmerkmalen eine hohe Korrelation besteht. Dies ist der Fall für die Beziehung zwischen Dicke der Brustauflage und dem Anteil des Brustmuskels am Schlachtkörper.

Eine große Anzahl gleichaltriger Tiere in einem Schlupf sowie deren Haltung unter einheitlichen Umweltbedingungen bieten gute Voraussetzungen für eine genaue Schätzung des Zuchtwertes. Unterschiedliche Schlupfdaten müssen aber beachtet werden, da jeder Schlupf seine eigene Umwelt hat, was sich auf das jeweilige Leistungsmerkmal auswirken kann. Die Notwendigkeit der Korrektur des Schlupfdateneffekts hängt von den Differenzen zwischen den zu verschiedenen Terminen geschlüpften Tieren ab. Bei Haltung der Prüftiere in verschiedenen Abteilen können auch Standorteffekte wirken und erfordern eine Korrektur.

5.3 Selektion

Eine Selektion findet statt, wenn die einzelnen Tiere einer Population (Linie) eine unterschiedliche Anzahl an Nachkommen für die nächste Generation liefern. Ohne Selektion hat jedes Tier die gleiche Möglichkeit, Nachkommen zu erzeugen. Es hängt von der zufällig wirkenden natürlichen Selektion ab, wie diese Möglichkeit genutzt wird. Bei der künstlichen Selektion kommt es darauf an, Tiere mit hohem Zuchtwert zu finden, um die Leistungen in der erwünschten Richtung zu verändern. Maßstab für die Intensität der Selektion ist die Selektionsdifferenz und die Remontierungsquote. Die Selektionsdifferenz ist die Differenz aus der Durchschnittsleistung der zur Zucht ausgewählten Tiere mit der Durchschnittsleistung aller Tiere, unter denen die Selektion durchgeführt wurde. Die Selektionsdifferenz ist umso größer, je höher die Anzahl an leistungsgeprüften Nachkommen von einem Zuchttier in einem bestimmten Zeitabschnitt ist, aus denen wieder ein künftiges Zuchttier auszuwählen ist oder anders ausgedrückt, je geringer die Remontierungsquote ist.

Tabelle 5.2 zeigt die Remontierungsquoten bei Wassergeflügel. Auf Grund des polygamen Anpaarungsverhältnisses kann bei männlichen Tieren eine höhere Selektionsdifferenz realisiert werden als bei weiblichen.

Der Erfolg der Selektion hängt nicht nur von der Selektionsdifferenz und dem h^2-Wert ab, sondern auch von dem zeitlichen Abstand der aufeinander folgenden Generationen, dem Generationsintervall. Es gilt die Formel:

Selektionserfolg = Erblichkeitsgrad × Selektionsdifferenz/Generationsintervall

Dabei ist jedoch nur ein Merkmal berücksichtigt. Bei Hinzunahme weiterer Merkmale verringert sich der Selektionserfolg, sofern die Merkmale genetisch unabhängig sind.

In der Regel wird ein einjähriges Generationsintervall angewandt. Bei Pekingenten kann es auf etwa 10 Monate gekürzt werden.

Bei intensiver Leistungsselektion muss beachtet werden, dass sich Mängel in Konstitution und Vitalität einstellen können, die zur Merzung der für die Zucht vorgesehenen Tiere führt und die Selektionsintensität und damit den Selektionsfortschritt einschränken. Auch niedrige Reproduktionsleistung (meistens bei Gänsen) und hohe Verluste durch Krankheiten können die Remontierungsquote erhöhen, so dass schließlich keine Selektion mehr möglich ist, weil alle Nachkommen zur Remontierung der Zuchtstämme benötigt werden.

Eine Selektion auf nur ein Merkmal ist die einfachste Selektion, kommt aber in der Züchtungspraxis kaum vor. Im Interesse eines schnellen Zuchtfortschritts muss aber die Zahl der zu verbessernden Merkmale begrenzt bleiben. Für die einzelnen Merkmale werden entweder Mindestanforderungen gestellt (Selektion nach unabhängigen Selektionsgrenzen) oder die Merkmale werden zu einem Index zusammengefasst (Selektion mit abhängigen Selektionsgrenzen). Tiere mit hervorragenden Leistungen in einem Merkmal können schwächere Leistungen in anderen Merkmalen kompensieren. In einem Mastindex werden z. B. die Merkmale Körpergewicht,

Tab. 5.2. Remontierungsquote in der Zucht von Wassergeflügel je Generation

Art	Anpaarungsverhältnis	Dauer der Stammreproduktion	Remontierungsquote ml. %	wbl. %
Pekingente	1 : 5	8 Wochen	2	10
Moschusente	1 : 5	10 Wochen	4	20
Gans	1 : 4	10 Wochen	5	20

Brustmuskeldicke und Futteraufwand zusammengefasst. Für Mutterlinien kann ein Fruchtbarkeitsindex aus Eizahl und Schlupffähigkeit gebildet werden. Da die Merkmale zu unterschiedlichen Zeiten erfasst werden, muss die Selektion in Stufen vorgenommen werden, und zwar in der 1. Stufe nach dem Mastindex und in der 2. Stufe nach dem Fruchtbarkeitsindex. Ein Selektionsindex umfasst nicht nur verschiedene Merkmale, sondern auch verschiedene Informationsquellen. Neben der Eigenleistung des jeweiligen Tieres spielen vor allem die Leistungen der Vollgeschwister eine Rolle. Mit der Anwendung der BLUP- Methode, bei der die Leistungsdaten der verwandten Tiere berücksichtigt werden, ist eine relativ genaue Zuchtwertschätzung möglich.

5.4 Paarung

Die Verpaarung der selektierten Tiere erfolgt in Zuchtstämmen mit einem Erpel oder Ganter und 4–6 Enten bzw. Gänsen. Die Stammhaltung gewährt die individuelle Anpaarung und die Dokumentation der elterlichen Abstammung der Nachkommen. Bei der Zusammenstellung der Zuchtstämme wird darauf geachtet, dass keine eng miteinander verwandten Tiere verpaart werden, um Inzuchtdepressionen zu vermeiden, die vor allem die Fortpflanzungsleistung und Vitalität beeinträchtigen. Auf Grund der fehlenden Konkurrenz zwischen männlichen Tieren ist die Befruchtung bei Stammpaarung geringer als bei Herdenpaarung. Besonders bei Gänsen kommt es gelegentlich zur Monogamie, so dass nur eine Gans befruchtete Eier legt. In solchen Fällen ist die künstliche Besamung anzuwenden.

5.5 Ablauf der Zucht

Wie aus der Tabelle 5.3 zu ersehen ist, werden in Vaterlinien nach der Zusammenstellung der Stämme Nachkommen erzeugt und auf Wachstum, Brustauflagendicke und ggf. individuellen Futteraufwand getestet. Danach erfolgt die Selektion und vor Beginn der Reproduktion die Zusammenstellung der Zuchtstämme der nächsten Generation. Deren Nachkommen werden wiederum auf Wachstum, Futteraufwand und Brustfleischansatz geprüft.

Tab. 5.3. Zuchtablauf in einer Vaterlinie in der Enten- und Gänsezucht

Jahreswoche	30 Zuchtstämme mit 1 Erpel oder Ganter und 4–6 weiblichen Tieren
13–20	Erzeugung von Bruteiern mit Fallnesterkontrolle
19–34	Eigenleistungsprüfung der Nachkommen auf Wachstum, Futteraufwand und Brustfleischansatz
40–50	Zusammenstellung der neuen Zuchtstämme
13–20	Erzeugung von Bruteiern mit Fallnesterkontrolle

Die Selektionsgrenzen für schnelles Wachstum sind bei weitem nicht erreicht. Bezüglich der Schlachtkörpergröße muss auf den Verbraucher Rücksicht genommen werden. Selektionsfortschritte im Hinblick auf Wachstum lassen sich bei Wassergeflügel nur wenig in eine Verkürzung der Mastdauer und damit in eine Verringerung des Futteraufwandes umsetzen. Dies hängt mit dem relativ späten Einsetzen des Brustmuskelwachstums zusammen, was auch bei den Wildformen zu beobachten ist und übereinstimmt mit der Entwicklung des Jugendgefieders und der Erlangung der Flugfähigkeit. Über Selektion auf Brustmuskeldicke, die am lebenden Tier gemessen werden kann, lässt sich der Brustmuskelanteil schnell erhöhen, da die Korrelation zwischen $r = 0{,}6–0{,}7$ liegt. Da eine leicht negative Korrelation zum Schenkelmuskelanteil besteht, müsste auch dieses Kriterium beachtet werden. Eine Einschätzung am lebenden Tier ist zu ungenau. Deshalb ist eine Nachkommen- bzw. Vollgeschwisterprüfung sinnvoll, um nach tatsächlichem Muskelanteil an Brust und Keule der zerlegten Nachkommen bzw. Geschwister selektieren zu können.

Da mit Rücksicht auf die Schlachtkörperqualität das Schlachtalter nicht wesentlich vorverlegt werden kann, bleibt der indirekte Effekt auf den Futteraufwand durch Mastzeitverkürzung aus. Deshalb wird direkt auf niedrigen Futteraufwand selektiert, um dieses ökonomisch wichtige Merkmal entscheidend zu verbessern. Bei Einzelhaltung wird im Altersabschnitt 3.–7. oder 4.–7. Woche der Futterverbrauch jedes Prüftieres festgestellt und durch die Gewichtszunahme dividiert. Die Selektion auf niedrigen Futteraufwand führt nicht nur zu einer effektiveren Produktion, sondern auch zu einer verbesserten Produktqualität (fettärmere Schlachtkörper) sowie zu einer verringerten Kotausscheidung je Einheit Körpergewicht und damit zu geringerer Umweltbelastung.

Mit dem dargestellten Selektionsprogramm hat es sowohl in Experimenten als auch in der Praxis beachtliche Zuchtfortschritte gegeben. Die Dicke der Brustauflage in der 8. Lebenswoche konnte bei Pekingenten in 7 Generationen um 17 % gesteigert werden, was eine Erhöhung des Brustmuskelanteils von 9 % mit sich brachte (PINGEL und HEIMPOLD 1983). Bei Moschusenten konnte BEER (1989) zeigen, dass nach 12 Generationen gegenüber der nicht selektierten Ausgangspopulation das Körpergewicht um 39 %, die Dicke der Brustauflage um 25 % und der Brustfleischanteil (Muskeln und Haut) um 30 % angestiegen sind. Schließlich konnte auch in einer Ganterlinie nach SCHNEIDER (1988) das Körpergewicht und die Brustauflagendicke je Generation um 5–7 % erhöht werden.

Eine direkte Selektion auf niedrigen Futteraufwand während des Wachstums auf der Grundlage des individuellen Futteraufwands bei Pekingenten hat über 10 Generationen dieses Merkmal um 15 % verbessert. Gleichzeitig ist der Fettgehalt des Schlachtkörpers von 30 auf 20 % verringert worden, was einer Verbesserung der Schlachtkörperqualität gleich kommt. Schließlich wird mit dem geringeren Futterverzehr auch die Kotausscheidung und die Emission von Stickstoff und Phosphor verringert. Eine Einsparung von 1 kg Futter verringert die Ausscheidung an Kot (Trockensubstanz) um 220 g, an Stickstoff um 14 g und an Phosphor um 6 g.

Vor allem in der Gänsezucht interessiert auch eine bessere Nutzung des Weidegrases. SCHNEIDER (1995) selektierte Gänse über 2 Generationen auf hohes 9-Wochen-Gewicht bei restriktivem Mischfutterangebot (60 %) und uneingeschränkter Aufnahme von Weidegras. Gegenüber der Kontrolle wurde in der selektierten Linie der Mischfutteraufwand von 2,27 kg auf 2,06 kg je kg Zuwachs gesenkt. Dafür wurde mehr Gras aufgenommen, nämlich 9,18 kg gegenüber 8,22 kg je kg Zuwachs. Das bedeutet, dass die selektierten Gänse in der Lage waren, einen größeren Anteil des Energie- und Proteinbedarfs aus dem Weidegras abzudecken. Es kann somit angenommen werden, dass Gänsezüchter, die die Selektion der Stammnachkommen auf Wachstum bei Weidehaltung mit begrenztem Angebot an Mischfutter durchführen, indirekt auf höhere Grasaufnahme und damit bessere Eignung für Weidehaltung züchten. Das führt letztlich zur Einsparung an Mischfutter.

Die Probleme in der Befruchtung bei Gänsen lassen es sinnvoll erscheinen, in der Vaterlinie dem Befruchtungsvermögen der Ganter eine besondere Beachtung zu schenken. Eine Selektion auf günstige Reaktion bei der Spermagewinnung mittels Massagemethode, hohes Ejakulatvolumen und hohe Spermienkonzentration in einer 2. Selektionsstufe ist empfehlenswert. Während der Prüfung sollten die Ganter einzeln gehalten werden, da es in Gruppenhaltung zu Rangkämpfen und gelegentlich auch zu homosexuellem Verhalten kommt, was die Spermaproduktion negativ beeinflusst.

In den Mutterlinien wird neben Wachstum und Fleischansatz vor allem auf hohe Eizahl und Kükenproduktion selektiert. Die Reproduktionsleistung steht bei Wassergeflügel permanent im Mittelpunkt des Interesses, da die Anzahl Nachkommen je Muttertier wirtschaftlich bedeutsam ist für die Tiereinsatzkosten. Die Steigerung der Fortpflanzungsleistung in der Muttergrundlage für Mastgeflügel bringt aufgrund der negativen Korrelation zur Mastleistung ständig Probleme mit sich.

Die Fortpflanzungsleistung weiblicher Vermehrungsenten und -gänse wird besonders beeinträchtigt durch:

- unzureichende Persistenz im Legen von Bruteiern in einer oder mehreren Legeperioden,
- späte Geschlechtsreife und damit hohe Aufzuchtkosten,
- niedrige Befruchtung am Ende der Legeperiode,
- mangelhafte Schlupffähigkeit bei schweren Linien durch hohe Embryonalsterblichkeit und mangelnde Bruteiqualität.

Diese Faktoren treten in unterschiedlicher Stärke bei den einzelnen Arten, Rassen und Linien auf.

Aufgrund der kurzen Legeperiode, vor allem bei Moschusenten und Gänsen, ist eine Selektion nach Teil- oder Kurzlegeleistung schwer möglich, denn bei Vorliegen einer aussagefähigen Teilleistung ist die Legeperiode fast zu Ende. Die Reproduktionsleistung ist schon zu stark abgefallen, um mit den zusammengestellten Stämmen noch ausreichend Nachkommen zu erzeugen. Auch die Zusammenstellung der Stämme während der Legeperiode führt zur Leistungsminderung, insbesondere in der Befruchtung, da die Gewöhnungsphase für die Paarungspartner zu kurz ist. Deshalb bietet sich die retrospektive Selektion an, die nach Ende der ersten Legeperiode vorgenommen wird und sich auf die besten Mütter mit ihren Nachkommen erstreckt. Der Nachteil dieser Vorgehensweise besteht darin, dass von einer größeren Zahl Muttertiere Stammnachkommen erbrütet, gekennzeichnet und aufgezogen werden müssen, die nicht für die Reproduktion der Stammtiere benötigt werden. Sie können aber immerhin als Elterntiere verwendet werden.

Tab. 5.4. Zuchtablauf in einer mütterlichen Gänselinie bei retrospektiver Selektion

Jahres-woche	40 Zuchtstämme mit einem Vater- und 4–6 Muttertieren
5–30	Ermittlung der Legeleistung durch Fallnesterkontrolle
13–20	Bruteiproduktion für Reproduktion der Stämme und Prüfung der Befruchtung und Schlupffähigkeit
31–32	Auswahl der Nachkommen von den Müttern mit höchster Eizahl und Schlupffähigkeit für die künftigen Zuchtstämme
39–42	Zusammenstellung der neuen Zuchtstämme
5–30	Ermittlung der Legeleistung durch Fallnesterkontrolle

5.6 Kreuzungsprogramme

Die Selektion und Paarung innerhalb geschlossener Linien oder Rassen hat das Ziel, eine genetisch einheitliche, auf spezielle Leistungen ausgerichtete Population zu schaffen. Besonders die Merkmale der Reproduktionsleistung können durch Nutzung von Kreuzungseffekten nochmals um 10–15 % gesteigert werden. Durch Kreuzung mit anderen Populationen (Linien, Rassen) werden Hybriden erzeugt, die auf Grund spezieller genetischer Effekte in wirtschaftlich wichtigen Merkmalen den Ausgangspopulationen überlegen sind. Dieser Effekt wird als Heterosis bezeichnet, tritt aber nicht bei jeder Kreuzung auf. Im Rahmen der Zuchtprogramme müssen gründliche Prüfungen der Kombinationseignung zwischen verschiedenen Linien oder Rassen vorgenommen werden, bis eine bestimmte Kreuzung kommerziell erzeugt wird. Diejenigen Rassen oder Linien mit der besten Kombinationseignung werden für das Kreuzungszuchtprogramm übernommen.

In der Zucht von Enten und Gänsen werden 2-, 3- und 4-Wege-Kreuzungen sowie die Rückkreuzung angewandt. Die 2-Wege-Kreuzung ist die einfachste Form. Sie beruht darauf, dass die beiden ausgewählten Populationen, z. B. eine schwere Linie als Vatergrundlage und eine leichte Linie als Muttergrundlage, in jeder Generation neu miteinander gekreuzt werden müssen. Die hohe Mast- und Schlachtleistung der Vaterlinie wird mit der hohen Reproduktionsleistung der Mutterlinie gekoppelt. Das entstandene Kreuzungsprodukt wird als Masthybride eingesetzt und zeichnet sich durch schnelles Wachstum, hohen Fleischansatz und gute Vitalität aus. Wenn die weiblichen Tiere dieser Kombination auch eine hohe Reproduktionsleistung erreichen, können sie als Muttergrundlage verwendet und in der 3-Wege-Kreuzung mit einer weiteren Vaterlinie verpaart werden. Es ist aber auch

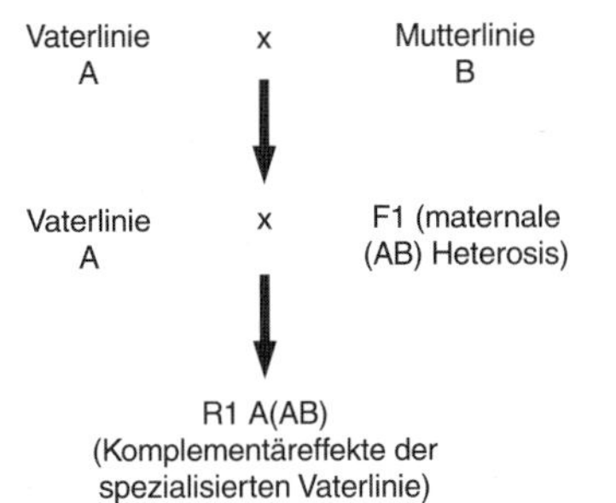

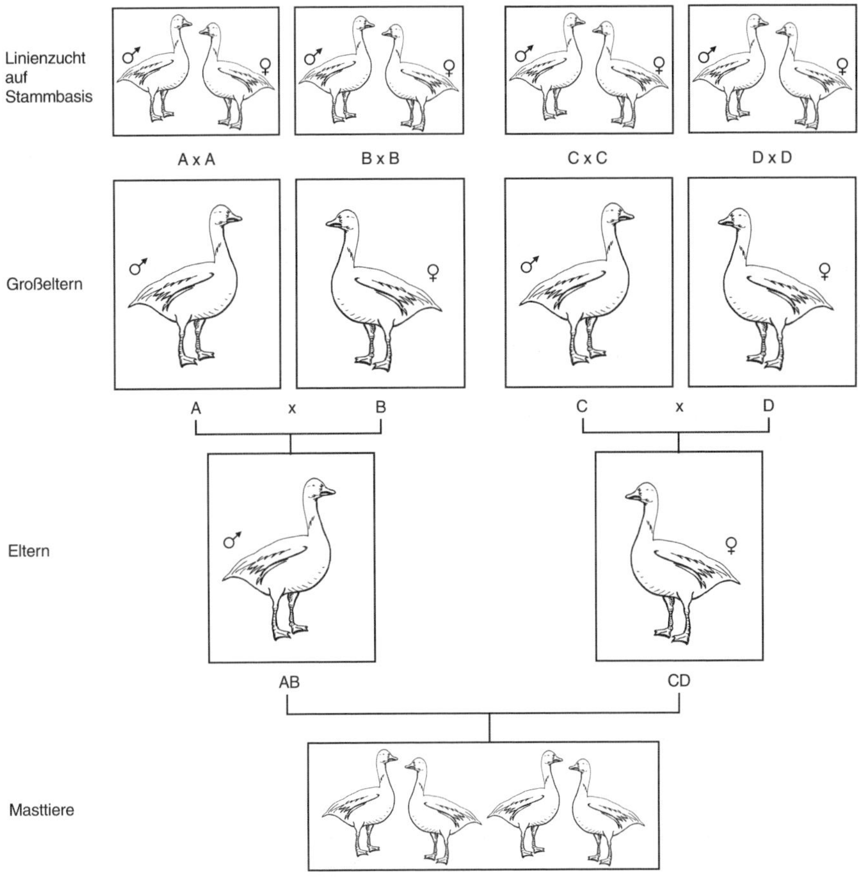

Abb. 31: Rückkreuzungsprogramm.

Linienzucht auf Stammbasis

A x A B x B C x C D x D

Großeltern

A x B C x D

Eltern

AB CD

Masttiere

Abb. 32: Vierlinienkreuzung für Enten und Gänse.

Oben links: Entenküken auf perforierten Böden. Oben rechts: Wegen der Schreckhaftigkeit der Pekingenten ist eine Unterteilung in kleinere Gruppen vorteilhaft. Mitte: Haltung auf perforiertem Boden aus Drahtgeflecht mit Begehungsbrettern. Drahtboden führt zu Bein- und Fußverletzungen. Es sollten perforierte Böden zum Abdecken von Spritzwasserbecken im Bereich der Tränken verwendet werden. Unten: Natürliche Aufzucht mit Wasserauslauf.

möglich, sie an Erpel oder Ganter der Vaterlinie in Form der Rückkreuzung zu verpaaren. Dabei wird nicht nur die maternale Heterosis für hohe Reproduktionsleistung bei den Kreuzungsmüttern genutzt, sondern durch die Rückpaarung an die wachstumsfreudige und fleischreiche Vaterlinie ein Masthybrid mit schnellerem Wachstum und höherem Fleischansatz erzielt. Der Vorteil des Rückkreuzungsverfahrens liegt darin, dass der Zuchtbetrieb nur 2 anstatt 3 Linien bearbeiten muss. Mit den weiblichen Tieren aus der 1. Kreuzung wird die maternale Heterosis für Reproduktionsleistung und durch die Rückkreuzung an die Vaterlinie werden im Endprodukt Komplementäreffekte der Vaterlinie hinsichtlich Wachstum und Fleischansatz genutzt (Abb. 31). Die maternale Heterosis kann durch rückgreifende Selektion auf Reproduktionsleistung der Kreuzungsmütter systematisch erhöht werden, wird aber in der Zucht von Wassergeflügel bisher nicht angewandt, da größere Prüfkapazitäten benötigt werden.

In den letzten Jahren wird in der Enten- und Gänsezucht die 4-Wege-Kreuzung zunehmend angewandt (Abb. 32). Dabei wird neben der Muttergrundlage auch die Vatergrundlage gekreuzt. Diese führt zwar nicht unbedingt zur Heterosis in Mast- und Schlachtleistungsmerkmalen, aber Kreuzungserpel und -ganter haben eine höhere Vitalität und Paarungsaktivität, so dass die Befruchtung verbessert wird. Gegenüber der 2-Wege-Kreuzung schöpfen 3- und 4-Wege-Kreuzungen sowie die Rückkreuzung die mütterlichen Heterosiseffekte aus, die sich in einer höheren Kükenzahl je Muttertier äußern.

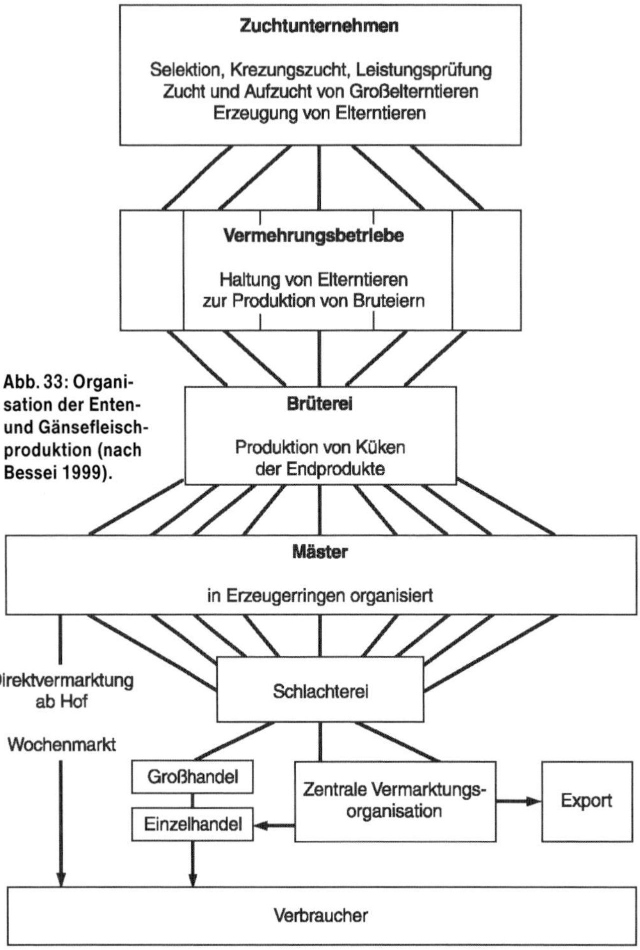

Zuchtunternehmen
Selektion, Krezungszucht, Leistungsprüfung
Zucht und Aufzucht von Großelterntieren
Erzeugung von Elterntieren

Vermehrungsbetriebe
Haltung von Elterntieren
zur Produktion von Bruteiern

Brüterei
Produktion von Küken
der Endprodukte

Mäster
in Erzeugerringen organisiert

Direktvermarktung
ab Hof
Wochenmarkt

Schlachterei

Großhandel
Einzelhandel
Zentrale Vermarktungsorganisation
Export

Verbraucher

Abb. 33: Organisation der Enten- und Gänsefleischproduktion (nach Bessei 1999).

5.7 Bestandsreproduktion

Mit der Reproduktion der Bestände ist zu sichern, dass der in der Züchtung geschaffene Leistungsstand auf die Mastbestände übertragen wird. Da die Reproduktionsleistung der Zuchttiere nicht ausreicht, die Mastbestände direkt zu erzeugen, müssen Vermehrungsstufen zwischengeschaltet werden (Abb. 33).

Im Zuchtbetrieb werden 2, 3 oder 4 kommerzielle Linien gehalten. Bei den Vaterlinien wird auf schnelles Wachstum, hohen Brustfleischanteil, gute Konstitution und Paarungsaktivität als Voraussetzung für die Befruchtung, bei den Mutterlinien neben Wachstum auf eine ansprechende Anzahl brutfähiger Eier, Befruchtung, Schlupffähigkeit und Vitalität geachtet. Die nicht für die Remontierung der Zuchtstämme benötigten Tiere können als Großeltern für eine Vorvermehrung zur Erzeugung von Elterntieren herangezogen werden. In den Vermehrungsbetrieben werden mit den

Elterntieren nach vorgegebener Paarung die Masthybriden erzeugt. Von den Brütereien, die teils eigenständig, aber oft auch im Vermehrungsbetrieb integriert sind, werden den Mastbetrieben Hybriden aus 2-, 3- oder 4- Wege-Kreuzungen bereitgestellt. Bei einer jährlichen Erzeugung von mindesten 750 t Schlachtgewicht (bratfertig) können sich Enten- oder Gänsemäster zu Erzeugergemeinschaften zusammenschließen. Bei einer Zusammenfassung von Enten- und Gänsefleisch müssen mindestens 1000 t jährlich erzeugt werden.

Bei Peking- und Moschusenten hat sich die ganzjährige Mast durchgesetzt, so dass über das ganze Jahr Mastküken benötigt werden. Da die Vermehrungsenten nur eine begrenzte Legeperiode haben und die Legeintensität innerhalb der Legeperiode nicht gleichmäßig ist, muss mit altersmäßig gestaffelten Elterntierherden gearbeitet werden. In der Gänsemast dominiert dem gegenüber noch die Saisonproduktion. Früher war auch bei der Reproduktion von Pekingenten zu beachten, dass die Mast zum größten Teil im Zeitraum von April bis Oktober durchgeführt wurde, weil sie, bedingt durch die Haltung an Teichen, Fließgewässern oder flachgründigen Seen oder auf sandigen Ausläufen mit künstlichen Wasserrinnen, an die Vegetationszeit gebunden war. Heute hat sich

Oben links und rechts: Bei Weidehaltung von Gänsen genügen einfache Folienställe als Unterkunft für die Nacht. Grünfutter kann zusätzlich zum Weidegang in Raufen angeboten werden.
Mitte links: Blick in einen geschlossenen Stall mit Decke für die Intensivhaltung von Mastenten.
Mitte rechts: Offenstall ohne Decke für die Intensivhaltung von Enten und Gänsen. Im Vordergrund Futterautomaten aus Holz.
Unten links: Aufzuchtstall mit begrenztem Auslauf und Schwimmrinne. Bei späterer Haltung an Gewässern müssen Enten- und Gänseküken rechtzeitig Badegelegenheit erhalten. Eine Abwasserbehandlung ist aus Gründen des Umweltschutzes erforderlich.
Unten rechts: Höckergänse graben mit dem Schnabel tiefe Löcher, um an Wurzeln und Rhizome heranzukommen. Deshalb ist ein häufiger Umtrieb bei Weidehaltung erforderlich.

Tab. 5.5. Zyklen für Aufzucht und Kükenproduktion bei Wassergeflügel in Wochen

	Pekingente	Moschusente	Gans
Aufzucht			
Dauer der Aufzucht	22	26	36
Ausstallung und Reinigung	4	4	4
Kükenproduktion			
Einstallung bis Legebeginn	4	4	4
Dauer der 1. Legeperiode	44	20	26
2. Legeperiode			
Mauser- oder Ruhezeit	12	12	12–24
Dauer der 2. Legeperiode	36	20	26
Ausstallung und Reinigung	4	4	4

Tab. 5.6. Verlauf der Produktion von Pekingentenküken mit 4 Elterntierherden nach 4-Wochen-Abschnitten

4-Wochen-Abschnitte	Schlupfmonat				
	Januar	April	Juli	Oktober	x je Tierplatz
1.	11,6	–	11,5	16,6	9,9
2.	18,5	–	9,8	15,0	10,8
3.	19,3	–	8,2	13,3	10,2
4.	18,2	11,6	–	11,5	10,3
5.	16,6	18,5	–	9,8	11,2
6.	15,0	19,3	–	8,2	10,6
7.	13,3	18,2	11,6	–	10,8
8.	11,5	16,6	18,5	–	11,7
9.	9,8	15,0	19,3	–	11,0
10.	8,2	13,3	18,2	11,6	9,9
11.	–	11,5	16,6	18,5	11,7
12.	–	9,8	15,0	19,3	11,0
13.	–	8,2	13,3	18,2	9,9
Gesamt	142,0	142,0	142,0	142,0	139,0

auch für Pekingenten die Intensivhaltung auf Tiefstreu durchgesetzt und es wird ganzjährig gemästet. Lediglich in Kleinbetrieben wird die Entenmast auf die Vegetationsperiode begrenzt, so dass für diesen Zeitraum ein höherer Bedarf an Entenküken eingeplant werden muss.

In Tabelle 5.5 sind die Zyklen für die Bestandsreproduktion von Enten und Gänsen zusammengestellt worden.

Tabelle 5.6 zeigt, wie mit vier Elterntierherden die Entenkükenproduktion annähernd gleichmäßig über ein Jahr verteilt werden kann. Die Herden werden über eine 40-wöchige Legeperiode genutzt. Im Jahresdurchschnitt sollten je Elterntierplatz 140 Entenküken erzeugt werden.

Je mehr Elterntierherden vorhanden sind, desto gleichmäßiger kann die Entenkükenproduktion auf das Jahr verteilt werden. Schon bei Nutzung einer 2. Legeperiode würde sich die Anzahl der Herden verdoppeln und die Kükenproduktion gleichmäßiger gestalten. Allerdings muss in der 2. Legeperiode mit einer um 10 % geringeren Leistung gerechnet werden.

Die Reproduktion von Moschusenten erfolgt über 3 oder 4 Legeperioden von 20 Wochen, die mit Hilfe der künstlichen Mauser durch 12-wöchige Legepausen unterbrochen werden. In der 1. Legeperiode werden bis zu 95 Eier, in den folgenden Legeperioden bis zu 85 Eier gelegt. Die Tabelle 5.7 zeigt, dass bei vier Herden stets in einer Herde, aber zeitweise auch in zwei Herden, keine Bruteier gelegt werden, so dass es zu einem ungleichmäßigen Eieranfall kommt.

Da die Mast von Moschusenten über das ganze Jahr kontinuierlich durchgeführt wird, müssen auch über das ganze Jahr gleichmäßig Küken bereitgestellt werden. Deshalb muss die Anzahl der Herden gegenüber dem Modell in Tabelle 5.7 verdoppelt werden.

Gänse haben ebenfalls eine kurze Legeperiode von 5 Monaten (Tab. 5.8). Bei Haltung in verdunkelbaren Ställen und Anwendung eines 10-Stunden-Tages kann diese auf 6–7 Monate verlängert werden. Bei vierjähriger Nutzung der Vermehrungsgänse wird mit entsprechender Staffelung der Herden der Anfall von Bruteiern von 5 auf 8 Monate über die gesamte Vegetationsperiode verlängert und der Bedarf an Gösseln wird bis in die frühen Herbstmonate abgedeckt. Der Hauptanfall an Gösseln liegt im Zeitraum April bis August und kann weitgehend für die Weidemast verwendet werden. Ein geringer Teil an Gösseln kann auch für eine Stallmast in

Tab. 5.7. Reproduktion von Moschusentenküken über 4 Legeperioden (L1-L4)

4-Wochen-Perioden	Herde I	Herde II	Herde III	Herde IV
1	L1, 9	P	L2, 10	L3, 12
2	L1, 15	P	P	L3, 11
3	L1, 13	L2, 8	P	L3, 10
4	L1, 12	L2, 14	P	P
5	L1, 11	L2, 12	L3, 8	P
6	P	L2, 11	L3, 14	P
7	P	L2, 10	L3, 12	L4, 8
8	P	P	L3, 11	L4, 14
9	L2, 8	P	L3, 10	L4, 12
10	L2, 14	P	P	L4, 11
11	L2, 12	L3, 8	P	L4, 10
12	L2, 11	L3, 14	P	P
13	L2, 10	L3, 12	L4, 8	P
Gesamt	115	89	73	88

Tab. 5.8. Gösselproduktion bei 4-jähriger Nutzung der Zuchtgänse und Anwendung des 10-stündigen Lichtprogramms

Monat	1. Legejahr	2. Legejahr	3. Legejahr	4. Legejahr
Januar				
Februar			6	6
März		6	9	9
April		9	8	8
Mai	7	8	7	7
Juni	9	7	6	6
Juli	8	6	5	5
August	7	5	4	
September	6	4		
Oktober	3			
Gesamt	40	45	45	41

den späten Herbst- und Wintermonaten zur Verfügung gestellt werden.

SALEJEW (1984) hat Gänse im 1. und 2. Legejahr in jeweils zwei Legeperioden und im 3. Legejahr noch in einer abschließenden Legeperiode genutzt. Im 1. Legejahr wurden 94 Eier, im 2. Legejahr 86 Eier und im 3. Legejahr 24 Eier gelegt, insgesamt in zweieinhalb Jahren 204 Eier. Die Gänse mit einer Legeperiode im Jahr legten insgesamt nur 140 Eier. Bei Nutzung einer 2. Legeperiode fallen viele Gössel erst im Herbst an und müssen im geschlossenen Stall gemästet werden.

Mulardenten entstehen durch Kreuzung zwischen den Arten *Cairina moschata* und *Anas platyrhynchos*. Vorwiegend werden Moschuserpel mit Pekingenten gekreuzt. Artkreuzungen sind normalerweise durch natürliche Isolierungsmechanismen ausgeschlossen, wie Verhaltensunterschiede und geographische Verbreitung. Gemeinsame Aufzucht in der Gefangenschaft oder künstliche Besamung ermöglichen, diese Schranken zu umgehen und Artkreuzungen, ja sogar Gattungskreuzungen, wie in diesem Fall, durchzuführen. Von wirtschaftlichem Nutzen sind solche Kreuzungen erst dann, wenn die Hybriden bei ausreichender Befruchtung und Schlupffähigkeit erzeugt werden und die entstandenen Hybriden sich durch Vitalität und hohe Leistung, z. B. Mast- und Schlachtleistung, auszeichnen. Sieht man von den rassebildenden Kreuzungen zwischen Grau- und Schwanengans ab, ist die Kreuzung Moschuserpel × Hausente wohl die einzige wirtschaftlich genutzte Artkreuzung; in diesem Fall handelt es sich sogar um eine Gattungskreuzung.

Wird die Schlachtkörperzusammensetzung der Mularden mit den Ausgangsarten verglichen, fällt der fast ebenso hohe Muskelanteil wie bei Moschusenten und der wesentlich geringere Knochenanteil auf. Im Hautanteil und damit auch im Fettgehalt liegen Mularden deutlich unter den Pekingenten. Der deutliche Geschlechtsdimorphismus der Moschusenten im Körpergewicht ist bei Mularden nahezu aufgehoben. Männliche und weibliche Mularden sind in Größe und Aussehen annähernd gleich und erreichen annähernd das Körpergewicht von Moschuserpeln, allerdings in einer etwa zwei Wochen kürzeren Mastzeit, was mit Einsparungen an Futter einhergeht. Die durch Kreuzung von Moschuserpeln und Hausenten erzeugten Mularden sind steril, können sich also selbst nicht mehr vermehren.

Weibliche Mulardenten ähneln im Wachstum und Fleischansatz den Moschuserpeln, sterben aber in höherem Maße als Embryonen ab, so dass das Geschlechtsverhältnis verschoben ist. Mulardenten sind im Gegensatz zu Haus- und Moschusenten phlegmatischer. Federfressen tritt in geringerem Umfang auf als bei Moschusenten. Die Erpellocke fehlt bei männlichen Mulardenten, bei beiden Geschlechtern ist dagegen das Sträuben der Nackenfedern zu beobachten. Auf dem Wasser gründeln Mulardenten wie Hausenten.

Die Sterilität der Arthybriden ist nicht problematisch, da diese Tiere ohnehin für die Fleischerzeugung genutzt werden und eine weitere Zuchtnutzung nicht beabsichtigt ist. Mulardenten werden in großem Umfang in Taiwan erzeugt. Zunächst werden weiße Tsaiya- mit weißen Pekingenten gekreuzt. Diese Kreuzung dient als Muttergrundlage für die Anpaarung von weißen Flugerpeln. Da durch umfangreiche Nachkommenprüfungen auf weiße Gefiederfarbe der Mularden selektiert wurde, ist bei dieser 3-Wege-Kreuzung der größte Teil der Hybriden weiß gefiedert, so dass deren Schlachtkörper ein besseres Aussehen aufweisen als die Schlachtkörper von dunkelgefiederten Mulardenten und damit der Preis für die Federn höher ist.

Da es sich bei der Mulardentenerzeugung um eine Kreuzung verschiedener Gattungen handelt, ist die Befruchtung und Schlupffähigkeit häufig nicht zufriedenstellend. Die Befruchtung liegt zwischen 60 und 80 % und der Schlupf der befruchteten Eier liegt ebenfalls in diesem Bereich. Das bedeutet einen Schlupf der Einlage um 40–60 %. Die geringe Befruchtung ist darauf zurückzuführen, dass nur wenige Eier nach einer Paarung befruchtet werden. Ab dem 4. Tag nach der Besamung fällt die Befruchtung schnell ab. Durch zweimalige Besamung in der Woche oder ein enges Anpaarungsverhältnis von 1 : 2–3 kann die Befruchtung durchaus über 80 % steigen.

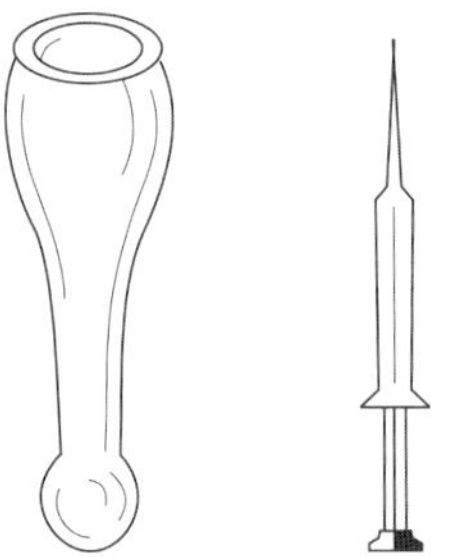

Abb. 34: Spermaauffangglas und Besamungsspritze.

Künstliche Besamung

Die künstliche Besamung ist einfach zu erlernen. Für die Spermagewinnung setzt man eine Moschusente zum einzeln gehaltenen Erpel, der in der Regel sofort mit dem Tretakt beginnt. Bevor es zur Kopulation kommt, wird der erigierte Penis in ein trichterförmiges Glasrohr geführt und das Sperma ausgepresst (Abb. 34). Bei dieser Methode beträgt das Volumen des Ejakulates 0,8-1,0 ml, eine Menge, die für 16-20 Besamungen ausreicht. Die Besamung erfolgt am besten unmittelbar nach der Gewinnung mit einer Dosis von 0,05 ml. Durch Druck mit der Handfläche auf den Rücken der sitzenden Ente und zusätzlichen Druck oberhalb und seitlich der Kloake lässt sich die Vaginamündung freilegen. Mit einer Pipette aus Kunststoff oder Glas wird das Sperma unter gleichzeitigem Nachlassen des Drucks in die Vagina injiziert. Wenn die Vagina zurückgezogen wird, entsteht eine Saugwirkung, die die Aufnahme des Spermas sichert.

Es hat sich gezeigt, dass zwischen Linien und Rassen eine unterschiedliche Eignung für die Kreuzung besteht. Deshalb ist es sinnvoll, dass in Zuchtbetrieben auf Kreuzungseignung zwischen Moschus- und Pekingenten hinsichtlich Befruchtung und Schlupffähigkeit selektiert wird. Während in größeren Betrieben die Mularden mit Hilfe der künstlichen Besamung erzeugt werden, ist in hauswirtschaftlichen Geflügelhaltungen die Kreuzung von Moschuserpeln mit Hausenten über eine natürliche Paarung vorzuziehen. Hierbei ist ein Anpaarungsverhältnis von 1 : 2 vorzusehen, um etwa 80 % Befruchtung zu erzielen. Bei erweiterten Anpaarungsverhältnissen ist die Befruchtung herabgesetzt. In Großbetrieben kann die Mulardenproduktion kontinuierlich entsprechend dem Programm der Reproduktion der Pekingenten gestaltet werden.

6 Künstliche Brut

Die Brut ist ein Vorgang, bei dem sich aus einem befruchteten Ei ein lebensfähiges Küken entwickelt. Die Brut kann auf natürlichem Wege oder auf künstlichem Wege in einem Brutapparat erfolgen. Die Schlupffähigkeit, die den Anteil geschlüpfter Küken an den befruchteten Eiern angibt, hängt von zahlreichen Faktoren ab. Generelle Voraussetzung ist zunächst, dass die weibliche Keimzelle nach der Ovulation im oberen Teil des Eileiters, im Infundibulum, befruchtet worden ist. Noch während der Eibildung im Eileiter beginnt die Entwicklung des Keims zu einem mehrzelligen Embryo.

6.1 Qualität der Bruteier

Zu den Faktoren, die die Bruteiqualität und damit die Schlupffähigkeit beeinflussen, gehören Genetik, Ernährung, Krankheiten, Beschaffenheit und Behandlung des Bruteis.

Genetik. Paarung verwandter Tiere (Inzucht) senkt in der Regel die Schlupffähigkeit, weil bestimmte rezessiv vererbte Gene, die letal oder semiletal wirken, homozygot werden. Bei Pekingenten ist das Gen mi für Mikromelie bekannt, das homozygot zum Absterben des Embryos führt. Durch Kreuzung verschiedener Linien oder Rassen wird in Abhängigkeit von dem Charakter der Gene, über die die Elterntiere verfügen, die Schlupffähigkeit meistens verbessert. Letale und semiletale Gene liegen in der Regel nach Kreuzungen heterozygot vor. Enten und Gänse mit hoher Legeleistung sind meistens fruchtbarer und ihre Eier haben eine bessere Schlupffähigkeit als die von legeschwachen Tieren.

Ernährung. Das Brutei muss alle Nährstoffe in ausreichender Menge enthalten, die der Embryo während seiner Entwicklung benötigt, da nach der Eiablage kein Kontakt mehr zwischen Mutter und Embryo besteht. Deshalb ist bei der Zuchttierfütterung dem Bedarf des Embryos Rechnung zu tragen. Besondere Aufmerksamkeit ist der Vitamin- und Spurenelementversorgung zu widmen. Für eine hohe Schlupffähigkeit und gute Anfangsentwicklung des Kükens ist der Gehalt des Futters an den Vitaminen A, D, E, B_{12}, Riboflavin, Pantothensäure und Niazin sowie dem Spurenelement Mangan besonders wichtig. Mindestens einen Monat vor Beginn der Bruteiergewinnung ist das speziell gehaltreichere Zuchttierfutter zu verabreichen. Der Gehalt des Bruteies an Eiweiß und Aminosäuren wird durch die Fütterung nur wenig verändert. Ein Mangel an diesen Substanzen wirkt sich eher auf die Legeleistung als auf den Gehalt der Eier aus. Anders ist es bei lebensnotwendigen Fettsäuren wie Linolsäure, Spurenelementen wie Mangan und Zink sowie Vitaminen (insbesondere Vitamin A und B_2). Der höhere Fettgehalt der Enten- und Gänseeier gegenüber Hühnereiern dient dem erhöhten Energiebedarf. Da die natürliche Brut gewöhnlich an feuchten und kühlen Standorten stattfindet, müssen die erhöhten Wärmeverluste ausgeglichen werden.

Krankheiten. Bruteier von gesunden Zuchttieren geben die Gewähr, dass auch gesunde Küken schlüpfen. Verschiedene Krankheitskeime dringen in das Ei ein, beeinflussen den Embryo direkt und setzen die Schlupffähigkeit herab. Bei schlechter Haltungshygiene können Krankheitskeime ins Blut gelangen. Im Ei finden Krankheitserreger einen günstigen Nährboden für ihre Entwicklung und Ausbreitung, was während der Brut durch die hohe Temperatur noch begünstigt wird. Die Erreger können entweder auf direktem Wege über Eierstock und Eileiter in das Ei gelangen oder indirekt durch Kontamination der Eischale nach dem Legen.

Beschaffenheit des Bruteis. Als Brutei ist jedes befruchtete Ei anzusehen. Damit sich aus dem Keim ein schlupffähiges, lebensfähiges Küken entwickeln kann, muss das Brutei eine hohe Qualität aufweisen. Nur aus biologisch hochwertigen und gesunden Eiern können lebensfähige Küken schlüpfen.

Charakterisiert wird die Bruteiqualität durch folgende Merkmale:
- Sauberkeit,
- Eigröße,
- Eiform,
- Schalendicke und -beschaffenheit sowie
- Eiklar- und Dotterbeschaffenheit.

Die Gewinnung sauberer Eier für die Brut erfordert bei Wassergeflügel einen hohen Aufwand. Schmutz auf den Eiern bildet den Nährboden für Erreger, die ins Eiinnere dringen können. Außerdem wird durch Verstopfen der Poren die Sauerstoffversorgung des Embryos beeinträchtigt.

Um ein hohes Maß an Sauberkeit zu erreichen, müssen genügend Nester mit sauberer Einstreu vorhanden sein. Schmutzeier werden gewaschen und sind nach dem Tauchen in eine Desinfektionslösung noch für die Brut verwendbar. In der Hauptlegezeit sind die Eier öfter abzusammeln, um sie der Gefahr der Verschmutzung nicht zu lange auszusetzen. Die im späteren Tagesverlauf gelegten Eier sind für die Brut weniger geeignet.

Maßstab für die Größe des Bruteies ist das Gewicht. Es ist zwischen den einzelnen Rassen unterschiedlich. Extrem kleine und große Eier bringen im Vergleich zu Eiern mit der Durchschnittsgröße schlechte Schlupfergebnisse, weil bei diesen ein Missverhältnis zwischen Eiklar, Dotter und Eischale besteht. Jedoch sind geschlüpfte Küken aus kleineren Eiern für die Mast verwendungsfähig, allerdings sinkt das Schlupfgewicht um 3,8 g je 10 g Eigewicht. Die kleineren Küken sollten getrennt aufgezogen werden, damit sie den Gewichtsunterschied annähernd aufholen können. Vor allem ist darauf zu achten, dass auch die kleinen Küken einen Fressplatz erhalten. Durch Abdrängen vom Futter würde sich die Entwicklung der Küken weiter verzögern. Der Anteil kleiner Eier kann gering gehalten werden, wenn der Legebeginn der Zuchttiere nicht zu früh eintritt. Bei großen Eiern kommt es zur Verzögerung des Schlupfes. Deshalb sind die Eier nach Größenklassen zeitlich verschoben einzulegen. Bruteier aus altersmäßig unterschiedlichen Herden müssen getrennt eingelegt werden. Doppeldottrige Eier sind für die Brut nicht geeignet. Sie treten gehäuft bei zu frühem Legebeginn besonders in den schweren Vaterlinien auf.

Bruteier müssen die typisch ovale Form besitzen. Stark deformierte Eier, wie kugelige oder übermäßig längliche und verformte Eier, sind von der Brut auszusondern, weil sonst die Steckenbleiberate ansteigt.

Die Schalendicke ist für die Schlupffähigkeit ein wesentlicher Faktor. Zu dünne Schalen erhöhen den Anteil von Knick- oder Brucheiern. Außerdem kann ein erheblicher Anteil Wasser aus dem Eiinnern verdunsten und somit die Entwicklung des Embryos beeinträchtigen. Aus dünnschaligen Eiern schlüpfen deutlich weniger Küken als aus Eiern mit normalen und dicken Schalen. Die mittlere Schalendicke liegt bei Enteneiern bei 0,4 mm und bei Gänsen sogar über 0,5 mm. Für eine gute Schalenqualität ist ein ausreichender Ca- und Vitamin-D-Gehalt im Futter von Bedeutung. Hohe Umgebungstemperaturen bewirken dünnere Eischalen, dem durch zusätzliches Vitamin C zum Futter oder zum Tränkwasser entgegengewirkt werden kann. Die Schalenqualität ist während des Durchleuchtens festzustellen. Eier mit dünner und poröser Schale sowie Eier mit Haarrissen (Lichtsprüngen) sind von der Brut auszuschließen. Beim Durchleuchten sollte auch auf die Lage der Luftkammer geachtet werden. Befindet sich die Luftkammer nicht am stumpfen, sondern am spitzen Ende oder an der Seite oder ist sie gar beweglich, müssen die Eier aussortiert werden. Nur in Eiern mit normaler Lage der Luftkammer kann die Lungenatmung vor dem Schlupf einsetzen. Durch unsachgemäßes Sammeln oder Transportieren kann die Luftkammer zerreißen. Sind die Häute nur auf einer geringen Fläche oder unter der Schale gelöst, können diese Eier noch für die Brut verwendet werden.

Im Hinblick auf die Schlupffähigkeit wirken sich Kalkablagerungen auf der Eischale ungünstig aus. Auch die Porenzahl bzw. -weite ist bezüglich des Gasaustausches und der Wasserverdunstung während der Brut von Bedeutung. Mangelt es den Eiern an genügend Poren oder sind diese zu eng, ist der Gasaustausch infolge mangelnder Durchlässigkeit der Schalen gefährdet. Bei zu vielen und zu weiten Poren tritt ein erhöhter Gewichtsverlust durch Verdunstung ein und das Schlupfergebnis verschlechtert sich.

Das Eiklar der Bruteier muss eine deutliche Trennung zwischen dünn- und zähflüssigen Zonen erkennen lassen. Ist der Anteil an zähflüssigem Eiklar zu gering, was besonders bei zu lange und unsachgemäß gelagerten Eiern vorkommt, sinken die Schlupfergebnisse. Bei solchen Eiern bleibt der Dotter nicht in der erforderlichen zentralen Lage. Blutflecken im Ei wirken sich auf die Schlupffähigkeit nicht nachteilig aus.

Behandlung der Bruteier

Beim Sammeln, Transportieren und Lagern müssen die Eier stets vorsichtig behandelt werden, weil es sich bei Bruteiern um lebendes Material handelt. Von der Befruchtung bis zur Eiablage vergehen etwa 24 Stunden. In diesem Zeitraum kommt es zu mehreren Zellteilungen, so dass ein Viel-Zellen-Stadium erreicht ist. Nach dem Legen wird die Keimentwicklung unterbrochen, wenn die Lagertemperatur unter den physiologischen Nullpunkt sinkt, der bei 20–21 °C liegt.

Für eine einwandfreie Bruteigewinnung spielen Bau, Anordnung und Pflege der Nester eine große Rolle. Es muss gesichert werden, dass die Tiere in die bereitgestellten Nester legen. In die Einstreu oder in den Auslauf verlegte Eier sind meistens stark verschmutzt. Können sich die Enten und Gänse zeitlich genug vor Legebeginn an die Nester gewöhnen, werden nur noch wenige Eier verlegt. Die Nester sollten sich in abgegrenzten, ruhigen und dunklen Bereichen im Stall befinden. Im Winter müssen die Eier stündlich, möglichst ab 5 Uhr beginnend, gesammelt werden. Liegen die Eier längere Zeit bei Temperaturen unter 0 °C, stirbt der Keim früh ab. Solche Eier erscheinen beim Schieren klar.

Beim Transport müssen die Eier vor Erschütterungen gesichert werden. Verlagerte Luftkammern sind meistens auf schlechte Transportbedingungen zurückzuführen.

Die verschmutzten Eier werden sofort nach dem Sammeln gewaschen, da sonst der Gasaustausch während des Lagerns nicht ausreichend stattfinden kann und Krankheitserreger ins Eiinnere gelangen. Mechanische Beschädigungen sind zu vermeiden. Sie zerstören die Kutikula (Oberhaut), die das Eindringen von Krankheitserregern verhindern soll. Die Temperatur des Reinigungswassers muss 5–10 °C höher sein als die des Eiinneren, damit ein Druckgefälle von innen nach außen entsteht. Wird diese Temperaturdifferenz unterschritten, gelangt Waschlösung in das Ei. Die maximale Temperatur des Waschwassers liegt bei 40 °C. Nach dem Waschen sind die Eier sofort zu kühlen. Nach dem Reinigen schließt sich die Desinfektion an. Die Begasung durch Aufgießen von Wasser und Formalin auf Kaliumpermanganat stellt das meistverwendete Verfahren dar (20 ml Wasser + 35 ml Formalin auf 18 g Kaliumpermanganat je m^3 bei einer Temperatur von über 20 °C). Die Begasung dauert nicht länger als 20 Minuten. Zur Tauchdesinfektion kann eine 0,2- bis 0,4%ige Lösung Peressigsäure oder eine Lösung von 0,001 % Kaliumpermanganat verwendet werden. Auch bei der Tauchdesinfektion ist die oben genannte Temperaturdifferenz zwischen Lösung und Eiern einzuhalten. Die Desinfektionslösung darf nicht wärmer als 40 °C sein, weil es sonst zu nicht umkehrbaren Veränderungen des Eiproteins kommt. Zur Desinfektion der Eischale wird auch Chlordioxid verwendet.

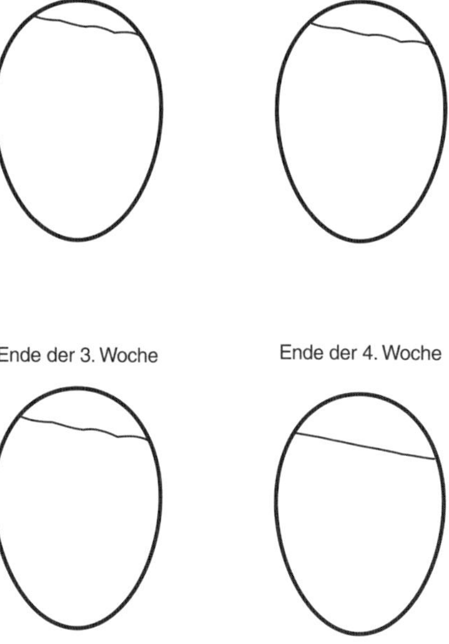

Abb. 35: Veränderung der Luftkammergröße während der Brut.

Bis zum Beginn der Brut werden die Eier so gelagert, dass die Lebensfähigkeit der Embryos so wenig wie möglich gemindert wird. Die wichtigsten Faktoren sind Temperatur, Feuchtigkeit und Luftwechsel bzw. Frischluftzufuhr. Die Temperatur beträgt 8–10 °C, die relative Luftfeuchtigkeit 70–80 %. Weiterhin ist für reichlich Frischluftzufuhr zu sorgen. Die Eier werden in Horden gelagert und jeden Tag gewendet, um das Ankleben des Dotters an der Schalenhaut zu verhindern. Gänseeier sollten horizontal gelagert und um die Längsachse gewendet werden. Bei einer 7-tägigen Lagerung von Pekingenteneiern haben sich die Eipositionen spitzes Ende oben, stumpfes Ende oben und horizontal nicht auf die Schlupffähigkeit ausgewirkt, trotzdem ist die horizontale Lage für Wassergeflügeleier zu bevorzugen. Die besten Schlupfergebnisse werden erzielt, wenn die Lagerung vier Tage nicht überschreitet. Längere Lagerung ohne spezielle Maßnahmen verzögert den Schlupfzeitpunkt und die Schlupfrate. Als Faustregel gilt, dass mit jedem Tag Lagerung über 4 Tage hinaus der Schlupf um 30 Minuten verzögert und die Schlupfrate um 3–4 % reduziert werden. Länger gelagerte Eier sollten deshalb einige Stunden früher in den Brutapparat eingelegt werden.

Eine Erhöhung der Schlupffähigkeit um 4–6 % kann erreicht werden, wenn ein Tag nach dem Legen der Eier eine 5-stündige Erwärmung bei Bruttemperatur erfolgt. Der gleiche Effekt wird erreicht, wenn die Bruteier vor dem Einlegen in den Brutapparat 3–6 Stunden bei Bruttemperatur erwärmt und danach 12 Stunden kühl gelagert werden.

Tab. 6.1. Zulässiger Gewichtsverlust in % zum Anfangsgewicht bei Bruteiern von Wassergeflügel

Bebrütungsdauer (d)	Pekingenten	Moschusenten	Gänse
8	3–4	3–4	3–4
14	6–7	5–6	5–6
24	12–14	8–10	10–11
28	–	10–11	12–13
32	–	12–13	–

Eine Methode zur Verlängerung der Lagerzeit ist das periodische Erwärmen alle zwei oder drei Tage auf 37–38 °C über einen Zeitraum von 2 Stunden. Bei Versuchen mit Eiern von Pekingenten konnte bei einer Lagerungsdauer von 2, 3 und 4 Wochen noch eine Schlupffähigkeit von 89,1 %, 87,4 % und 86,1 % erreicht werden. Diese Methode ist auch bei Gänseeiern mit Erfolg angewandt worden. Die periodische Erwärmung ist zu empfehlen, wenn an einem bestimmten Tag eine große Kükenzahl bereitzustellen ist und dementsprechend viele Eier an einem Tag eingelegt werden müssen.

6.2 Brutfaktoren

Um mit der künstlichen Brut gute Schlupfergebnisse erzielen zu können, müssen Temperatur, relative Luftfeuchtigkeit, Geschwindigkeit des Luftaustausches sowie Wenden und Kühlen der Eier den Bedingungen der natürlichen Brut entsprechen.

Temperatur
Die Temperatur liegt in der Vorbrut innerhalb der Grenzen von 37,4–38,1 °C, wenn Zwangsventilation erfolgt. In einem Flächenbrüter ohne Zwangsventilation muss die Temperatur etwa 1 °C höher sein, gemessen an der Oberkante des Eies. Sind die Brutapparate nicht ganz voll, ist eine etwas höhere Temperatur zu wählen. Temperaturschwankungen um ± 0,3 °C wirken sich nicht negativ auf die Embryonalentwicklung aus, wobei eine Temperaturerhöhung ungünstiger ist. Kurzzeitige Temperaturverringerungen werden von den Embryonen toleriert. Untertemperaturen von 2–3 °C über einen längeren Zeitraum verschlechtern das Brutergebnis deutlich. Es sterben viele Embryonen, oder die Küken sind lebensschwach und können für die Aufzucht nicht verwendet werden. Übertemperaturen während der ersten Tage der Brut führen ebenfalls zu erhöhter Sterblichkeit. Im letzten Brutabschnitt beschleunigen sie das Wachstum und es kommt zum früheren Schlüpfen oder zum Absterben. Die verendeten Küken weisen oftmals eine anormale Lage, eine blutige Nabelschnur sowie wenig Daunen auf. Längere Überhitzung der Eier um 1–1,5 °C gefährden die gesamte Brut. Temperaturen, die länger als zwei Stunden über 40 °C liegen, bewirken das Absterben aller Embryonen. Diese Wirkung wird zudem noch begünstigt durch zu geringen Luftwechsel und geringe Luftfeuchtigkeit im Brutraum. Besonders im Zentrum des Brutschrankes kann es zum Wärmestau kommen.

Luftfeuchtigkeit
Die relative Luftfeuchtigkeit im Brutapparat beeinflusst die aus dem Eiinnern verdampfende Wassermenge. Um eine normale Entwicklung der Embryonen zu sichern, soll die Luftfeuchtigkeit während der Vorbrut zwischen 50 und 60 % schwanken, im Schlupfbrüter aber bei 80–90 % liegen. Es gibt auch Empfehlungen, die Luftfeuchtigkeit ab der 3. Brutwoche bis zu 40 % zu senken, um sie dann zum Schlupf auf 75 % zu erhöhen. Man kann nicht schematisch vorgehen, sondern muss das Brutei beobachten. Ist die Luftfeuchtigkeit zu gering, kommt es zu einer erhöhten Verdunstungsrate und damit zum Gewichtsverlust der Eier. Da der optimale Wasserdampfgehalt von einer Reihe von Faktoren, beispielsweise der Temperatur, der Eioberfläche (Größe der Verdampfungsfläche) und der Geschwindigkeit der Luftbewegung abhängt, ist eine genaue Bestimmung nur über Kontrollwägungen der Eier möglich. Eine zu hohe Luftfeuchtigkeit, besonders in der Endphase der Brut, verzögert das Schlüpfen. Die Küken sind schwach, weisen zusammenklebende Daunen auf und ein Teil erstickt im Fruchtwasser oder bleibt während des Schlupfes stecken. Bei zu niedriger Feuchtigkeit wird die Dottersubstanz durch höhere Verdunstung eingedickt und das Eiklar zähflüssig, was die Nahrungsaufnahme erschwert. Die Schalen-

häute werden fest und lederartig, und das Küken erstickt, weil es die Häute nicht durchstoßen kann. Der Feuchtigkeitsverlust durch Verdunstung beeinflusst die Größe des Kükens. Wenn die Eier zuviel Feuchtigkeit verlieren, sind die Küken klein. Ist die Luftfeuchtigkeit zu hoch, schlüpfen große, schwammige Küken. Die optimale Verdunstung kann auch an der Größe der Luftkammer eingeschätzt werden (Abb. 35). Tabelle 6.1 zeigt den zulässigen Gewichtsverlust der Bruteier.

Gasaustausch
Die Luftbewegung gewährleistet die gleichmäßige Verteilung der Temperatur, der Feuchtigkeit und der Frischluft im Brutapparat. Mit der Embryonalentwicklung werden die physiologischen Prozesse im Ei intensiviert. Entsprechend steigt der Sauerstoffbedarf, und Kohlendioxid und Wasser müssen durch Schalenmembran und Poren das Eiinnere verlassen. Insbesondere in der zweiten Bruthälfte wird durch eine erhöhte Ansammlung von Kohlendioxid und Sauerstoffmangel die Embryonalsterblichkeit erhöht. Die Luft wird 8- bis 10-mal in der Stunde im Brutapparat gewechselt, damit der Kohlendioxidgehalt nicht über 0,05% ansteigt. Frischluft wird auch beim Kühlen durch Öffnen der Brutschranktüren zugeführt.

Kühlen
Der Stoffwechsel im Ei ist von der 2. Brutwoche an besonders intensiv, was wiederum zur Bildung von Wärme führt. Dieser Wärmestau kann zusammen mit der Ansammlung von Kohlendioxid und anderen Stoffwechselprodukten das Absterben der Embryonen verursachen. Um eine Überhitzung zu vermeiden, sollte man die Eier vom 7. Bruttag bis zum Anpicken täglich kühlen. Als günstig hat sich das 2- bis 3-malige tägliche, 15 bis 30 Minuten lange Kühlen durch Öffnen der Brutschranktür bei laufendem Ventilator oder durch Herausziehen der Eierhorden aus dem Brutschrank erwiesen. Ein zusätzlicher Kühleffekt wird durch gleichzeitiges Besprühen der Eier mit kaltem Wasser erzielt. Die Eiertemperatur kann auf 30 °C absinken, muss aber im Brutapparat schnell wieder ansteigen. Gute Schlupfergebnisse sind auch erzielt worden, wenn die Eier bei der Kühlung dem Dampf einer auf 40 °C erwärmten 3%igen Essigsäurelösung ausgesetzt werden.

Lage der Eier und Wenden
Die natürliche Lage des Bruteies ist horizontal mit leicht angehobenem stumpfem Ende. Bei dieser Lage wendet sich der Kopf des Embryos zur Luftblase hin und durchstößt beim Schlupfvorgang die Haut zur Luftblase, womit die Lungenatmung beginnt. Das Wenden der Eier ist zur Sicherung einer normalen Embryonalentwicklung notwendig. Geschieht das nicht, kommt es zum Verwachsen und Zusammenkleben von Allantois und Schalenhaut. Unter den Bedingungen der Naturbrut werden die Eier insgesamt über 500-mal mit dem Schnabel gewendet. In den ersten 8 Bruttagen ist die Häufigkeit des Wendens geringer. In den Brutapparaten sollten die Eier mindestens dreimal täglich gewendet werden. In modernen Brutapparaten erfolgt das Wenden stündlich und wird automatisch geregelt. Der Wendewinkel sollte für Eier der Moschusente und der Gans mindestens 120°, besser 180°, betragen. Lageveränderungen der Eier während des Schlupfvorganges führen zu falschen Pickstellen und verschlechtern das Schlupfergebnis. Deshalb darf nur in der Vorbrut gewendet werden.

Die Stellung des Eies hat für das Brutergebnis ebenfalls Bedeutung. Liegt das stumpfe Ende etwas erhöht, wie es bei der natürlichen Brut der Fall ist, kann der Embryo die Haut zur Luftblase zum richtigen Zeitpunkt durchstoßen, um den erforderlichen Sauerstoff aufzunehmen. Liegen die Eier im Winkel von 45° mit dem stumpfen Ende nach oben, ist mit einer Verschlechterung der Schlupfergebnisse um 6–8 % zu rechnen. Zeigt das spitze Ende nach oben, dreht sich das Küken im Ei mit dem Kopf dorthin. Schließlich kann es diese Stellung nicht mehr ändern und stirbt aufgrund von Sauerstoffmangel ab. Die horizontale Lage der Eier führt dazu, dass sie über die Längsachse gewendet werden, was gegenüber der Stellung spitzes Ende unten und Wendung über die kurze Achse die Schlupfergebnisse verbessert.

6.3 Durchführung der Brut

Natürliche Brut

Bei Moschusenten und einigen Enten- und Gänserassen ist das natürliche Brutverhalten noch erhalten. Zum Brüten wird das Tier durch eine an Brust und Bauch lästige Körperwärme veranlasst. Eine willkommene Möglichkeit zum Abkühlen sind die Eier, die, wenn sie oben warm geworden sind, mit dem Schnabel gewendet werden, um die kühle Seite nach oben zu bringen. Dieses Wenden bringt den am Dotter liegenden Keimling immer wieder mit neuen Nährstoffen in Berührung. Da der Embryo leichter ist als seine Umgebung, gelangt er immer wieder durch das Wenden von unten nach oben. Bei der natürlichen Brut liegen die Eier horizontal mit leicht angehobenem stumpfem Ende, so dass die Wendung stets über die Längsachse erfolgt.

Die Eier nichtbrütender Rassen können auch brütigen Puten oder Hühnern untergelegt werden. Eine Pute kann 14–18 Enten- oder 8–10 Gänseeier, eine Henne dagegen 6–8 Enten- oder 4–5 Gänseeier bebrüten. Hühnerglucken verlassen das Nest häufig vor dem Schlupf der Küken, da 28 Tage Brut nicht ihrer natürlichen Brutdauer entsprechen. Deshalb sollten weitere Glucken zum Bebrüten zur Verfügung stehen. Es empfiehlt sich, die untergelegten Eier einmal täglich zusätzlich mit Wasser zu besprühen, weil es bei der Brut des Scharrgeflügels an Nestfeuchtigkeit mangelt.

Mindestens drei Wochen vor Legebeginn sind im Stall die Nester bereitzustellen, damit jedes Tier sein Nest aufsuchen kann. Für Moschusenten werden die Nester erhöht angelegt. Sie müssen über ein Brett mit Sprossen erreichbar sein. Die Legetätigkeit und Brut wird so nicht vom Erpel gestört. Der Nestboden ist zunächst mit gesiebtem Sand zu bedecken und dann mit Stroh auszulegen. Vor der Brut werden die Nester mit sehr viel Daunen, die sich die Enten und Gänse aus dem Brust- und Bauchgefieder ausreißen, gepolstert. Während der Brut sollen Störungen unterbleiben. Die brütende Ente oder Gans verlässt das Nest oftmals für längere Zeit (bis zu einigen Stunden), um zu baden oder Futter aufzunehmen. In der Nähe des Nestes sind Tränke und Trog so aufzustellen, dass zur Wasser- und Futteraufnahme das Nest verlassen werden muss. Bademöglichkeiten sollen sich auf das Brutergebnis günstig auswirken, da mit dem feuchten Gefieder ein zusätzlicher Kühleffekt bei den Bruteiern hervorgerufen wird.

Die Entenküken oder Gössel nehmen mehrere Stunden vor dem Schlupf bereits akustischen Kontakt mit der Umwelt auf und reagieren auf Laute der Muttertiere oder anderer Küken. Das Schlüpfen aus den Eiern eines Geleges erfolgt gleichzeitig. Diese Synchronisation beruht auf der Übertragung einer Vibration, verbunden mit einem Klick, der durch Bewegung des Embryos und Durchstoßen der Haut zur Luftblase entsteht. Das gleichzeitige Schlüpfen aller Küken ist in der Wildbahn wichtig für das Überleben.

Viele Enten- und Gänsezüchter kombinieren die Natur- mit der Kunstbrut. Wenige Tage vor dem Schlüpfen nehmen sie die Eier aus dem Nest und legen sie in einen Flächenbrüter. Nach dem Schlupf werden die Küken künstlich aufgezogen. Vorteilhaft ist hierbei, dass die Zuchttiere veranlasst werden, früher mit dem Legen für das nächste Gelege zu beginnen.

Künstliche Brut

Die künstliche Brut wurde schon lange vor unserer Zeitrechnung angewendet. Im alten China hatte man aus Lehm erbaute Bruthäuser, die durch Verbrennen von Torf und Reisschalen erwärmt wurden. Auch im Ägypten der Pharaonen war die künstliche Brut bekannt und wird noch heute angewandt. Geändert hat sich lediglich die Heizquelle, denn die Erwärmung des Brutraumes erfolgt in Ägypten heute mit Petroleumlampen. Die Eier liegen auf dem Boden und werden mit der Hand gewendet, indem sie zunächst in eine Basttasche hineingerollt und dann an einem anderen Platz wieder herausgerollt werden.

Je nach der Konstruktion werden die heutigen Brutapparate in **Flächen**-, **Schrank**- und **Raumbrüter** sowie nach der Funktion in **Vorbrüter** und **Schlupfbrüter** eingeteilt. In Flächenbrütern werden die Eier horizontal auf Einschübe gelegt und von oben her erwärmt. Dadurch entsteht ein Temperaturgefälle vom oberen zum unteren Ende des Eies. Zudem ist die Wärme horizontal nicht gleichmäßig verteilt. Deshalb müssen die Eier beim Wenden im Abstand von zwei oder drei Tagen auf der Horde umgelegt werden, um eine gleichmäßige Entwicklung der Embryonen zu sichern.

Zur Wärmeerzeugung dienen elektrische Heizquellen. Diese werden bei älteren Apparate-Typen mit einem von Äthermembranen gesteuerten Quecksilberkippschalter ab- oder zugeschaltet und durch eine Stellschraube entsprechend reguliert. Die Temperatur muss ständig mit Hilfe eines Thermometers kontrolliert werden. Für ausreichende Luftfeuchtigkeit sorgen mit Wasser gefüllte Behälter. Die Messung der relativen Luftfeuchtigkeit kann mit einem Haarhygrometer vorgenommen werden. Die erforderliche Luftfeuchtigkeit während des Schlupfvorganges ist auch durch zusätzliches Aufstellen von Wasserschalen oder durch feuchte Schwämme im Brutraum zu erreichen. Treten zu hohe Wasserverluste auf, muss die Feuchtigkeit erhöht werden. Das Wenden der Eier erfolgt manuell über die Längsachse. Durch die geöffneten Lüftungsklappen wird Frischluft zugeführt. Der Einsatz von Flächenbrütern beschränkt sich zumeist wegen der geringen Kapazität und des hohen manuellen Aufwandes auf kleine Geflügelhaltungen.

In großen Brütereien verwendet man Schrank- oder Raumbrüter, die nach dem Baukastenprinzip zu Großbrutanlagen zusammengestellt werden. Die Eier sind hier in Horden mehrreihig übereinander eingelegt. Alle für die Brut notwendigen Faktoren werden vollautomatisch geregelt. Die Wärme wird ebenfalls durch elektrische Heizquellen erzeugt, die zur optimalen Wärmeverteilung in unmittelbarer Nähe der Ventilatoren angebracht sind. Zur Befeuchtung dienen Sprühdüsen, die über Tastbügelregler und Taupunktfühler gesteuert werden. Das Ventilationssystem besteht aus Ventilatoren oder Pulsatoren, die die Frischluft ansaugen und gleichmäßig im Brutapparat verteilen.

Für das Raumklima des Brutraums werden gefordert:

- 20–25 °C Temperatur,
- 50–60 % rel. Luftfeuchtigkeit,
- 1 m^3 Frischluft/h und 30 Eier.

Wichtig ist, dass die verbrauchte Luft direkt aus den Brutapparaten ins Freie geführt wird.

Die Bruteier sind auf Metall- oder Kunststoffhorden, die über- und nebeneinander in Hordenwagen gestapelt werden, angeordnet. Die Vorbruthorden bestehen aus dreikantigen Kunststoff- oder Metallstäben, die in einem Rahmen befestigt sind und das Aufreihen der Eier ermöglichen. Für den Schlupf werden spezielle Schlupfhorden verwendet. Hierbei handelt es sich um aus Kunststoff, Blech oder Drahtgewebe gefertigte Kästen, die in kleinere, abdeckbare Segmente unterteilt werden können, so dass in der Zucht die Nachkommen der einzelnen Zuchttiere auseinander gehalten werden können.

Das Wenden geschieht durch eine elektrisch angetriebene und über Schaltuhr geregelte Wendevorrichtung, an die die einzelnen Hordenwagen angeschlossen sind. Gewendet wird nur bei der Vorbrut. Die Horden bewegen sich alle 1–2 Stunden abwechselnd nach links und nach rechts.

Für Wassergeflügel bringt die horizontale Eiposition und das Wenden über die Längsachse bessere Schlupfergebnisse, insbesondere bei Moschusenten und Gänsen. Spezielle Horden, in denen die Eier waagerecht liegen und sich bei der rollenden Wendung mit dem stumpfen Ende leicht aufrichten, können sowohl für die Vor- als auch für die Schlupfbrut verwendet werden. Die Umlagerung vom Vor- in den Schlupfbrüter entfällt und es kann nach dem „Alles Rein-Alles Raus-Prinzip“ verfahren werden. Dies hat hygienische Vorteile, da nach jedem Brutdurchgang ein gründliches Reinigen und Desinfizieren möglich ist, was zur Unterbrechung einer möglichen Infektionskette führt.

Unmittelbar vor oder nach dem Einlegen werden die Eier begast. Geschieht das erst einen Tag später, wird die Embryonalentwicklung durch das Einwirken von Formalin gestört. Nach der Desinfektion ist der Brüter zu öffnen, damit die Formalindämpfe entweichen können. Das Durchleuchten der Eier ist für die Kontrolle der Embryonalentwicklung und der hygienischen Bedingungen im Brutapparat von Bedeutung. Die durch abgestorbene Embryonen erzeugten Krankheitserreger können auf alle anderen Bruteier übertragen werden.

Das erste Schieren wird vom 5.–7. Bruttag durchgeführt, um die unbefruchteten Eier auszusortieren. Ein weiteres Schieren kann bei der Umlage in den Schlupfbrüter vorgenommen werden, um die bis zu diesem Zeitpunkt abgestorbenen Embryonen auszusortieren.

Der Schlupfvorgang dauert relativ lange. Damit sich evtl. Krankheitserreger nicht weiter ausbreiten können, empfiehlt sich eine Schlupfdesinfektion, wenn etwa 10 % der Küken geschlüpft sind. Schwachen Küken kann man aus dem Ei helfen, wenn der Dottersack eingezogen ist und in den Fruchthäuten kein Blut mehr kreist. Küken, die sich nicht selbst aus dem Ei befreien können, sind allerdings weniger vital. Die Küken werden meist nur zweimal am Tag dem Brüter entnommen. Häufigeres Öffnen des Apparates wirkt sich auf den Schlupfvorgang der noch im Ei befindlichen Küken ungünstig aus. Sind die Küken trocken, müssen sie aus dem Apparat heraus, weil sonst die Gefahr einer Entzündung der Atemwege besteht.

Die Brutdauer beträgt bei:
- Pekingenten 26–28 Tage,
- Moschusenten 33–35 Tage,
- Mularden 31–33 Tage,
- Gänsen 28–31 Tage.

Die Brutrückstände (Eierschalen, Eier mit lebensunfähigen und steckengebliebenen Küken) müssen vernichtet oder bei größeren Mengen einem Tierkörperverwertungsbetrieb zugeführt werden. Nach Beendigung der Brut muss der Brutapparat gereinigt und desinfiziert werden.

6.4 Brutfehler

Bei nicht zufriedenstellenden Brutergebnissen ist es schwierig, die Ursachen zu ermitteln. Aus der Analyse des Alters beim Tod des Embryos und aus seinem Erscheinungsbild lassen sich Rückschlüsse auf die mögliche Ursache ziehen. Dazu müssen Eier mit abgestorbenen Embryonen oder steckengebliebenen Küken geöffnet werden. Den Zeitpunkt des Embryonaltodes kann man am Entwicklungsstand des Embryos erkennen. Bestimmte Kennzeichen geben zusätzlich Hinweise auf die mögliche Todesursache.

Die Embryonalsterblichkeit lässt sich auf 4 Brutabschnitte verteilen.

Der 1. Abschnitt umfasst die ersten 4–5 Bruttage, wenn das Auge des Embryos noch nicht erkennbar ist. Treten in dieser Zeit Blutungen auf, sind Brutfehler gemacht worden. Ist keine Blutung zu erkennen, liegen Fütterungsmängel bei den Zuchttieren vor.

Der 2. Abschnitt ist durch die Entwicklung des Auges gekennzeichnet. Die Embryonalsterblichkeit in diesem Abschnitt wird überwiegend durch Fütterungsmängel verursacht.

Im 3. Abschnitt beginnt das Wachstum der Flaumfedern auf dem Embryo. Ursachen für das Sterben von Embryonen in diesem Abschnitt gehen hauptsächlich auf Brutfehler zurück.

Der 4. Abschnitt umfasst die Schlupfbrut. Der Embryo füllt bereits das ganze Ei aus. Der Zeitpunkt des Embryonaltodes lässt sich an Hand der Dotterresorption bestimmen. Ist weniger als die Hälfte des Dotters resorbiert, starb der Embryo noch in der Vorbrut, was auf Fehler in der Vorbrut hindeutet. Ist mehr als die Hälfte des Dotters aufgesogen, starb der Embryo infolge von Brutfehlern in der Schlupfbrut. Krumme Knochen, dicke und unförmige Gelenke, Verbiegungen der Wirbelsäule, Ödeme (Wasseransammlungen im Hautgewebe) des Halses, mangelhafte Entwicklung des Flaums gehen vor allem auf Fehler in der Fütterung der Zuchttiere zurück. Bei Vitamin-A-Mangel kommen noch Hautverdickungen, Hyperämien (Blutfülle) und Ödeme hinzu. Die Leber ist graugelb, Läufe und Schnabel sind kurz und farblos. Vitamin-B-Mangel äußert sich in rauen, fleckigen Eischalen sowie beweglichen Dottern als Folge einer schnellen Verflüssigung des zähen Eiklars. Hinzu kommen Verkrümmungen am Hals und an den Beinen.

Durch mangelnde Hygiene und zu hohe Feuchtigkeit in Zuchtställen und Eierlagerräumen kommt es zu Schimmelbefall (Aspergillose). Hierbei wird das Eiklar trüb, es verflüssigt sich und auf dem Dotter entstehen graue Flecke. Derartig infizierte Eier platzen schließlich. Fehler in der Bruttechnik führen ebenfalls zum erhöhten Absterben von Keimen. Eine Überhitzung der Eier in den ersten Bruttagen hat die Bildung einer formlosen Masse und unförmiger Köpfe zur Folge. Überhitzung in der zweiten Bruthälfte bewirkt vorzeitigen Schlupf mit hoher Steckenbleiberate. Die Lage der abgestorbenen Küken ist oft anormal. Sie haben Hyperämien in Dottersack und Darm, einen blutigen Nabel und wenig Daunen. Zu niedrige Temperatur führt zu mangelhafter Entwicklung der Blutgefäße und zu Steckenbleibern. Zu hohe Feuchtigkeit bewirkt das Absterben gegen Ende der Brut. Die geschlüpften Küken sind schwach, haben einen verklebten Flaum und die Dotterresorption verzögert sich. Bei zu niedriger Luftfeuchtigkeit kommt es durch Verdunsten der Flüssigkeit aus den Eiern zur Verdickung des Eiinhalts und die abgestorbenen Keime weisen Blutergüsse in den inneren Organen und auf der Haut auf. Weiterhin können auch viele Küken ersticken. Die Schale ist bröckelig und trocken, desgleichen die Schalenhäute. Ähnliche Erscheinungen liegen bei zu hoher Bruttemperatur und bei Sauerstoffmangel vor.

Es gibt zwei Höhepunkte in der Embryonalsterblichkeit, die als kritische Perioden anzusehen sind. Das sind die ersten 5 und die letzten 4 Bruttage. Aus diesem Grund wird auch von früher und später Embryonalsterblichkeit gesprochen. Die frühe Embryonalsterblichkeit ist oft nur dann exakt zu ermitteln, wenn alle Klareier aufgeschlagen werden und makroskopisch das Vorhandenseins eines Keimes geprüft wird. Ein Teil der Keime stirbt noch während der Eibildung im Eileiter ab. Die späte Embryonalsterblichkeit umfasst zum überwiegenden Teil die „Steckenbleiber“, die vielfach ungünstigen Brutbedingungen zuzuschreiben sind und Störungen beim Übergang von der Respiration der Allantois zur Lungenatmung zur Folge haben.

6.5 Geschlechtssortierung und Kennzeichnung der Küken

In vielen Fällen ist es günstig, frühzeitig zu wissen, welchem Geschlecht das geschlüpfte Küken angehört. Dazu wird das Küken so in die Hand genommen, dass die Kloake bauchseitig nach innen zeigt (Abb. 36). Durch leichten Druck wird die Kloake ausgestülpt. Bei den männlichen Tieren ist der kleine, spiralförmig verlaufende Penis an der Unterkante der Kloake sichtbar. Bei weiblichen Tieren ist nur eine Rosette, die Eileitermündung, zu erkennen. Diese Methode erfordert Geschicklichkeit und Erfahrung, wenn sie exakt sein soll.

Für die Zucht ist der Abstammungsnachweis eine wichtige Voraussetzung. Nur wenn die von einer Mutter abstammenden Küken beim Schlupf getrennt und danach durch Kükenmarken gekennzeichnet werden, können die Tiere zielgerichtet verpaart werden. Auf den Kükenmarken (z. B. aus Aluminiumblech) sind Nummer der Mutter, Stamm bzw. Linie oder die laufende Nummer eingestanzt. Diese Marke wird an der Flügelspannhaut des Kükens befestigt.

Bei Enten und Gänsen besteht noch die Möglichkeit, die Tiere durch Lochen der Schwimmhaut zu kennzeichnen (Abb. 37).

6.6 Transport der Küken

Für den Transport werden Kükenkartons verwendet, die durch Pappringe in vier Abteile unterteilt werden, um ein Erdrücken der Tiere zu verhindern. Mit Hobelspänen oder saugfähigem Papier im Karton wird dem Verschmutzen vorgebeugt. Luftlöcher im Kartondeckel sorgen für Frischluftzufuhr. Abgeschrägte Seitenwände und Stege sorgen dafür, dass auch beim Stapeln der Kartons die Luftlöcher nicht versperrt sind. Der Transport von den Brütereien zu den Mastbetrieben erfolgt in klimatisierten Fahrzeugen. Eine frühzeitige Fütterung beschleunigt die Verdauung des im Körper vorhandenen Dotters. Vor dem Transport ist deshalb nicht zu füttern, weil es sonst zum schnellen Aufzehren des Dotters kommt.

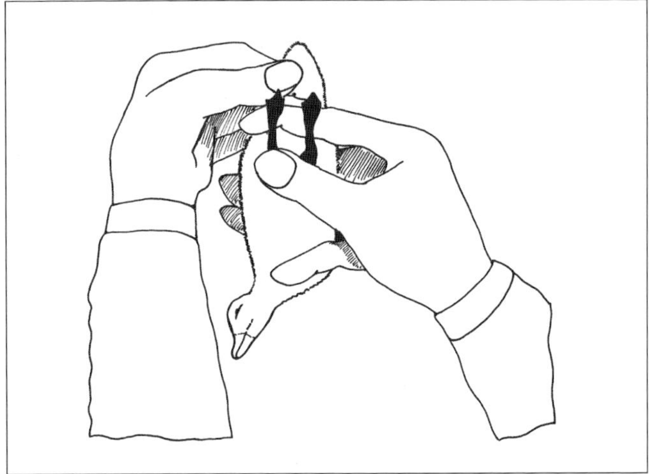

Abb. 36: Feststellen des Geschlechts bei Eintagsenten.

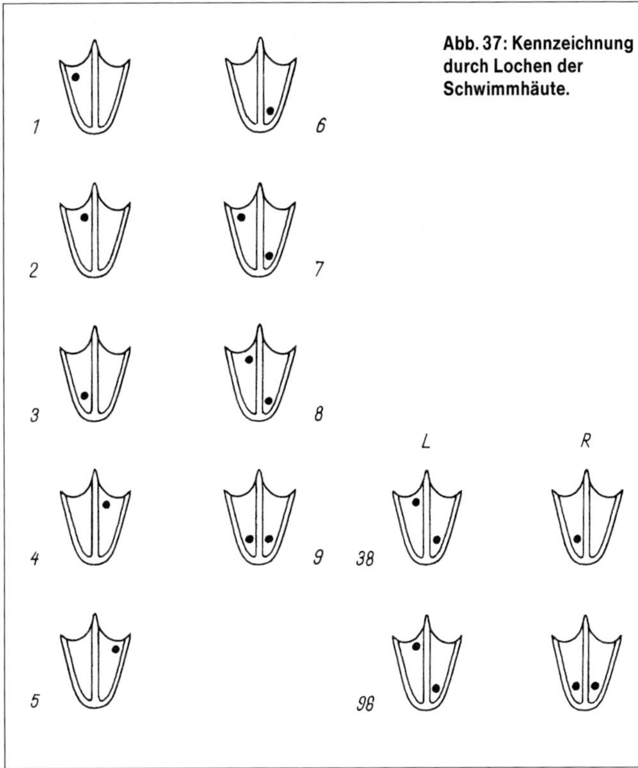

Abb. 37: Kennzeichnung durch Lochen der Schwimmhäute.

7 Haltung von Enten und Gänsen

7.1 Grundsätze der Haltung

Die hohen Anforderungen an den Organismus der Enten und Gänse verlangen Haltungsbedingungen, die sich günstig auf den Gesundheitsstatus auswirken, das genetisch vorgegebene Leistungsvermögen ausschöpfen, das Ausüben lebenswichtiger Verhaltensweisen ermöglichen und das Wohlbefinden der Tiere wahren. Das Tierschutzgesetz schreibt vor, dass das artgemäße Bewegungsbedürfnis nicht dauernd und nicht so eingeschränkt werden darf, dass dem Tier vermeidbare Schmerzen, Leiden oder Schäden zugefügt werden.

In der Natur findet die Fortpflanzung der Enten und Gänse im Frühjahr statt, wenn die Witterungsbedingungen günstig sind und die Zunahme des Tageslichtes stimulierend wirkt. Daraus folgt, dass bei ganzjähriger Produktion solche Bedingungen zu schaffen sind, die dem Frühling nahe kommen. Dementsprechend muss die Unterbringung so gestaltet werden, dass ein ausreichender Schutz gegenüber den natürlichen Elementen besteht und dass durch Lichtprogramme die erforderliche Stimulierung erfolgen kann. Weiterhin muss die ausreichende Versorgung mit frischer Luft, Trinkwasser und bedarfsgerechtem Futter und einem dem Tieralter angemessenen Klima gewährleistet werden. Die Versorgungssysteme müssen so abgesichert sein, dass Notsysteme kurzfristig die Funktion ausgefallener Systeme übernehmen oder durch Alarmgebung ein schnelles Eingreifen des Tierbetreuers möglich ist, um Schädigungen der Tiere zu vermeiden.

In der Haltung von Enten und Gänsen ist zu unterscheiden zwischen den

> Generell können bei Wassergeflügel drei Haltungssysteme unterschieden werden:
> - Haltung in einfachen Ställen oder unter Schutzdächern mit Weideauslauf mit oder ohne Zugang zu Gewässern (begrenzt auf Vegetationsperiode);
> - Haltung mit begrenztem und befestigtem Auslauf mit oder ohne Bademöglichkeit;
> - Haltung in geschlossenen Ställen ohne Auslauf (Abb. 38).

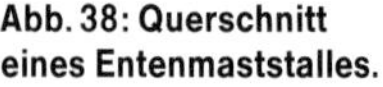
Abb. 38: Querschnitt eines Entenmaststalles.

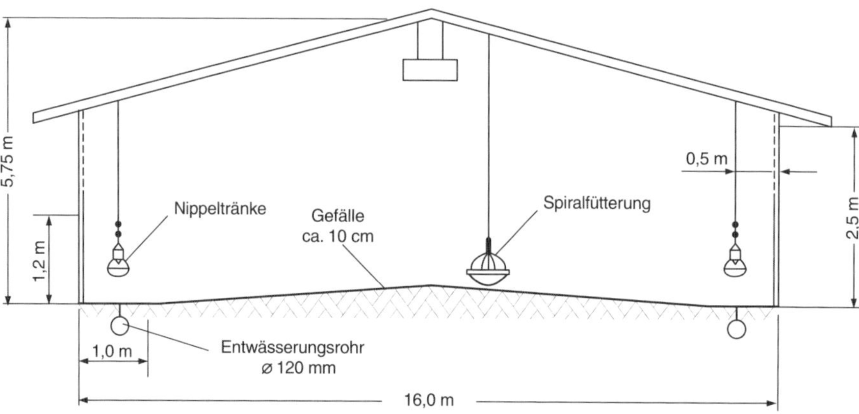

Produktionsrichtungen **Aufzucht** von Küken und Jungtieren, **Bruteiproduktion** mit Zucht- und Vermehrungs- bzw. Elterntieren und **Fleischproduktion** mit Masttieren. Jede Produktionsrichtung hat Besonderheiten.

Innerhalb dieser Haltungssysteme gibt es verschiedene Varianten in der Gestaltung des Fußbodens, der Fütterungs- und Tränkeinrichtungen, des Stallklimas einschließlich der Lichtprogramme sowie des Auslaufes mit oder ohne Weide bzw. mit oder ohne Zugang zu Gewässern.

7.1.1 Anforderungen an den Stall

Unabhängig vom Haltungssystem hat der Stall bestimmte Anforderungen zu erfüllen, wenngleich diese mit Ausnahme der ersten Lebenswochen im Vergleich zu Landgeflügel gering sind. Für Zucht- und Masttiere lassen sich Kaltbauten verwenden, die nur dem Schutz gegenüber der Witterung dienen und keine wärmedämmenden Aufgaben haben. Oft erfüllt ein dreiseitig geschlossener Stall, dessen Vorderseite mit Maschendraht versehen ist, diese Bedingungen. Warmbauten müssen für die Aufzucht errichtet werden und ein altersgerechtes Stallklima durch entsprechende Wärmedämmung gewährleisten. In jedem Fall muss der Stall zweckmäßig gebaut und eingerichtet werden, damit sich die Tiere darin wohl fühlen.

Für die Wahl des Standortes des Stalles müssen die klimatischen Verhältnisse des jeweiligen Standortes, aber auch Forderungen nach günstigen Arbeitsbedingungen für den betreuenden Menschen beachtet werden. Bei Neubau sind bestimmte Richtlinien über Gebäudemindestabstände u.a. einzuhalten und von den zuständigen Institutionen ist eine Baugenehmigung einzuholen. Anlagen mit mehr als 14 000 Mastplätzen bedürfen der Genehmigung nach dem Bundes-Immissionsschutzgesetz (LINN 2000).

Als Baugrund eignet sich am besten sandiger, wasserdurchlässiger Boden. Vorteilhaft ist es, wenn der Stall auf einem leicht geneigten Gelände errichtet wird, damit Regen- und Schmelzwasser ablaufen können. Ungünstig als Standort sind Niederungen, in denen sich häufig Nebel bilden. Bei der Standortwahl sollten auch die Hauptwindrichtung und ggf. natürlicher Windschutz (Bäume) beachtet werden. Hat der zu bauende Stall beidseitig Fenster, ist er in Nord-Süd-Richtung aufzustellen. Ställe mit einer Fensterfront werden dagegen in Ost-West-Richtung errichtet, so dass die Fenster nach Süden zeigen. Das Gleiche gilt für Ställe mit einer offenen Front.

Weitere Gesichtspunkte, die für den Standort des Stalles eine Rolle spielen, sind die Wegeverhältnisse, Anschlüsse für Wasser und Strom sowie die Möglichkeiten der Abwasserbeseitigung und der Kotlagerung. Hierfür sind das Wasserhaushaltgesetz von 1996 sowie die Düngeverordnung zu beachten.

Für die Ausbringung von Stickstoff in Form von Wirtschaftsdünger tierischen Ursprungs gelten folgende Obergrenzen:
- 210 kg/ha auf Grünland und
- 170 kg/ha auf Ackerland.

Bisher gibt es kaum Angaben zum Kotanfall bei Enten und Gänsen. In eigenen Untersuchungen wurde der Kotanfall von Pekingenten im Alter von 22–48 Tagen bei Einzelhaltung und Verfütterung eines kommerziellen Mastfutters ermittelt. Je kg Zunahme des Körpergewichts wurden 3,02 kg Futter verzehrt und 0,682 Kottrockensubstanz, 42,7 g Stickstoff und 17,2 g Phosphor ausgeschieden. Bezogen auf 1 kg verzehrtes Futter betrug die Ausscheidung an Kottrockensubstanz 225 g, an Stickstoff 14,1 g und an Phosphor 5,7 g. In der Trockensubstanz des Entenkotes waren 6,3 % Stickstoff, 2,5 % Phosphor und 2,6 % Kalium enthalten. CONSTANTINI (1987) gibt für die Trockensubstanz des Kotes von Weidemastgänsen dagegen nur einen Gehalt von 1,7 % Stickstoff, 0,5 % Phosphor und 1,7 % Kalium an.

Die tägliche Ausscheidung an Kottrockensubstanz je Gans betrug 72 g.

Für Wassergeflügel besteht oft die Möglichkeit, Altbauten zu nutzen. Dabei ist besonders darauf zu achten, dass die Anforderungen an das Stallklima eingehalten werden können. Der Stall und seine Einrichtung müssen auch Schutz vor Fressfeinden bieten und hygienische Maßnahmen zulassen. Da vor allem Pekingenten sehr schreckhaft sind, muss der Stall an einem ruhigen Ort liegen. Wellblechdächer sind ungeeignet, da die Tiere durch die Geräusche bei Regen unruhig werden. Wenn Auslaufhaltung vorgesehen ist, muss das Gelände um den Stall herum mit Gras bewachsen sein. Der Boden darf nicht feucht sein, weil feuchtes Gelände schneller mit Würmern und Kokzidien verseucht wird.

7.1.2 Bodengestaltung

In der Regel ist der Stallboden betoniert und wird mit Einstreu und oder Rostböden aus unterschiedlichem Material abgedeckt. Die Einstreu sichert die Isolierung des Bodens und nimmt Feuchtigkeit auf. Die Dicke der Einstreu beträgt bei der Einstallung der Tiere 10–15 cm. Verwendet werden Kurz- oder Häckselstroh von Roggen bzw. Weizen oder Hobelspäne. Wegen der Sperrigkeit eignet sich auch Rapsstroh sehr gut, weil es für gute Durchlüftung der Einstreu sorgt. Das ist wichtig, weil Wassergeflügel nicht scharrt wie Hühner, sondern die Einstreu bestenfalls mit dem Schnabel auflockert. Das Streumaterial muss trocken und frei von Imprägnierungsmitteln sein und darf nicht nass oder schimmlig werden. Deshalb wird täglich nachgestreut und gelockert. Für 1 000 Enten oder 500 Gänse werden täglich 50 kg Einstreu benötigt. Je Mastente beträgt der Einstreubedarf insgesamt 2,5–3,0 kg, je Zuchtente 20–30 kg und je Zuchtgans 40–60 kg. Feuchte Einstreu begünstigt die Entwicklung von Krankheitserregern, erhöht die Ammoniakbildung und stört das Wohlbefinden der Tiere durch Bindehautentzündung und Befeuchtung des Bauch- und Brustgefieders. Das Gefieder verzwirnt und wird beim mechanischen Rupfen der Schlachtkörper unzureichend entfernt. Bei Verpilzung (Schimmelbildung) wird dem Ausbruch der Aspergillose (Kolbenschimmelpilze) Vorschub geleistet. Das Feuchtwerden der Einstreu in Wassergeflügelställen wird durch den hohen Wassergehalt des Kotes von über 80 % sowie durch Spritzwasser an den Tränken begünstigt. Um Spritzwasser von der Einstreu fernzuhalten, wird das Tränkesystem über einem mit Kunststoffrosten abgedeckten Becken aufgestellt, aus dem das Abwasser abgeleitet wird.

In verschiedenen Betrieben wird der gesamte Stallboden mit Rosten abgedeckt, so dass die Tiere von ihrem Kot ferngehalten werden. Bei perforierten Böden kann es verstärkt zu Fuß- und Beinverletzungen kommen. Die Epidermis der relativ weichen Haut an den Füßen und Beinen ist nur wenig verhornt und deshalb sehr empfindlich. Abschürfungen, Quetschungen und Risse an Sprunggelenk, Lauf und Paddel ermöglichen das Eindringen von pathogenen Mikroorganismen (Staphylokokken). Um derartige Verletzungen zu vermeiden, ist kunststoffummantelter Drahtboden mit weicher, glatter Oberfläche mit den Maschenweiten von 18 mm für Enten- und Gänseküken und von 25 mm für Mast- und Zuchttiere zu verwenden. In den ersten Lebenswochen ist noch ein engmaschiges Kunststoffdrahtgeflecht aufzulegen, um ein Einklemmen der Gelenke zu verhindern.

Nachteilig ist die geringe Belastbarkeit des Drahtbodens, was ein Durchhängen zur Folge hat. Günstiger sind deshalb Kunststoffroste mit glatter Oberfläche. Stanzblechroste haben sich für Pekingenten und Gänse nicht bewährt, weil sie mit ihrer größeren Auflagefläche schnell feucht und schmutzig werden und wie Betonflächen das Gefieder in Mitleidenschaft ziehen und das

Wohlbefinden der Tiere einschränken. Auf den Stanzblechrosten wird der wasserreiche Kot verschmiert und die Tiere gleiten leicht aus und verletzen sich. Beim Liegen wird das Gefieder auf der Unterseite verschmutzt und feucht. Holzroste sind in dieser Hinsicht günstiger, allerdings auch schwer zu reinigen. Sie gewähren aber ein trockenes Gefieder und sind günstig für die Fußballen. Die Kotentfernung unter Rosten erfolgt mit Kotschieber oder nach Abbau der Roste mit dem Traktor mit Frontlader.

Im Sinne des Wohlbefindens der Enten und Gänse müssen perforierte Böden griffig und rutschfest sein und eine ungehinderte Fortbewegung der Tiere, aber auch Begehbarkeit für den Betreuer gewährleisten. Sie dürfen nicht zu Verletzungen der Tiere führen und nur in geringem Maße eine Verschmutzung des Gefieders zulassen.

Bei einstreuloser Haltung sind Beschäftigungsmöglichkeiten, wie Stroh oder Gras in Körben sowie herabhängende Plastikbänder oder Ketten anzubieten. Gelegentlich werden bei Haltung auf perforiertem Boden Beinschäden in Form nach außen verdrehter Beine (Spreizer) beobachtet, insbesondere bei schweren Tieren. Deshalb sollten perforierte Böden auf den Bereich der Tränke begrenzt bleiben.

Häufig wird die Wassergeflügelhaltung mit begrenzten Ausläufen, die betoniert sind, betrieben. Die Befestigung der Ausläufe soll ein Verschlammen des Bodens in unmittelbarer Stallnähe verhindern. Besser ist es, die Betonflächen mit Kunststoffrosten oder mit Stroh abzudecken. Gegenüber einfachen Betonflächen wirken sich Rostböden oder Stroh günstig auf das Wachstum und das Gefieder aus, was sich in einer besseren Schlachtkörperqualität niederschlägt.

7.1.3 Besatzdichte

Aus der unterschiedlichen Bodengestaltung ergibt sich die Möglichkeit, die Besatzdichte zu variieren. Sie wird als Anzahl Tiere je m^2 oder besonders in der Mast in kg je m^2 angegeben. Die Besatzdichte berücksichtigt die Produktion von Wärme, Wasserdampf und Schadgasen, die mit zunehmender Körpermasse ansteigt.

Die empfohlene Besatzdichte ist in Tabelle 7.1 für Haltung auf Tiefstreu oder Rosten zusammengestellt. Wird ausreichend Auslauf gewährt, kann die Besatzdichte im Stall verdoppelt werden.

Aus den Vermarktungsnormen der EU (Verordnung Nr. 1538/91) für besondere Haltungsverfahren ergeben sich folgende Besatzdichten für die Stallfläche sowie für vorwiegend begrünten Auslauf:

Extensive Bodenhaltung
Besatzdichte je m^2 Stallbodenfläche: Max. 25 kg Ente oder 15 kg Gans; Mindestschlachtalter: 49 Tage bei Pekingenten und Gänsen, 70 Tage für weibl. und 84 Tage für männl. Barbarieenten, 65 Tage für Mulardenten.

Tab. 7.1. Empfohlene Stallbodenfläche (Tiere/m^2) in Aufzucht, Mast und Reproduktion

Alter	Bodengestaltung	Pekingente	Moschusente	Mularde	Gans
1. Woche	Tiefstreu, Rosten	50	50	50	25
2.–3. Woche	Tiefstreu	10	15	15	10
2.–3. Woche	Rosten	15	20	20	15
4. Woche bis	Tiefstreu	5	7 (5 m.; 9 w.)	7	3
Mastende	Rosten	–	10 (7 m.;13 w.)	10	5
Jungtiere	Tiefstreu	3	5		2
	Rosten	–	7		4
Zuchttiere	Tiefstreu	2–3	2–3		1,5
	Rosten	–	3–4		2,5

Auslaufhaltung
Besatzdichte und Mindestschlachtalter wie vor.
Während der Hälfte der Lebenszeit bei Tag ständigen Zugang zu vorwiegend begrünten Freiland-Ausläufen, 2 m^2 je Ente und 4 m^2 je Gans.
Bäuerliche Auslaufhaltung
Besatzdichte je m^2 Stallbodenfläche:
- 8 männl. Barberie- oder Pekingenten, aber max. 35 kg,
- 10 weibl. Barberie- oder Pekingenten, aber max. 25 kg,
- 8 Mulardenten, aber max. 35 kg,
- 5 Gänse, aber max. 30 kg.

Mindestens ab dem Alter von 8 Wochen bei Tag ständiger Zugang zu Freilandausläufen aus einer vorwiegend begrünten Fläche mit 2 m^2 für Barberie- und Pekingenten, 3 m^2 für Mulardenten und 10 m^2 für Gänse.

Das Schlachtalter beträgt mindestens:
- 49 Tage bei Pekingenten,
- 92 Tage bei Mulardenten,
- 70 Tage bei weiblichen und 84 Tage bei männlichen Barberieenten,
- 140 Tage bei Bratgänsen.

Die Nutzfläche der Ställe der einzelnen Produktionsstätten darf 1 600 m^2 nicht überschreiten. Die einzelnen Ställe dürfen nicht mehr als 3 200 männliche Barberie- und Pekingenten oder Mulardenten, nicht mehr als 4 000 weibliche Barberie- oder Pekingenten bzw. nicht mehr als 2 500 Gänse enthalten.

Die bäuerliche Freilandhaltung entspricht den Kriterien der bäuerlichen Auslaufhaltung, muss aber bei Tage unbegrenzten Auslauf gewähren.

Die Bemessung von 2 m^2 vorwiegend begrüntem Auslauf je Mastente oder 4 m^2 je Mastgans in der Auslaufhaltung kann sich nur auf einen Mastdurchgang oder stundenweise Nutzung beziehen, da andernfalls der Eintrag von Stickstoff (N) und Phosphor (P) deutlich über der zulässigen Norm liegt.

7.1.4 Gruppengröße

In der Entenmast liegt die optimale Gruppengröße bis zum 21. Lebenstag zwischen 70 und 120 Tieren. Bei älteren Mastenten spielt die Gruppengröße eine geringere Rolle. Für Zuchtenten werden Herdengrößen von 200–400 Tieren empfohlen. Die optimalen Gruppengrößen sind bei Gänsen wesentlich niedriger. Sie liegen bei Mastgänsen zwischen 50 und 100 und bei Zuchtgänsen zwischen 20 und 50. In der Regel sind die Herden in der Enten- und Gänsehaltung wesentlich größer. Die negative Wirkung der Haltung in großen Herden hängt offensichtlich mit laufenden Rangstreitigkeiten zusammen. Größere Herden erschweren auch die Übersicht für den Betreuer. Eine Unterteilung der Ställe oder der Ausläufe ist für Wassergeflügel ohne großen Aufwand möglich, da Zäune von 60–80 cm Höhe ausreichen.

7.1.5 Einrichtungsgegenstände

Die Aufteilung der Einrichtungsgegenstände in den Ställen erfolgt nach den Funktionen, d. h. die Plätze für Fütterung, Tränke und Eiablage werden innerhalb jedes Stalles oder Abteils räumlich getrennt. Bei Auslaufhaltung dient der Stall ausschließlich als Lege- und Ruheraum. Fütterung und Tränke werden weitgehend in den Auslauf verlegt.

Tab. 7.2. Auswirkungen der Troggestaltung auf die Futtervergeudung bei Enten (Reiter 1991)

Merkmal	Pekingenten, 1.–8. Woche		Moschusenten, 1.–11. Woche	
Troggestaltung	üblich	neu	üblich	neu
Körpergewicht (g)	2484	2455	2589	2611
Futterverluste (g)	407	49	689	60
Futterverluste (%)	5,0	0,6	7,2	0,7
Futteraufwand(kg)	3,33	3,14	3,71	3,39

7.1.5.1 Fütterungs- und Tränkeinrichtungen

Pelletiertes Mischfutter wird als Alleinfutter oder Konzentrat in Futterautomaten angeboten, wobei folgende Troglängen je Tier empfohlen werden:
- 1.–3. Lebenswoche: 1–1,5 cm
- 4.–8. Lebenswoche: 2–3 cm
- ab 9. Lebenswoche: 4 cm.

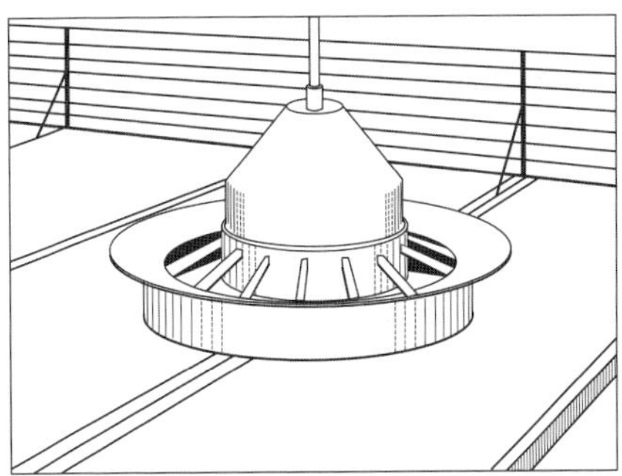

Abb. 39: Rundautomat mit aufgesetztem Trogrand zur Einschränkung der Futtervergeudung.

Diese relativ kurzen Trogabmessungen sind in der schnellen Aufnahme großer Futtermengen begründet. In kurzer Zeit werden große Mengen an Pellets aufgenommen, so dass bei geringer Futtertroglänge keine Leistungsdepressionen auftreten.

Der typischen, nach vorn gerichteten schaufelartigen Greifbewegung bei der Futteraufnahme muss die Form der Futtertröge angepasst werden (Abb. 39 und Abb 22, S. 63). Wie sich solche Troggestaltung auswirkt, zeigt Tabelle 7.2. Bei der neuen Troggestaltung steigt die Trogkante im Winkel von 30° an und wird so weit wie möglich unter die Brust geführt. Aus dem Schnabel fallendes Futter fällt auf die Trogkante und rutscht in den Trog zurück. Bei Futterautomaten, die im Auslauf aufgestellt werden, sind Vorrichtungen für den Schutz gegen Regenwasser anzubringen (Abb. 40).

Als Tränken werden für Wassergeflügel Rinnen mit U-förmigem Querschnitt mit ständigem Wasserdurchlauf, Ventilrundtränken und neuerdings auch Nippeltränken verwendet. Letztere gewähren Trinkwasserqualität und verursachen die geringsten Wasserverluste, erfüllen aber nicht die Forderung, dass bei der Wasseraufnahme Nasenlöcher und Augen eingetaucht werden können. Bei hoher Umgebungstemperatur reicht die Wasserversorgung mit Nippeltränken nicht aus. Günstiger sind aus diesem Grund aufgesetzte Trinkbecher mit einer genügenden Tiefe und Breite, so dass der Schnabel eingetaucht werden kann. Rinnentränken für Entenküken und Gössel haben eine Wassertiefe von 4 cm und für ältere Mast- und Zuchttiere von 8 cm, damit die Augen benetzt und die Nasenlöcher durchspült werden können. Beim direkten Trinken wird der Schnabel nur wenige Millimeter eingetaucht. Um die Wasservergeudung in Form von Spritzwasser einzudämmen, müssen die Tränken in Anpassung an die Tiergröße

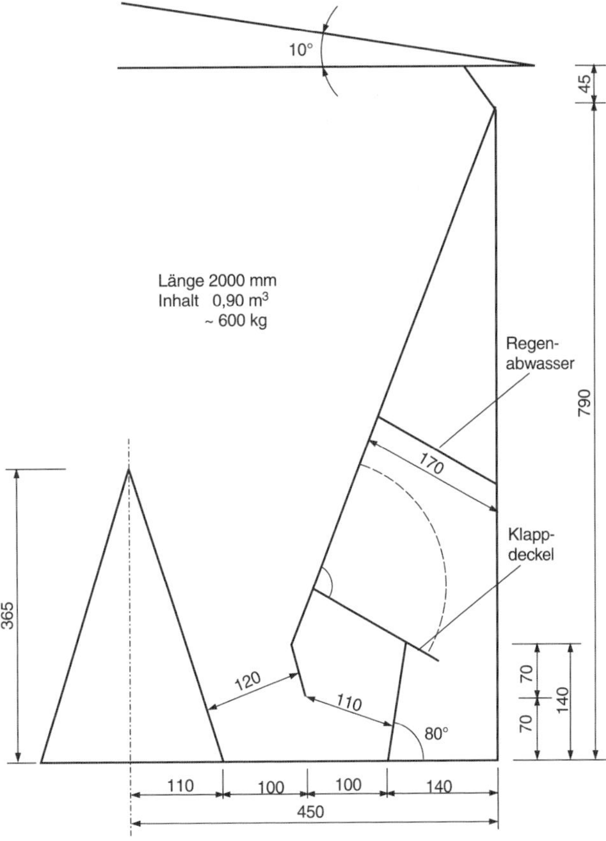

Abb. 40: Prinzipskizze eines Futterautomaten für Auslaufhaltung.

Tab. 7.3. Auswirkung der Veränderung der Tröge von Ventilrundtränken (Reiter 1991)

Merkmal	Pekingenten, 1.–8. Woche		Moschusenten, 1.–11. Woche	
Tränkengestaltung	üblich	neu	üblich	neu
Wasserverbrauch (l/Tier)	39,9	33,8	27,8	26,1
Wasserverlust (l/Tier)	5,8	0,8	1,9	0,2
Wasserverlust (%)	14,5	2,4	6,8	0,9

höhenverstellbar sein. Die Oberkante der Tränkerinne sollte sich in Rückenhöhe der Tiere befinden. Wichtig ist jedoch auch die Form der Tränkrinne. Durch Veränderung der Rinne an Ventilrundtränken gelang es Reiter (1991), die Wasservergeudung erheblich einzuschränken (Tab. 7.3). Die Tränkkante wird ähnlich wie beim Futtertrog weit unter die Brust der Ente geführt (siehe Abb. 23, Seite 64). Besonders bei Pekingenten wird ohne die Veränderung des Tränktroges viel Wasser vergeudet. Ohne das typische Trinkverhalten der Enten zu beeinflussen, gelingt es, Wasserverbrauch und -vergeudung zu verringern. Dennoch sollten Rinnen- und Ventilrundtränken über einem mit Rosten abgedeckten Auffangbecken angebracht werden. Auch geringe Spritzwassermengen befeuchten sonst die Einstreu mit negativen Auswirkungen auf die Tiere.

Im Zusammenhang mit den Tränken ergibt sich die Frage, ob es notwendig ist, bei Intensiv- und Semi-Intensivhaltung Badegelegenheiten zu gewähren. Die Erfahrungen der Praxis zeigen, dass das Fehlen von Schwimm- oder Badegelegenheiten ohne Folgen für Wachstum, Fortpflanzung und Gesundheit bleibt. Dessen ungeachtet hat Wassergeflügel, insbesondere Pekingenten, eine ausgeprägte Affinität zum Wasser und verfügt über eine gute Schwimmfähigkeit. Die typischen Bewegungsabläufe bzw. das Verhaltensrepertoire bei der Futter- und Wasseraufnahme, bei der Gefiederpflege und bei der Paarung auf dem Wasser sind aber auch auf dem Lande zu beobachten und nicht an das Vorhandensein von Wasser gebunden (siehe Seite 66, Verhalten). Bei Haltung ohne Wasser kommt es zum Trockenbaden, allerdings sondert die Bürzeldrüse weniger Sekret ab, so dass die Tiere das Gefieder nicht so stark einfetten wie bei Haltung mit Wasserauslauf. Es verschmutzt leichter und wird spröde. Bei Landauslauf kommt es bei Regen zu intensiver Gefiederpflege mit ähnlichem Effekt wie beim Baden. In betonierten Baderinnen wird schon in kürzester Zeit das Badewasser in einem hohen Maße verschmutzt und zu einem hygienischen Risiko. Auch durch gesondertes Anbieten von Wasser mit Trinkwasserqualität lässt es sich nicht verhindern, dass die Tiere Schmutzwasser aufnehmen. Ein Kompromiss könnten über mit Kunststoffrosten abgedeckten Abwasserbecken angebrachte Duschen sein, die zeitlich begrenzt eingeschaltet werden und das Befeuchten des Gefieders ermöglichen.

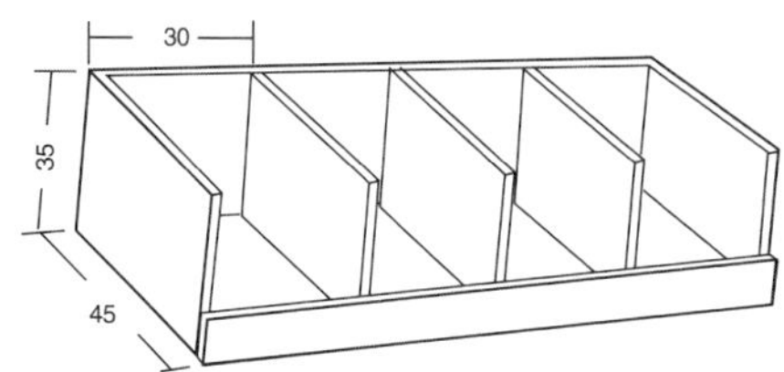

Abb. 41: Offene Legenester für Enten.

7.1.5.2 Nestgestaltung

Zur Einrichtung von Zucht- und Elterntierställen gehören Nester, die dem Eiablageverhalten entsprechen. Um saubere, unbeschädigte Bruteier zu gewinnen, sollten einfache Nestboxen in langen Reihen an den Stallwänden oder Abteilbegrenzungen in Einstreuhöhe aufgestellt werden (Abb. 41). Diese sind für Enten 30-40 cm breit, 45-50 cm tief und

30-40 cm hoch. Für Gänse sind sie 45-55 cm breit und ebenso tief. In Präferenztests haben Moschusenten abgedeckte Nester bevorzugt, weil sie den natürlichen Gegebenheiten näherkommen. Als Nesteinstreu dienen Stroh oder Hobelspäne. Tägliches Nachstreuen begünstigt die Gewinnung sauberer Eier.

Wegen der hohen Legeintensität in den frühen Morgenstunden ist ein Nest für drei Enten bereitzustellen. Bei Gänsen reicht ein Nest für fünf Elterntiere, weil sich die Legetätigkeit bis in die Nachmittagsstunden hinein erstreckt. Bei Zuchttieren muss für jedes Tier ein verschließbares Nest zur Verfügung stehen, um die Herkunft der gelegten Eier bestimmen zu können (Abb. 42).

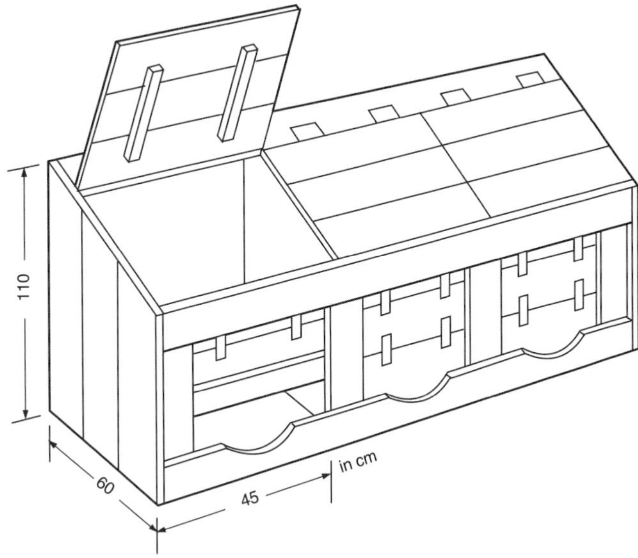

Abb. 42: Fallnester für Enten.

7.1.6 Klimaansprüche

Das Stallklima hat eine große Bedeutung für Wohlbefinden, Vitalität und Leistungsvermögen der Tiere. Gegenüber niedrigen Temperaturen sind Enten und Gänse nicht so empfindlich wie gegen Überhitzung. Warme und stickige Luft hat geringe Vitalität, niedriges Wachstumstempo und mangelhafte Gefiederbildung zur Folge. Die hohe Empfindlichkeit gegen Überhitzung hängt mit dem Fehlen von Schweißdrüsen zusammen, was die Wärmeabgabe erschwert.

Die noch unterentwickelte Fähigkeit zur Thermoregulation nach dem Schlupf macht es erforderlich, die Umgebungstemperatur in den ersten Lebenstagen in optimalen Grenzen zu halten. Bis zum Alter von 10–14 Tagen erreichen Pekingenten und Gänse fast völlige Isothermie. Moschusenten erreichen diese Fähigkeit erst in einem etwas höheren Alter. Der biologisch optimalen Temperatur entsprechen die Empfehlungen für die Temperatur im Bereich der Küken sowie im Stallraum (Tab. 7.4). Moschusentenküken stellen deutlich höhere Anforderungen an die Temperatur als Pekingentenküken und Gössel.

Dem Wohlbefinden und der Entwicklung der Thermoregulation der Entenküken ist es förderlich, wenn im Stall Zonen mit unterschiedlichen Temperaturen anzutreffen sind. Beim Ruhen suchen die Tiere eine Temperatur im Bereich der thermisch neutralen Zone, bei der Futteraufnahme und anderen Aktivitäten eine Temperatur im Bereich der biologisch optimalen Temperatur auf.

Tab.7.4. Stalltemperaturen für die Aufzucht von Enten und Gänsen in °C

Tag	Unter Wärmequelle			Raumtemperatur
	Pekingenten	Moschusenten	Gänse	
1.–3.	30	35	35	24
4.–7.	28	32	30	22
8.–14.	26–21	30	25	20
15.–21.	18–15	28–24	20	18
22.–28.	15	22–20	18	18

Tab. 7.5. Gasaustausch und Wärmeproduktion bei Enten je kg Körpergewicht und Stunde (Seljanski 1966)

Alter in Tagen	Sauerstoffverbrauch (l)	Kohlendioxidabgabe (l)	Wärmeproduktion (kJ)
1–5	4,7	3,1	92
6–10	2,7	2,9	56
11–20	2,6	2,8	52
30	2,4	2,1	55
50	1,1	1,2	22
90	0,9	0,6	18
150	0,5	0,6	10

Die direkte Heizung begrenzter Flächen mit Schirmglucken oder Heizstrahlern ist, auch aus der Sicht der sparsamen Energieausnutzung, deshalb am günstigsten. Bei Temperaturen über 28 °C beginnen Pekingenten zu keuchen. Wenn sie eine Schwimm- oder Badegelegenheit haben, kommt es über ein hochentwickeltes arteriovenöses Wärmeaustauschsystem in Schnabel, Beinen und Füßen zur Abkühlung. Moschus- und Mulardenten werden weniger stark durch hohe Temperaturen belastet als Pekingenten. Nach der 4. Lebenswoche ist eine Temperatur zwischen 5 °C und 20 °C am günstigsten.

Wassergeflügel hat einen intensiven Stoffwechsel. Pekingenten im Alter von 10–20 Tagen verbrauchen je kg Körpergewicht und Stunde 2,6 l Sauerstoff (O_2) und scheiden 2,8 l Kohlendioxyd (CO_2) sowie 20–25 g Wasser (H_2O) aus, davon etwa 40–60 % über den Atem und 30–40 % mit Kot und Harn (Seljansky 1966) (Tab. 7.5). Durch Zersetzung des Kotes entstehen weiterhin Schadgase, wie Ammoniak und Schwefelwasserstoff. Schlechtes Stallklima bewirkt bei den Tieren Stoffwechselstörungen, Schwächung des Organismus und Rückgang der Leistung. Trotz der vergleichsweise geringen Besatzdichte im Stall ist demzufolge ein ausreichender Luftwechsel (bis zu 6 m^3/kg Körpergewicht/h) zu ermöglichen. Besonders bei niedrigen Außentemperaturen ist auf ausreichende Trockenheit im Stall zu achten, da sonst Einstreu und Gefieder feucht werden.

Da der Wassergehalt im frischen Kot mit 85–90 % sehr hoch ist und auch über die Atemluft Wasserdampf abgegeben wird, kommt es sehr schnell zu einem hohen Feuchtigkeitsgehalt der Stallluft, wenn kein ausreichender Luftaustausch erfolgt. Der Wasserdampfüberschuss schlägt sich an den Wänden, der Streu und den Federn der Tiere nieder. Das Gefieder verliert auf diese Weise die Isolationseigenschaften und leitet die Wärme ab, was einen höheren Energieverbrauch zur Aufrechterhaltung der Körperwärme zur Folge hat. Hohe Luftfeuchtigkeit wirkt besonders negativ bei zu hoher und zu niedriger Raumtemperatur. Die Lüftung muss sich vor allem nach der zu entfernenden Wasserdampfmenge richten.

In einer zu feuchten Streu kommt es zu schnellerer Zersetzung des Kotes, was die Entstehung von Ammoniak und anderen Schadgasen beschleunigt. Da Ammoniak wasserlöslich ist, verteilt sich dieses Schadgas sehr stark in feuchter Luft und führt zur Reizung der Schleimhäute. Die zulässige Konzentration an Schadgasen im Stall beläuft sich auf 0,2 % Kohlendioxid, 0,01 mg Ammoniak und 0,005 mg Schwefelwasserstoff je Liter Luft.

Auch eine zu geringe Luftfeuchtigkeit kann nachteilig sein. Das Gefieder wird struppig und die Haut trocken und spröde, was zu Untugenden wie Federfressen und Kannibalismus anregt. Bei trockener Luft kommt es zu verstärkter Staubbildung. Da verschiedene Krankheitserreger vornehmlich an Staubpartikeln gebunden sind, stellt ein hoher Staubgehalt eine erhöhte Infektionsgefahr dar. Bei der Reinigung des Stalles ist deshalb auf die Beseitigung von Staubablagerungen zu achten.

In kleinen Ställen mit Ausläufen mag Schwerkraftlüftung ausreichen. In großen geschlossenen Ställen sind Lüftungsanlagen mit mehrstufigen Ventilatoren zu verwenden, um die Frischluftzufuhr zwischen 1 und 6 m^3 je kg Lebendmasse und Stunde variieren zu können. Bei niedrigen Außentemperaturen muss die Lüftungsrate gesenkt werden, damit die Stallluft nicht zu stark abkühlt. In den warmen Sommermonaten ist die Lüftungsrate zu erhöhen. Unabhängig vom Lüftungssystem muss eine gleichmäßige Durchlüftung des Stalles gewährleistet werden, ohne dass Zugluft auftritt.

Hinsichtlich des Lichtes reagieren Enten und vor allem Gänse anders als Hühner. Bei starker Verlängerung des Lichttages kommt es bei Jungtieren zur Verzögerung der Legereife bzw. bei legenden Tieren zur Einstellung der Legetätigkeit. Dies ist auf die Refraktärphase zurückzuführen. Generell sollte der Lichttag bei Peking- und Moschusenten nicht länger als 14 Stunden und bei Gänsen nicht länger als 10 Stunden dauern. Dies ist allerdings nur in geschlossenen fensterlosen Ställen realisierbar. In Ställen mit Fenstern und Einfall von natürlichem Tageslicht ist die Tageslichtperiodik zu beachten. Dabei ist der Grundsatz einzuhalten, dass während der Aufzucht bis zur Stimulierung der Legetätigkeit der Lichttag nicht länger und nach Legebeginn der Lichttag nicht kürzer werden darf. Diesem Prinzip wird in der folgenden Tabelle am Beispiel von drei Schlupfterminen bei Pekingenten Rechnung getragen. Für Moschusenten, die über 3–4 Legeperioden genutzt werden, gelten die gleichen Richtlinien. Stehen Dunkelställe zur Verfügung, sollte der Lichttag für Peking- und Moschusenten auf 12–14 Stunden und für Gänse auf 10 Stunden begrenzt werden. Während der Aufzucht ist der Lichttag auf 6 Stunden, zumindest in den letzten 6 Wochen vor Legebeginn, einzustellen. In der modernen Gänsezucht werden Lichtprogramme mit einem 8- bis 10-stündigen Lichttag angewendet, da sie eine längere Legepersistenz von über

Tab. 7.6. Lichtprogramme für Pekingenten mit Kombination des Natur- (in Klammern Stunden von Sonnenaufgang bis -untergang) und Kunstlichtes bei unterschiedlichen Schlupfterminen

Schlupfmonat Vierwochen abschnitte	Februar	Juni	Oktober
1	23>16 (11.10)	23> Naturlicht (16.36)	23>12 (11.08)
2	16,30 (12.36)	Naturlicht (16.05)	12 (9.25)
3	16,30 (14.23)	Naturlicht (14.42)	12 (8.08)
4	16,30 (15.54)	Naturlicht (12.57)	12 (7.57)
5	Naturlicht (16.36)	Naturlicht (11.08)	12 (9.05)
6	17, Stimulation, (16.05)	14, Stimulation, (9.25)	12, Stimulation, (10.46)
7	17, Legebeg., (14.42)	14, Legebeg., (8.08)	Naturlicht, Legebeg.,(12,36)
8	17 (12.57)	14 (7.57)	Naturlicht (14.23)
9	17 (11.08)	14 (9.05)	Naturlicht (15.54)
10	17 (9.02)	14 (10.46)	17 (16.36)
11	17 (7.58)	14 (12.36)	17 (16.05)
12	17 (8.09)	Naturlicht (14.23)	17 (14.42)
13	17 (9.27)	Naturlicht (15.54)	17 (12.57)
14	17 (11.13)	17 (16.36)	17 (11.08)
15	17 (13.04)	17 (16.05)	17 (9.02)
16	17 (14.48)	17 (14.42)	17 (7.58)

6 Monaten bewirken. Gegenüber dem natürlichen Lichttag und Lichttagen von mehr als 12 Stunden werden je Legeperiode bis zu 30 % mehr Eier gelegt. Lichtintensität und -qualität spielen eine untergeordnete Rolle, können aber aus Gründen der Energieeinsparung bedeutsam sein.

In der Aufzucht und Mast ist in den ersten Lebenstagen der natürliche Lichttag durch Zusatzbeleuchtung auf 23 Stunden zu erhöhen. Wenn die Tiere sich nach einigen Tagen an die Futter- und Tränkeinrichtungen gewöhnt haben, kann die Zusatzbeleuchtung allmählich eingestellt werden. Da die Enten und Gänse sehr schreckhaft sind und bei absoluter Dunkelheit im Kreise herumrennen oder sich in die Ecken drücken, ist während der Nacht ein schwaches Dämmerlicht zu installieren, das den Tieren die Orientierung ermöglicht. Die Stallecken sollten vorbeugend abgerundet sein. Als dämmerungsaktive Tiere nehmen Enten und Gänse auch nachts Futter und Wasser auf.

7.1.7 Weideauslauf

Haltung mit Landauslauf mit oder ohne Zugang zu Gewässern ist bei Wassergeflügel relativ häufig anzutreffen. Die Gestaltung des Land- und Wasserauslaufes bedarf daher einer gesonderten Betrachtung.

Generell gewährt Auslauf den Tieren reichlich Bewegung an frischer Luft und Sonne, was sich günstig auf den Gesundheitszustand der Tiere auswirkt. Etwaige Mängel in der Futterration können durch Aufnahme von Gras und tierischen Kleinlebewesen im Auslauf ausgeglichen werden. Bei einer bedarfsgerechten Fütterung mit Mischfutter verliert dieser Faktor allerdings an Bedeutung. Außerdem ist die Auslaufhaltung mehr oder weniger auf die Vegetationsperiode begrenzt.

Dank des hohen Futteraufnahmevermögens bieten Weiden mit einem guten Grasbewuchs die Möglichkeit, Konzentratfutter einzusparen. So berichtet MÜLLER (1963), dass Schnellmastgänse mit unbegrenztem Weideauslauf 1,0–1,5 kg Mischfutter je kg Gewichtszunahme weniger verbrauchen als Gänse mit unbewachsenem Sandauslauf. Insgesamt werden bei einer 6-wöchigen Mast mit guter Weide 4–6 kg Mischfutter gespart. Bei Moschus- und Mulardenten ist ebenfalls eine erhebliche Einsparung an Konzentratfutter möglich, wenn ein grasbewachsener Auslauf zur Verfügung steht. KNUST (1995) beobachtete bei Mulardenten eine Einsparung von 0,8 kg Konzentratfutter je kg Zuwachs bei Weidehaltung von der 4.–12. Lebenswoche. Bei Pekingenten ist der Spareffekt wegen der kurzen Mastdauer und der damit verbundenen geringen Grünfutteraufnahme niedriger and macht nur 0,25 kg Mischfutter je kg Zuwachs aus. Enten nehmen neben Gras auch noch erhebliche Mengen an Würmern, Schnecken und Insekten auf. Landwirtschaftliches Gelände, das von Nacktschnecken (Zwischenträger des Hühnerbandwurms) oder von der Leberegelschnecke (Zwischenwirt des großen Leberegels der Wiederkäuer) befallen ist, wird von Enten in kurzer Zeit gesäubert. Die Ente ist unermüdlich im Suchen nach Käfern, Regenwürmern, Schnecken, Engerlingen, Raupen u.a. Nach dem Abtreiben der Enten von Ausläufen erhalten diese einen saftigen, tiefgrünen Rasen.

Die Nutzung von Grünland als Weide für Wassergeflügel bietet sich vor allem in der Zuchtruhe, der Jungtieraufzucht und der verlängerten Mast an. Positiv ist infolge des geringen Körpergewichts und der großen Füße der geringe Bodendruck, so dass auch noch relativ feuchte Standorte genutzt werden können. Günstiger sind aber leichte Böden, da sie schneller trocknen und weniger verschlammen. Die Aufnahme von Grünfutter beim Weidegang kommt besonders dem Futteraufnahmeverhalten der Gänse entgegen. Problematisch ist der tiefe Verbiss. Es werden nicht nur die Bestockungsknollen oberhalb des Bodens, sondern auch die Kriechtriebe aus den oberen Bodenschichten herausgerissen. Bei zu hoher Besatzdichte oder bei ständiger Beweidung (Standweide) kommt es zur Zerstörung der Grasnarbe. Bevorzugt werden weiche Gräser (Weidelgras, Wiesenrispe) und Weiß-Klee. Gemieden werden Gänsefingerkraut, Ampfer, Malve und Knöterich. In Ausläufen mit starkem Gänsebesatz werden durch den Kot manche Pflanzen verätzt und andere durch den tiefen Verbiss geschädigt, so dass sich die Zusammensetzung der Grasnarbe ändert. Es breitet sich die niedrige Einjährige Rispe aus, deren Weidewert nur gering ist. Golze (1994) berichtet, dass bei 100 Gänsen je ha und 5-jähriger Nutzung als Standweide der Gräserbestand von 85 % auf 15 % zurückging. Im Gegensatz dazu hat eine 40-jährige Nutzung als Umtriebsweide mit 6 Koppeln und teilweiser Nachmahd bei 80 Gänsen je ha zu keiner Veränderung der Grasnarbe geführt.

Der Weidewert der Ausläufe ist jahreszeitlich unterschiedlich. Am höchsten ist der Wert im Frühjahr und verringert sich bis zum Herbst. Auf Ausläufen, die nur wenig grasbewachsen sind, steht die Menge des aufgenommenn Futters in keinem Verhältnis zur verbrauchten Energie für die Bewegung. Da die Grasnarbe bei ständiger Beweidung leidet, sind die Ausläufe im Wechsel zu nutzen, ggf. sogar als Portionsweiden, bei der alle 3–4 Tage eine neue Fläche zugemessen wird. Überständige und verschmähte Pflanzen sowie Geilstellen sind nachzumähen. Die Höhe des Weidegrases sollte 15 cm nicht überschreiten.

Die Besatzdichte des Auslaufes richtet sich nach seiner Futterwüchsigkeit, Beschaffenheit sowie nach der Art und Weise der Nutzung einschließlich dem Umfang des Zufutters. Als grobe Orientierung ist eine Auslauf- oder Weidefläche je Mastente von 10–20 m^2, je Mastgans von 40–100 m^2, je Zuchtente von 20–50 m^2 und je Zuchtgans von 100–200 m^2 zu veranschlagen. Bei Portions- oder Umtriebsweide ist ein täglicher Flächenbedarf von 0,5–1,0 m^2 je Gans zu Grunde zu legen. Die Form des Auslaufes sollte quadratisch oder breit rechteckig sein.

Bei Gewährung des Auslaufes sind die Witterungsbedingungen zu beachten. Die Temperatur sollte nicht unter 8–10 °C abfallen und der Auslauf muss trocken sein. Da besonders junge Enten und Gänse empfindlich gegen Hitze sind, ist für Schattenspender im Auslauf zu sorgen. Zweckmäßig sind Obstbäume, Gebüsch oder Sträucher, zumindest ein Unterstand oder ein Schattendach. Die Futtertröge oder -automaten sind zu überdachen, damit das Futter nicht durch Regenwasser feucht wird.

Wichtig ist eine sachkundige Pflege des Auslaufes, um die Gefahr der Aufnahme von Krankheitserregern so gering wie möglich zu halten. Im Herbst ist eine Düngung mit feinverteilter Komposterde angebracht. Eine Kalkdüngung ist alle zwei bis drei Jahre mit etwa 10 t Branntkalk je ha vorzunehmen, um die Säuren im Boden zu binden. Wenn sich im Frühjahr die Grasnarbe gehoben hat, muss der Auslauf gewalzt werden, damit ein dichter Grasbestand gesichert wird. Ist die Grasnarbe verfilzt oder vermoost, ist der Auslauf zu eggen. Vor dem Stall ist der verkrustete Kot zu entfernen.

Nachteilig kann bei Weidehaltung die Raubtierplage werden. Füchse und Marder sind große Feinde der Enten und Gänse. Ratten und auch Wasserratten können bei Jungtieren großen Schaden anrichten, desgleichen Greifvögel. Zum Schutz vor Raubwild ist die gesamte Auslauffläche mit einem 1,5 m hohen Zaun einzugrenzen. Für die Eingrenzung der jeweiligen Weidefläche bei Umtriebs- oder Portionsweide reicht ein 60–70 cm hoher, versetzbarer Zaun. Hierfür ist auch der Elektroweidezaun gut geeignet, dessen unterer Draht 20 cm über dem Boden angebracht sein muss.

7.1.8 Wasserauslauf

Als Wasserauslauf für Enten und Gänse kommen Fischteiche und flachgründige Seen in Frage. Die Haltung von Enten auf fischereilich genutzten Gewässern, insbesondere Karpfenteichen, kann bei richtiger Bewirtschaftung zu ökonomischen Vorteilen führen. Die Steigerung des Karpfenertrages durch die Kombination der Enten- mit der Karpfenproduktion wurde schon zu Beginn des 20. Jahrhunderts von dem Landwirt Weller nachgewiesen.

Die Haltung von Mastenten in Kombination mit der Teichwirtschaft war in den 60er und 70er Jahren in Ostdeutschland sehr verbreitet. Die Binnenfischerei Peitz bei Cottbus besetzte 1957 einen 15 ha großen Teich erstmalig mit Mastenten. In den Jahren 1951–1956 war ein Durchschnittsertrag von 6 342,10 Mark fischereilicher Reingewinn erzielt worden. Nach Beginn der Entenhaltung stieg 1957 der Reingewinn schon auf 11 046,– Mark und 1958 auf 22 100,– Mark.

Nach VARADI (1995) bringt die Mast von Enten auf Fischteichen eine zusätzliche Fischmasse von 400–700 kg/ha. Andererseits können auch die Enten im Fischteich zusätzliche Nahrung finden, wie Kaulquappen, Insekten und Wasserkräuter, müssen jedoch eine Grundversorgung mit pelletiertem Mischfutter erhalten. Die erhöhten Fischerträge können auf folgende Faktoren zurückgeführt werden:

- Durch die organische Düngung mit Entenkot wird die Naturnahrung (Plankton) stark vermehrt, so dass die Karpfen mehr Nahrung finden.
- Die Futterreste von Entenfutter, die beim Schnattern im Wasser aus dem Schnabel fallen, werden von den Karpfen aufgenommen.
- Durch das Gründeln werden flache und verwachsene Teichpartien entlandet und der fischereilichen Nutzung erhalten.

Die Kombination der Teichwirtschaft mit der Entenmast hat eine lange Tradi-

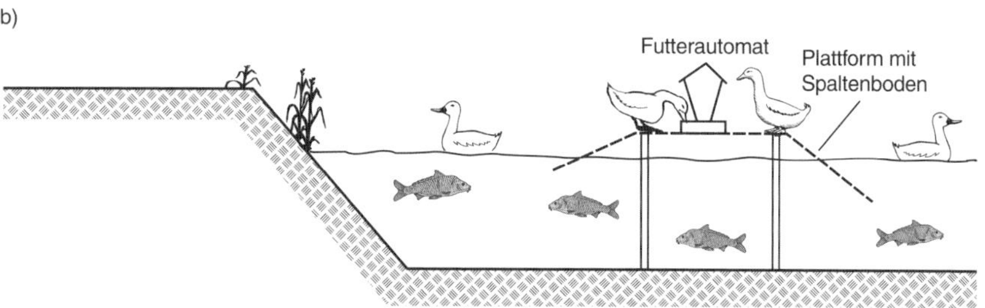

Abb. 43: Varianten für die integrierte Enten-Karpfen-Produktion (nach Varadi 1995). a Gemeinsame Haltung mit Fütterung der Enten am Ufer, b gemeinsame Haltung mit Fütterung der Enten auf einer Plattform.

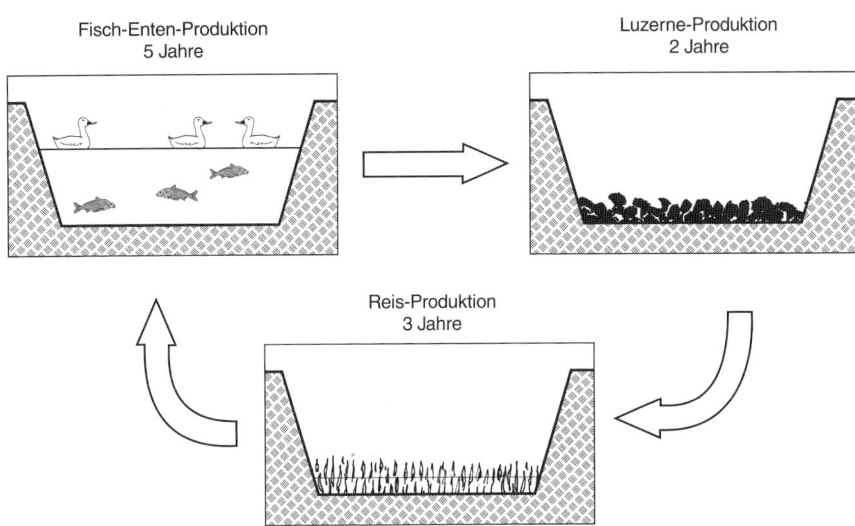

Abb. 44: Aqua-Rotations-System nach Varadi (1995).

tion in Mitteleuropa, vor allem in Böhmen und in Ungarn sowie in Ostasien, insbesondere in China (Abb. 43). Sie basiert auf folgenden Vorteilen:

- Der Abfall der Entenmast (Kot und vergeudetes Futter) dient als Nahrung für die Fischkultur. Der Kot ist frisch und wird gleichmäßig über den Fischteich verteilt.
- Die Investition für die Entenmast ist niedrig und die kurze Mastdauer führt zu einem schnellen Umsatz und kontinuierlichen Erlösen.
- Der Fischteich bietet eine saubere und gesunde Umwelt für die Enten. Andererseits nehmen die Enten Organismen auf, die für die Fische schädlich sein können.

Bei späterer Haltung auf Gewässern müssen die Tiere während der Aufzucht darauf vorbereitet werden und spätestens ab der 3. Lebenswoche eine Badegelegenheit haben, damit sie ihr Gefieder einfetten können. Unterbleibt dies, dringt das Wasser in das Gefieder ein, wenn sie plötzlich auf ein Gewässer kommen. Die Haltung von Pekingenten auf Fischteichen beginnt je nach Witterung ab dem 21.–28. Lebenstag und endet mit der 7.–8. Lebenswoche. Die Besatzdichte auf den Fischteichen hängt von verschiedenen biologischen Bedingungen ab. In der Regel gelten bei Zugang zu Wasserausläufen maximal zwei Durchgänge mit je 250 Mastenten je ha Wasseroberfläche. Bei dieser Besatzdichte auf den Gewässern ist die Aufnahme von proteinreichen Futterstoffen beträchtlich, so dass der Eiweißgehalt im Mischfutter von 16–18 % auf 13–14 % reduziert werden kann. Besser unter Kontrolle stehen begrenzte Wasserausläufe, wobei die Einzäunung mindestens 1 m unter die Wasseroberfläche reichen muss. Eine begrenzte Schwimmfläche senkt den Energieaufwand fürs Schwimmen.

Enten verursachen eine starke Erosion der Ufer und der Dämme und erhöhen dadurch den Gehalt an Schwemmstoffen im Wasser, so dass weniger Licht eindringt und die Intensität der Photosynthese sich verringert. Um eine ordnungsgemäße Instandhaltung des Ufers zu gewährleisten, ist dieses zu befestigen. Gleichzeitig wird damit den Enten der Zugang zum Wasser und das Verlassen erleichtert. Das Gefälle zum Ufer sollte mindestens 3 % betragen. Für die Uferbefestigung werden Feldsteine oder Kunststoff-Roste verwendet.

Ein großes Problem in der kombinierten Entenmast und Teichwirtschaft ist die Wasserqualität. Bei Überdüngung mit Entenkot sinkt der Sauerstoffgehalt des Wassers und das biologische Gleichgewicht wird gestört. Überbesetzung der Gewässer führt zur organischen Belastung und zu verstärkter Algenbildung, die wiederum erhöhte Verluste durch Vergiftung verursachen kann (RUDOLPH 1978). Strenge Forderungen zum Umweltschutz begrenzen in Deutschland die Nutzung von Gewässern für Enten. Werden 250 Pekingenten von der 4.–7. Lebenswoche je Hektar Wasserfläche gehalten und 75 % des Kotes im Wasser abgesetzt, ist mit einem Eintrag von 240 kg Kot als Trockensubstanz mit15 kg Stickstoff (N) und 13,5 kg Phosphat (P_2O_5) je Hektar zu rechnen. Bei zwei Durchgängen im Jahr würden sich diese Werte auf 30 kg N und 27 kg P_2O_5 verdoppeln.

Im ökologischen Landbau muss Wassergeflügel stets Zugang zu einem fließenden Gewässer, einem Teich oder einem See haben, wenn die klimatischen Bedingungen dies gestatten.

In Ungarn ist von VARADI (1995) aus ökologischen Gründen und zur Sicherung des Stoffkreislaufes ein Aquakultur-Rotations-System entwickelt worden (Abb. 44).

Nach 5–6 Jahren kombinierter Enten-Fisch-Produktion hat sich auf dem Teichboden soviel organische Masse angesammelt, dass die Produktivität absinkt. Der Teich wird trocken gelegt, die Dämme werden saniert und der Teichgrund wird geebnet. Danach wird 2 Jahre Luzerne oder Rotklee angebaut und die organische Masse verwertet. In der 3. Phase wird 3 Jahre lang Reis angebaut. Neben der organischen Masse wird auch der von den Leguminosen angesammelte Stickstoff genutzt.

Die integrierte Enten-Fisch-Produktion wird als besonders effizient und ökonomisch in warmen Klimata angesehen. Bei den Fischen handelt es sich meistens um eine Polykultur von Tilapia, gemeinen Karpfen und Graskarpfen. In Israel hat man bei der integrierten Enten-Fisch-Produktion einen täglichen Zuwachs von 82 kg Enten und 36,4 kg Fisch je ha Wasserfläche erzielt.

Gewässer sind eine gesunde Umwelt für Enten und verbessern die Federqualität. Im Sommer wird bei hohen Temperaturen der Hitzestress gemildert.

Freiwasserflächen für Wassergeflügel werden in Deutschland in Zukunft allerdings kaum noch zur Verfügung stehen. Sollen den Tieren Bademöglichkeiten geboten werden, sind an den Längsseiten der Ausläufe betonierte Schwimmrinnen einzurichten, in denen das Wasser fließend ausgetauscht wird. Die anfallenden erheblichen Wassermengen müssen einer Abwasserbehandlung unterzogen werden. Bei Verregnung auf Grünland wird für eine Mastanlage von jährlich 1 000 t Kapazität eine Beregnungsfläche von mindestens 200 ha benötigt. Die Ausläufe werden bei diesen Anlagen von Mastdurchgang zu Mastdurchgang im Wechsel belegt. Die Tiere können in den Schwimmrinnen ihr Gefieder anfeuchten und intensiv pflegen. Die Bürzeldrüse gibt dann vermehrt Sekret ab, mit dem die Federn eingefettet werden. Nach RUDOLPH (1978) wird dieses Epidermalorgan offensichtlich in seiner Funktion erheblich beeinträchtigt, wenn das Wassergeflügel vom Wasser ferngehalten wird.

7.2 Die Aufzucht von Enten und Gänsen

Die Aufzucht umfasst die Entwicklung des geschlüpften Kükens bis zum Erreichen der Fortpflanzungsfähigkeit, d. h. beim weiblichen Tier bis zur Legereife und beim männlichen Tier bis zur Paarungsfähigkeit. Fehler und Mängel in dieser Periode können nicht oder nur sehr schwer ausgeglichen werden. Bei der Aufzucht muss die Haltung so gestaltet werden, dass sich alle Organe gleichmäßig entwickeln können und das heranwachsende Tier kräftig und widerstandsfähig wird, damit Gesundheit und Fortpflanzungsfähigkeit möglichst lange erhalten bleiben. Die Aufzucht wird in der Regel in zwei Abschnitte unterteilt: die Periode der Kükenaufzucht und die Periode der Jungtieraufzucht. Die erste Periode ist gekennzeichnet durch das Führen der Küken von einem Muttertier (natürliche Aufzucht) oder durch den Einsatz von künstlichen Wärmequellen (künstliche Aufzucht). Da der Mechanismus der Wärmeregulation noch nicht ausgebildet ist, muss den Tieren eine ausreichend hohe Umgebungstemperatur gewährleistet werden. Nach dem Schlupf oder Transport kommen die Küken in gut vorgewärmte, isolierte Räume. Deshalb ist schon 2 Tage vor dem Eintreffen der Küken mit dem Heizen zu beginnen. Spätestens einen Tag vor Ankunft der Küken müssen die notwendigen Aufzuchttemperaturen im Stall herrschen und alle Geräte normal funktionieren. In den ersten fünf Lebenstagen wird der Raum um die künstliche Glucke durch einen Ring aus Wellpappe oder Kunststoff von 40 cm Höhe und 3 m Durchmesser abgegrenzt. Dadurch wird verhindert, dass sich die Tiere zu weit von der Wärmequelle entfernen und erkälten bzw. sich in einer Ecke zusammendrücken und ersticken. Das Einhalten der Temperaturempfehlungen ist für die Gesundheit der Tiere sehr wichtig. Die Temperatur wird in Tierhöhe kontrolliert. Schon am Verhalten der Tiere sind die Temperaturbedingungen zu erkennen. Kriechen die Küken übereinander, ist es zu kalt, auch eine erhöhte Futteraufnahme ist zu beobachten. Erkältungskrankheiten und Sekundärinfektionen können die Folge sein. Bei zu hohen Temperaturen entfernen sich die Küken von der Wärmequelle. Typische Anzeichen dafür sind eine geringe Bewegungsaktivität sowie Hechelatmung mit geöffnetem Schnabel. Die Differenzierung zwischen der Temperatur unter der künstlichen Glucke und im Raum hat den Vorteil, dass die Tiere die ihrem Wohlbefinden zusagende Temperatur aufsuchen können. Der Wechsel zwischen den Temperaturzonen fördert die Ausbildung des Thermoregulationsvermögens.

In der Aufzucht ist in den ersten Lebenstagen der natürliche Lichttag durch Zusatzbeleuchtung auf 23 Stunden zu erhöhen. Wenn die Tiere sich nach einigen Tagen an die Futter- und Tränkeinrichtungen gewöhnt haben, kann die Zusatzbeleuchtung allmählich eingestellt werden. Nachts verbessert eine schwache Lichtquelle (0,5 Watt je m^2) das Orientierungsvermögen und verhindert Erdrückungsverluste bei Störungen und Gefahr.

Enten und Gänse sind Nestflüchter und müssen vom 1. oder 2. Lebenstag an selbständig Futter und Wasser aufnehmen. Bei den Enten- und Gänseküken erfolgt wenige Stunden nach dem Schlupf die sogenannte Nachfolgeprägung, das heißt, die Tiere erlernen sehr schnell die Orientierung im Stall. In den ersten Lebenstagen erfolgt die Fütterung von Futterbrettern und das Tränken aus Stülptränken, die dicht am Rand der

Tab. 7.7. Empfehlungen zur Aufzucht von Wassergeflügel

	Pekingenten	Moschusenten	Gänse
1.–3. Woche Besatzdichte (Tiere/m^2) Tiefstreu	15	15	10
Rosten	30	30	20
Temperatur (°C)	32 → 20	35 → 28	35 → 20
ab 4. Woche Besatzdichte (Tiere/m^2) Tiefstreu	4–5	4–6	2–2,5
Rosten Temperatur (°C)	6–8 12–18	7–11 25 → 18	4–5 12–18
Weide (Tiere/m^2)	0,05	0,05	0,02

Schirmglucke auf die Einstreu gesetzt werden, um die Wasser- und Futteraufnahme zu fördern. Diese Form der Fütterung und Tränke ist sehr arbeitsaufwändig, dennoch sind mehrere kleine Mahlzeiten günstiger als wenige große. Schon nach 2 Tagen kann man den Kükenring vergrößern und die Futterbretter und Tränken an die mechanisierten Fütterungs- und Tränkeinrichtungen heranstellen. Nach 5–7 Tagen werden die Kükenringe entfernt und der gesamte Stallraum steht zur Verfügung. Ab der 3.–4. Lebenswoche kann je nach Witterung auf Wärmequellen verzichtet werden und die Periode der Warmaufzucht ist beendet.

In der zweiten Periode der Aufzucht sind spezielle Maßnahmen erforderlich, um die Tiere auf die Fortpflanzungsperiode vorzubereiten. Dabei ist besonders auf normgerechtes Wachstum ohne Verfettung durch restriktive Fütterung zu achten. Spätestens von der 7.–8. Lebenswoche an wird die Fütterung restriktiv gestaltet, um den Beginn der Legetätigkeit zu steuern. Die Begrenzung der Futtermenge ist bei Wassergeflügel gegenüber anderen Restriktionsmethoden vorzuziehen. Begrenzung der Fütterungszeit, Verringerung des Proteingehaltes oder Energieverdünnung durch rohfaserreiche Futtermittel verfehlen bei Enten und Gänsen die erwünschte Wirkung, weil sie in kurzer Zeit eine große Futtermenge aufnehmen können und niedrige Energiekonzentration im Futter durch Mehraufnahme kompensieren. Bei Aufzucht auf der Weide, besonders verbreitet bei Gänsen, kann die Menge des Zufutters sehr stark eingeschränkt werden.

Die Entwicklung ist über Futterrestriktion so zu steuern, dass die Legetätigkeit bei Pekingenten nicht vor der 24., bei Moschusenten nicht vor der 28. und bei Gänsen nicht vor der 36. Lebenswoche beginnt. Dadurch wird von Anfang an eine gute Bruteiqualität und eine lange Legepersistenz gesichert.

Bei der Aufzucht von Pekingenten sind beide Geschlechter gemeinsam aufzuziehen, um die sexuelle Prägung zu gewährleisten, da die männlichen Tiere ansonsten die Paarungsfähigkeit verlieren. Das schließt allerdings unterschiedliche Fütterungsprogramme für männliche und weibliche Tiere aus. Moschusenten werden wegen der zunehmenden Gewichtsdifferenzen getrenntgeschlechtlich aufgezogen. Wenn keine künstliche Besamung angewandt wird, sind die Zucht- und Vermehrungsherden spätestens 6 Wochen vor Legebeginn zusammenzustellen. Bei Gänsen ist die Zusammenstellung der Herden spätestens 12 Wochen vor Legebeginn vorzunehmen.

7.3 Haltung der Zucht- und Vermehrungstiere

Im Zusammenhang mit der Zuchtruhe bei mehrjähriger Haltung kann die Haltungsform bei den Zucht- und Elterntieren wechseln. Zuchttiere werden in Stämmen mit einem männlichen und 4–6 weiblichen Tieren gehalten. Hierfür kommt die Stallhaltung mit begrenztem Auslauf in Frage, weil die individuelle Erfassung der Eier von jedem weiblichen Zuchttier die Fallnesterkontrolle erfordert, die mit gewissem Aufwand verbunden ist. Die Tiere müssen abends in das verschließbare Nest hineingesetzt und morgens nach der Eiablage wieder herausgenommen werden. Der Stammstall für Enten und Gänse ist meistens mit einem zentralen Bedienungsgang versehen, an dem nach beiden Seiten die Stammabteile angeordnet sind. Zweckmäßig ist es, wenn die Nester am Stallgang aufgestellt werden, so dass die Eier entnommen werden können, ohne das Abteil zu betreten. Bei Zuchtgänsen kann es in der Stammhaltung zur Monogamie kommen und der Ganter tritt nur seine „Lieblingsgans“. In derartigen Fällen ist mit künstlicher Besamung eine Befruchtung aller Stammgänse zu gewährleisten. Bei der Zucht von Moschusenten hat sich in den letzten Jahren die Einzelkäfighaltung mit Legenest durchgesetzt, weil eine Fallnesterkontrolle zur individuellen Kontrolle der Zuchttiere schwierig ist.

Die Elterntiere können in größeren Gruppen mit Gruppenpaarung gehalten werden, wobei aber zu bedenken ist, dass mit zunehmender Gruppengröße das Leistungsniveau abfällt. Besonders deutlich tritt die mangelnde Herdenfestigkeit bei Gänsen in Erscheinung.

Zur rechtzeitigen Vorbereitung auf die Legetätigkeit werden Jungenten spätestens 4–6 Wochen und Junggänse schon 12 Wochen vor dem erwünschten Legebeginn in den Zucht- oder Vermehrungsstall gebracht. Die Einstallung in den Elterntierstall muss ruhig und schonend erfolgen. Das Anpaarungsverhältnis kann bei leichten Pekingenten 1 : 6 bis 1 : 8 betragen. Bei schweren Pekingenten, Moschusenten und Gänsen sollte es 1 : 5 betragen.

Bei genügend Wasserflächen und sandigen Ausläufen ist die Extensivhaltung die billigste Haltungsform für Elterntiere. Für die Nacht stehen einfach eingerichtete Ställe mit Tiefstreu zur Verfügung. Für die Eiablage werden lange Nestreihen an den Abteilwänden aufgestellt.

Da die Nutzung von großen Weideflächen bzw. Gewässern mit landwirtschaftlichen und fischereiwirtschaftlichen Belangen in Konflikt gerät, wird in der großbetrieblichen Enten- und Gänsezucht nur noch auf begrenzte und befestigte Ausläufe orientiert oder es wird generell auf Auslaufnutzung verzichtet. Die Halbintensivhaltung ermöglicht die Haltung in kleineren Gruppen. Sinnvoll ist es, die betonierten Ausläufe als Strohausläufe zu nutzen. Nackte Betonflächen sind meistens feucht und glitschig und bewirken nasses, schmutziges und verzwirntes Gefieder an der Brust und am Bauch. Strohausläufe motivieren zu Badeverhalten. Sie trocknen nach Regen oberflächlich schnell ab und das Gefieder bleibt glatt und sauber. Vor einer Schwimmrinne am äußeren Rand des Auslaufes wird in der Regel ein 1–2 m breiter Rostboden über der Betonfläche angebracht. Die Schwimmrinne sollte etwa 0,5–1 m breit und 20–30 cm tief sein. Aus hygienischen Gründen ist über der Schwimmrinne eine Durchlauftränke für frisches Trinkwasser zu installieren, ohne dass damit aber gewährleistet ist, dass die Tiere kein Schmutzwasser aufnehmen.

In den letzten Jahren hat sich für Enten und Gänse in der Reproduktion, zumindest während der Legeperiode, die Intensivhaltung auf Tiefstreu oder Rosten oder einer Kombination von Tiefstreu und Rosten durchgesetzt. Für Moschusenten wird häufig der gesamte Stallboden mit Rosten aus Holz, Metall oder Kunststoff abgedeckt, um die Besatzdichte zu erhöhen. Dies hat aber oft Verletzungen an den Füßen zur Folge (Ballenentzündungen oder -geschwüre). Vorteilhafter ist eine Kombination von Tiefstreu und Rosten im Verhältnis 3 : 1 oder 4 : 1. Die Fläche jedes Abteils sollte nach den Bereichen Nester, Futtertröge und Tränken aufgeteilt sein, die gegebenenfalls auch voneinander abgesperrt werden können.

Zur Steuerung der Legetätigkeit werden Lichtprogramme angewandt. Enten und Gänse reagieren bei sehr kurzen (bis zu 6 Stunden) und bei sehr langen (über 18 Stunden) Lichttagen mit Einstellung der Legetätigkeit. Demgegenüber haben Gänse im Bereich von 8–11 Stunden Lichtdauer und Enten im Bereich von 12 Stunden Lichtdauer die höchste Legeleistung und Legeausdauer. Damit die Legetätigkeit möglichst lange auf einem hohen Niveau bleibt, sollte der Lichttag für legende Gänse 10 Stunden und für legende Enten 12 Stunden betragen. Die Lichtintensität beträgt 10–15 lux.

Alle Arbeiten im Stall sind regelmäßig, ruhig, aber zügig, ohne plötzliche Bewegungen durchzuführen. Günstig ist es, wenn dabei mit den Tieren gesprochen wird. Das fördert die Gewöhnung an das Betreuungspersonal. Die täglichen Arbeiten umfassen vor allem die Kontrolle der Fütterungs-, Tränk-, Beleuchtungs-, Stallklima- und Entmistungsanlagen. Einen wesentlichen Umfang nimmt das Absammeln der Eier und die Gesundheitskontrolle ein.

7.4 Haltung während der Mast

Für die Mast sind, abhängig von der Mastdauer, verschiedene Methoden bekannt.

Unterschieden wird zwischen
- Kurzmast,
- Mittelmast und
- Langmast

Die häufig verwendeten Bezeichnungen Früh- und Spätmast in Verbindung mit der Mastdauer sind ungenau und irreführend.

Bei Schlachtung vor der 1. Jungtiermauser spricht man von Kurz- oder **Schnellmast**, die entweder bei ausschließlicher Stallhaltung oder mit begrenztem Auslauf mit oder ohne Bademöglichkeit durchgeführt wird. Bei Pekingenten wurde sie jedoch auch bei Haltung mit Zugang zu Gewässern (Fischteiche) angewandt. Die Schnellmast dauert bei Pekingenten 6,5–7 Wochen, bei Moschusenten geschlechtsspezifisch bei weiblichen Tieren 9–10 und bei männlichen 11–13 Wochen, bei Mularden 9–10 Wochen und schließlich bei Gänsen 8–9 und bei Gantern 9–10 Wochen.

Dauert die Mast 6–7 Wochen länger bis kurz vor Beginn der 2. Jungtiermauser, spricht man von **Mittelmast**. Sie ist in der Regel mit einer intensiven Nutzung von Weideflächen verbunden und wird deshalb auch als **intensive Weidemast** bezeichnet.

In bestimmten Fällen, insbesondere bei ausreichenden Weideflächen, wird die **Langmast** betrieben, die sich bis zu einem Alter von 30–32 Wochen erstreckt. Da sie teilweise ausschließlich auf Weidehaltung beruht, wird sie auch als **extensive Weidemast** bezeichnet. Der Weideperiode folgt in der Regel eine **intensive Ausmast** oder **Fettmast** über etwa 4 Wochen mit Hafer (Hafermast) und/oder Hackfrüchten (Hackfruchtmast). Die Mittel- und die Langmast werden hauptsächlich bei Gänsen angewandt.

Alle drei Methoden beginnen in der Regel mit der Phase der Warmaufzucht bis zum Alter von 3–4 Wochen analog der Aufzucht (s. Seite 119).

Die **Kurzmast** beruht auf der Ausnutzung des intensiven Wachstums im Kükenalter. Kurz vor der 1. Jugendmauser haben die Tiere 70–80 % des Endgewichtes erreicht. Danach ist nur noch ein langsames Wachsen zu verzeichnen, verbunden mit hohem Futteraufwand. Diese Methode wird eingesetzt, um Futter einzusparen und kann bei allen Wassergeflügelarten angewandt werden. Bis zum 5. Lebenstag wird Futter auf Futterbrettchen angeboten. Danach wird das Futter über Futterautomaten bei einer Fressplatzzumessung von 2 cm/Tier verabreicht. Für die Trinkwasserversorgung werden für die ersten Lebenstage Stülp- oder Ventiltränken, danach Rinnen- oder Durchlauftränken eingesetzt.

Nach der Warmaufzucht bleiben die Tiere in einem geschlossenen Stall und werden auf Tiefstreu, Rosten- oder Drahtboden bzw. Kombinationen dieser Bodengestaltungen gehalten. Die Besatzdichte richtet sich nach der Bodengestaltung. Bei Intensivhaltung ab der 4. Lebenswoche kann sich die Temperatur im Bereich von 18–10 °C bei zunehmendem Alter bis 5 °C bewegen. Wichtig ist eine leistungsfähige Ventilation und die Trockenhaltung der Einstreu bzw. des Bodens.

Wird Auslauf gewährt, darf die Temperatur zu Beginn im Auslauf nicht unter 8–10 °C, später nicht unter 5 °C abfallen. Vor allem muss ein trockener Platz gesichert sein. Ungeeignet sind Ausläufe mit feuchter und schlammiger Oberfläche. Das Gefieder darf nicht feucht und klebrig werden. Andernfalls sollte auch im Auslauf ausreichend Stroh gestreut werden (Strohauslauf). Der Übergang zur Auslaufhaltung darf nicht schlagartig erfolgen. Die Tiere müssen sich an die neuen Bedingungen

Tab. 7.8. Charakterisierung der Mastverfahren für Gänse			
	Kurzmast	Mittelmast	Langmast
Schlachtalter [in Wochen]	9	16–17	30–32
Schlachtgewicht [kg]	5,0	6,0	7,0
Kraftfutter/Tier [kg]	12,5	21,0	28,0
Grünfutter/Tier [kg]	20,0	60,0	140,0
Grasfläche/Tier [m^2][1)]	10	30	70
Anzahl Mastdurchgänge	4	2	1
Grasfläche/Tierplatz (m^2)	40	60	70
Anzahl Gänse je ha/Jahr	1000	332	143

[1)] bei 200 dt Grünmasse je ha

gewöhnen können. An ihren Reaktionen lässt sich gut erkennen, ob die Auslaufbedingungen ansprechend sind. Drängen sich die Jungtiere zusammen, ist es ihnen noch zu kalt.

Bei der Stallhaltung mit begrenztem Auslauf muss besonders auf Sauberkeit geachtet werden, da aufgrund der fehlenden Badegelegenheit das Gefieder nicht so intensiv gepflegt werden kann. Die Stalleinstreu muss ständig erneuert werden. Der Auslauf sollte einen durchlässigen Boden (Sand) haben und die Tränke von einer Kiesschicht umgeben sein bzw. möglichst auf einem Rost stehen, damit das verspritzte Wasser ablaufen kann. Strohausläufe sind ständig zu überstreuen und in nicht zu große Buchten einzuteilen. Bei Enten sollten die Gruppen bis zu 200 Tiere, bei Gänsen bis zu 50 Tiere umfassen. Futterautomaten und Tränkrinne befinden sich an gegenüberliegenden Seiten des Auslaufs.

Die **Mittelmast** oder **intensive Weidemast**, die bis zum Erreichen der 2. Jungtiermauser im Alter von etwa 16 Wochen dauert, wird vor allem bei Gänsen angewandt. Die Haltung erfolgt ab der 4. Lebenswoche in einfachen Kaltställen oder ausschließlich auf der Weide mit Wetterschutzdächern, die bei Regen oder starker Sonneneinstrahlung Schutz bieten. Um eine Schädigung der Grasnarbe durch tiefen Verbiss und Verkotung zu vermeiden, ist die Nutzung in Form der Portionsweide zu empfehlen. Bei guter Weide wird das pelletierte Mischfutter auf 100–150 g je Tier und Tag begrenzt und abends auf trockene Plätze im Auslauf oder auf der trockenen Einstreu breit gestreut. Gegenüber der Schnellmast weisen die Schlachtkörper aus der intensiven Weidemast einen deutlich höheren Brustfleischansatz und einen höheren intramuskulären Fettgehalt auf, der sich förderlich auf den Geschmack auswirkt.

Bei zwei Durchgängen im Jahr in der intensiven Weidemast reichen bei einem Grünmasseertrag von 200 dt/ha 42 m^2 je Mastplatz zur ausreichenden Grasversorgung. Werden 50 % des Kotes der Gänse auf der Weide abgesetzt, fallen 1650 kg Kottrockenmasse mit maximal 100 kg Stickstoff (N) je Hektar Weide an. Damit liegt der N-Eintrag deutlich unter dem Grenzwert von 210 kg/ha.

Die **Langmast** oder **extensive Weidemast** setzt das Vorhandensein ausreichender Weideflächen voraus und wird in zwei Stufen organisiert. Die Weidehaltung beginnt nach der Aufzucht im Alter von 3–4 Wochen und erstreckt sich über die Sommermonate bis zum Spätherbst. In dieser Zeit werden je Tier höchstens 5 kg Getreide neben der Weide verabreicht, jedoch müssen je Gans bis zu 70 m^2 gute Grasweide zur Verfügung stehen, wenn Umtriebs- oder Portionsweide angewandt wird. Bei Standweide ist eine Weidefläche von über 100 m^2 zu veranschlagen. Als Unterbringung reichen einfache Ställe oder Schleppdächer. In den letzten vier Mastwochen werden die Gänse in Gruppen zu 50 Tieren bei 2 Tieren je m^2 Tiefstreu mit energiereichem Futter in Form einer Fettmast ausgemästet.

Einen Überblick über den Verbrauch an Kraft- und Grünfutter bei Gänsen in den drei Mastverfahren sowie die bei einem Ertrag von 200 dt/ha Grünmasse erforderliche Weidefläche zeigt Tabelle 7.8.

Dieser Kalkulation liegt folgender Grünfutterverbrauch zu Grunde:

2.–3. Lebenswoche: 1 kg (60–80 g täglich),
4.–9. Lebenswoche: 19 kg (400–500 g täglich),
10.–16. Lebenswoche: 40 kg(700–900 g täglich),
10.–27. Lebenswoche: 120 kg (900–1000 g täglich).

Bei den verlängerten Mastmethoden für Gänse ist es angebracht, kurz vor Beginn der 1. Jungtiermauser in der 9. Woche und den im Abstand von etwa 7 Wochen folgenden Wechsel des Kleingefieders (Teilmauser) die Federn zu raufen. Neben der zusätzlichen Einnahme führt diese Maßnahme zu einer besseren Schlachtkörperqualität und verhindert, dass Stallboden und Auslauf von umherfliegenden Federn übersät sind.

7.5 Kriterien einer tiergerechten Haltung von Enten und Gänsen

Mit dem frühzeitigen Erkennen und Beseitigen von Störfaktoren nimmt der Mensch wesentlich Einfluss auf Wohlbefinden, Verhalten, Leistung und Gesundheit der Tiere. Die sichersten Hinweise für eine tiergerechte Haltung erhält man von den Tieren selbst. Durch Beurteilung der Enten und Gänse nach folgenden Kriterien lassen sich Schlussfolgerungen für eine tiergerechte Haltung ziehen:

- körperliche Kondition (typische Körperhaltung, Aktivität, starke Abmagerung);
- Art und Aktivität in Bewegung und anderen Verhaltensweisen (intensives Laufen, Baden und Schnattern, aktives Fressen und Trinken, häufiges oder ständiges Liegen);
- Atmung (Hecheln bei Temperaturen über 28 °C, Atembeschwerden);
- Zustand des Gefieders (glatt und glänzend), der Augen (klar und leuchtend), der Haut (sauber, unverletzt), des Schnabels, der Beine und der Füße (gelb-orange gefärbt, gut geformt, unverletzt, frei von Entzündungen, insbesondere der Fußballen);
- Vorhandensein von Ektoparasiten (Milben und Federlinge bei mangelhafter Pflege);
- Aussehen und Konsistenz des Kotes (grau bis schwarz, geformt, Blinddarmkot ist braun und senfartig), Durchfallerscheinungen mit hellbraun verfärbtem und schaumbedecktem Kot deuten auf Ernährungsfehler hin;
- Höhe des Futter- und Wasserverbrauches;
- Intensität des Wachstums;
- Intensität der Legetätigkeit und Nutzungsdauer;
- Höhe der Verluste und Merzungen;
- dem Alter und Geschlecht entsprechende Lautäußerungen (Zufriedenheitslaute).

In Verbindung mit dieser Beurteilung der Tiere kann innerhalb der jeweiligen Haltungssysteme nach den folgenden Kriterien eingeschätzt werden, inwieweit die Anforderungen an eine tiergerechte Haltung eingehalten werden:

- Einhaltung der klimatischen Anforderungen entsprechend dem Alter der Enten und Gänse,
- Verfügbarkeit von Futter und Wasser, Gestaltung der Fütterungs- und Tränkeinrichtungen sowie deren Lokalisierung,
- Bodengestaltung, Besatzdichte, Gruppengröße,
- Aspekte des Managements (Reinigung und Desinfektion, Einhaltung des Rein-Raus-Prinzips),
- Weidesystem und Weidepflege (Begrünung, Verunkrautung, Vermeidung von Kahlstellen, die bei Regen verschlammen),

– bei Bade- und Schwimmöglichkeit Grad der Wasserverschmutzung.

Pathologische Veränderungen, wie Verletzungen durch Federpicken, Beingrätschen, Penisverletzungen, Entzündungen der Fußballen, deuten auf nicht tiergerechte Haltung hin, sofern sich diese Merkmale eindeutig den Haltungsbedingungen zuordnen lassen.

Gegenseitiges Bepicken der Federn sowie des Afters kommt häufig bei Moschusenten vor. Bisherige Untersuchungen haben ergeben, dass Federpicken auch durch verminderte Besatzdichte, Angebot von Einstreu, Auslauf mit Bademöglichkeiten und verminderte Lichtintensität bzw. Rotlicht nicht verhindert, sondern bestenfalls eingeschränkt werden kann. Demzufolge kann bei dem gegenwärtigen Wissensstand bei der Haltung von Moschusenten nicht auf geringfügiges Kürzen der Schnabel- und Krallenspitzen verzichtet werden, wenn schwerwiegende gegenseitige Verletzungen vermieden werden sollen. Durch das Kürzen des Oberschnabels auf halber Höhe der Schnabelbohne werden jedoch innervierte und durchblutete Teile entfernt (Abb. 45). In der Schnabelspitze befinden sich nach Berkhoudt (1980) besonders viele Mechanorezeptoren. Scott und Dean (1991) empfehlen das Schnabelkürzen erst nach dem 7. Lebenstag, nachdem die Tiere feste Fress- und Trinkgewohnheiten angenommen haben.

Aus dem **Tierschutzgesetz** ist abzuleiten, dass das vollständige oder teilweise Amputieren von Körperteilen verboten ist (§ 6, Absatz 1). Abweichend von diesem Verbot kann die zuständige Behörde das Kürzen der Schnabelspitze bei Nutzgeflügel nach § 6, Absatz 3 erlauben. Die Erlaubnis darf nur erteilt werden, wenn glaubhaft dargelegt wird, dass der Eingriff im Hinblick auf die vorgesehene Nutzung zum Schutz der Tiere unerlässlich ist. Sie ist zu befristen und hat Bestimmungen über Art, Umfang und Zeitpunkt des Eingriffs und die durchführende Person zu enthalten. Bei Moschusenten ist das Kürzen der Schnabelbohne um die Hälfte noch erforderlich, um stärkeren Verletzungen durch Federpicken und Kannibalismus vorzubeugen.

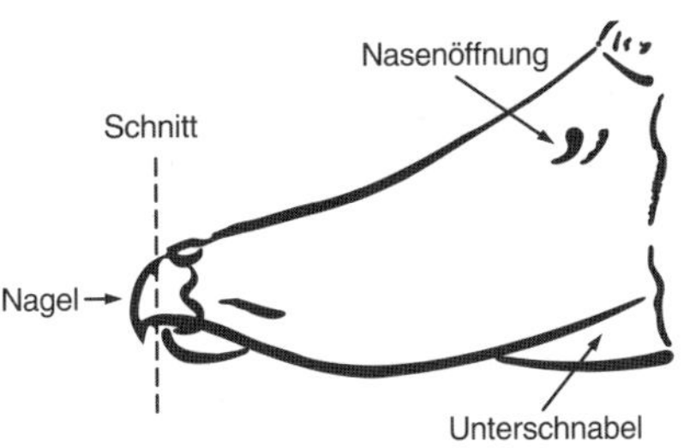

Abb. 45: Schnittführung beim Schnabelkupieren.

Gelegentliches Auftreten von Federpicken bei Pekingenten und Gänsen ist meistens auf gravierende Fehler in der Haltung (zu warme, trockene Luft, grelles Licht) oder Fütterung (Mangel an einzelnen Aminosäuren, Vitaminen oder Spurenelementen) zurückzuführen und nicht in den angewandten Haltungssystemen begründet, die weitgehend dem natürlichen Verhaltensrepertoire der Enten und Gänse Rechnung tragen.

8 Fütterung

Eine bedarfsgerechte, vollwertige Ernährung gehört zu den Voraussetzungen für die volle Ausnutzung der erblich bedingten Veranlagung für Wachstum und Fortpflanzung. Eine angemessene Versorgung der Tiere mit Energie und Nährstoffen ist nicht nur wichtig für die Leistung, sondern auch eine entscheidende Voraussetzung für Wohlbefinden und Gesunderhaltung. Mangelernährung oder Unausgewogenheit im Verhältnis von Eiweiß und Energie sowie Vitaminen und Mineralstoffen verringern die Leistung und setzen die Abwehrkraft der Tiere gegen Krankheitserreger und belastende Umweltfaktoren herab. Bei den Zuchttieren ist zu beachten, dass die Fütterung auch eine ausreichende Ausstattung der Bruteier mit den lebensnotwendigen Futterbestandteilen und damit den Schlupf gesunder Küken gewährleistet. In der Mast verlangt das intensive Wachstum und die intensive Gefiederentwicklung bis zur 1. Jungtiermauser im Alter von 8–12 Wochen mit 70–80 % des Körpergewichts ausgewachsener Tiere eine ausgewogene Fütterung. Die Zusammensetzung der Futterrationen mit den verschiedenen Futtermitteln muss gewährleisten, dass Eiweiß, Energie, Vitamine und Mineralstoffe entsprechend dem Bedarf aufgenommen werden können. Da Enten und Gänse mit ihrer dehnbaren Speiseröhre, die wie ein Kropf fungiert, relativ viel Futter aufnehmen können, lassen sich größere Mengen an billigen, faserreichen Futterstoffen einsetzen.

8.1 Bedarf des Wassergeflügels an Energie und Nährstoffen

Mit dem Futter nehmen Enten und Gänse organische und anorganische Substanzen auf. Die organische Substanz setzt sich vorwiegend aus Eiweiß, Fett, Kohlenhydraten und Vitaminen zusammen. Die anorganische Substanz enthält Wasser und Mineralstoffe. Aus diesen Stoffen gewinnt der Organismus die Energie für die Aufrechterhaltung seiner Lebensvorgänge (Erhaltung) sowie für die Bildung von Fleisch, Fett, Federn (Wachstum) bzw. Eiern (Fortpflanzung).

Bedarf an Energie

Der Energiebedarf ergibt sich aus Erhaltung, Legeleistung und Wachstum. Energiebedarf und Energiegehalt des Futters werden in der Geflügelernährung als umsetzbare Energie in Kilojoule (kJ) und Megajoule (MJ), in der älteren Literatur auch noch in Kilokalorie (kcal), angegeben; eine kcal entspricht 4,186 kJ. Die „Umsetzbare Energie“ (UE) ist der Anteil der Futterenergie, der für Wachstum, Eiproduktion und Erhaltung umgesetzt wird. Sie ergibt sich aus der Differenz der Bruttoenergie des Futters und der Energie des Kotes einschließlich des Harns, die durch Verbrennung der Substanzen in der Kalorienbombe bestimmt werden.

Der Energieerhaltungsbedarf beträgt nach Jeroch und Dänicke (2003) für

- Pekingenten mit 2,8 kg Körpergewicht 1360 kJ
- Pekingenten mit 3,5 kg Körpergewicht 1678 kJ

- Moschusenten mit 2,0 kg Körpergewicht 1004 kJ
- Moschusenten mit 2,4 kg Körpergewicht 1205 kJ
- Gänse mit 6,0 kg Körpergewicht 2092 kJ

Der Energiebedarf für die Eiproduktion ergibt sich aus dem Energiegehalt des Eies und der Verwertungsrate für Futterenergie in Eienergie. Der Energiegehalt von 100 g Masse eines Enteneies beträgt 774 kJ. Nach FARRELL (1985) beträgt die Verwertungsrate für Futterenergie in Eienergie bei Enten 73,6 %. Somit ergibt sich der Energiebedarf für 1 Entenei von 90 g aus 774/0,736 = 950 kJ. Der Bedarf an UE für eine Pekingente mit 3,5 kg Körpergewicht und 100 % Legeintensität ist demnach = 1678 kJ + 950 kJ = 2838 kJ.

Wird für alle Wassergeflügelarten die o. g. Verwertungsrate für Futterenergie in Eienergie von 73,6 % und ein Gehalt an Energie von 774 kJ je 100 g Ei zu Grunde gelegt, ergibt sich für:

- Pekingenten mit einem Körpergewicht von 2,8 kg, 90 % Legeintensität und 80 g schweren Eiern ein Bedarf an 2117 kJ
- Pekingenten mit einem Körpergewicht von 3,5 kg, 80 % Legeintensität und 90 g schweren Eiern ein Bedarf an 2435 kJ
- Moschusenten mit 2,4 kg Körpergewicht ,70 % Legeintensität und 90 g schweren Eiern ein Bedarf an 1868 kJ
- Gänse mit 6,0 kg Körpergewicht, 50 % Legeintensität und 150 g schweren Eiern ein Bedarf an 2881 kJ

In Abhängigkeit von dem Energiegehalt des Futters lässt sich die tägliche Futteraufnahme berechnen. Bei 11,5 MJ/kg Futter wäre der tägliche Futterverbrauch bei den obigen Energiebedarfswerten 184 g, 212 g, 164 g und 251 g.

Wassergeflügel ist in der Lage, energiearme Rationen durch einen Mehrverzehr an Futter bis zu über 30 % zu kompensieren. So konnten JEROCH u. a. (1974) an wachsenden Pekingenten nachweisen, dass eine Reduzierung des Energiegehaltes um 32 % den Futterverzehr um 35 % erhöhte und dadurch zur gleichen Energieaufnahme und Gewichtsentwicklung führte. Dies hängt mit der Dehnbarkeit der Speiseröhre zusammen. Pekingenten reagieren hinsichtlich des Wachstums nicht auf einen Energiegehalt (UE) zwischen 9,5 und 13 MJ/kg, wenn die Rationen in den Nähr- und Wirkstoffen vollwertig sind. Bei Moschusenten soll dagegen ein Gehalt an UE unter 10,4 MJ/kg zu geringerem Wachstum führen. Wegen des hohen Fettgehaltes der Schlachtkörper von Enten und Gänsen wird energiearmes Futter empfohlen. Durch höhere Futteraufnahme wird die niedrige Energiekonzentration jedoch kompensiert und es kommt nur zu einer geringen Senkung des Fettgehalts im Schlachtkörper.

DEAN (1978) hat zu einem Grundfutter für Pekingenten bis zu 40 % Zellulose zugesetzt, so dass sich der Gehalt an Umsetzbarer Energie in der Ration von 12,9 MJ/kg auf 9,2 MJ/kg verringerte. Bei etwa gleichem Körpergewicht von 3,05 kg am Mastende verzehrten die Enten mit der Grundration 8,2 kg und die Enten mit 40 % Zellulosezusatz 11,1 kg Futter, also 33 % mehr. Der Fettgehalt des Schlachtkörpers blieb unverändert bei 30–32 %. Zu ähnlichen Ergebnissen kam TIMMLER (1995) bei Gänsen, die bis zur 16. Lebenswoche mit einem Zusatz von bis zu 30 % Grasgrünmehl zur Grundration gefüttert wurden. Das 16-Wochen-Gewicht bei den Kontrollgänsen mit der Grundration betrug 6,78 kg gegenüber 6,53 kg der Gänse mit einer Zulage von 30 % Grünmehl. Letztere hatten auf Grund des geringeren Energiegehaltes der Ration einen um 5 kg höheren Verzehr gegenüber der Kontrolle. Der Fettgehalt im Ganzkörper war von 23,9 % auf 19,5 % leicht verringert worden.

Eine leichte Senkung des Fettgehalts im Schlachtkörper wird auch erreicht, wenn die Energieaufnahme durch quantitative Restriktion des Futters verringert wird. Eine quantitative Futterrestriktion darf jedoch nur mäßig sein und muss möglichst in der Starterperiode vorgenommen werden. Das anfangs verlangsamte Wachstum wird später kompensiert.

Eiweißbedarf

Eiweiß nimmt als körperbildender Baustein eine Sonderstellung ein und ist für die Bildung von Muskeln, Federn, Eiern und der Regeneration der Körperzellen notwendig. Im Unterschied zu den Kohlenhydraten und Fetten enthält Eiweiß neben Kohlenstoff, Sauerstoff und Wasserstoff auch Stickstoff, und zwar im Mittel 16 %. In allen Eiweißen ist außerdem Schwefel und in bestimmten Eiweißen sind auch Phosphor sowie verschiedene Spurenelemente enthalten. Eiweiß ist aus einer Vielzahl einfacher Bausteine, den Aminosäuren, aufgebaut. Nach ernährungsphysiologischen Gesichtspunkten wird zwischen lebensnotwendigen und nicht lebensnotwendigen Aminosäuren unterschieden. Letztere kann der tierische Organismus selbst bilden, erstere müssen mit der Nahrung aufgenommen werden.

Das wertvollste Eiweiß mit der günstigsten Aminosäurenstruktur liefert Futter tierischer Herkunft, vor allem Milch, Fisch und Fleisch. Enten und Gänse benötigen weniger tierisches Eiweiß als Hühner. Bei mangelhafter Eiweißbereitstellung stehen in der Regel Methionin und Lysin als erste Aminosäuren im Minimum. Bei einem Mangel an diesen Aminosäuren können sich Zusätze von synthetischem Aminosäuren positiv auswirken. Auch Zusätze von Vitamin B_{12} und Vitamin A verringern den Mangeleffekt. Besonders im Verlauf des intensiven Gefiederwachstums von der 4.–8. Woche sowie in der Mauser erhöht sich der Bedarf an schwefelhaltigen Aminosäuren, wie Methionin und Zystin. Bei einem nicht ausbilanzierten Gehalt der Ration an Aminosäuren wird ein größerer Anteil dieser Bausteine in der Leber abgebaut und der Stickstoff vorrangig als Harnsäure mit dem Harn ausgeschieden. Es ist deshalb sowohl ein Überangebot als auch ein Defizit an essentiellen Aminosäuren in der Ration zu vermeiden. Normen für den Bedarf an essentiellen Aminosäuren enthält Tabelle 8.1.

Für Lysin, Methionin und Threonin sind von Bons u. a.(1999) für Pekingenten etwas höhere Bedarfsnormen ermittelt worden, insbesondere für Lysin und Methionin in der 2. Mastphase.

Eine große Bedeutung haben Proteine als Bestandteile von Enzymen und Immunkörpern. Als Energielieferant spielt Eiweiß keine wesentliche Rolle. In jungen Grünfutterpflanzen und Rüben liegt ein Teil des Rohproteins als Nicht-Protein-Stickstoff vor, der zum größten Teil von Geflügel nicht verwertet werden kann.

In Tabelle 8.2 sind Empfehlungen zum Protein- und Energiegehalt nach Jeroch und Dänicke (2003) zusammengefasst. Hierbei handelt es sich um Mindestwerte. Der Proteingehalt im

Tab. 8.1. Bedarfsnormen für Eiweiß und Energie (Scott and Dean 1991)

	Pekingenten		Moschusenten und Mularden	
	Starter	Mast	Starter	Mast
Protein (%)	22,0	17,0	20,0	18,0
UE, MJ/kg	12,9	12,7	11,7	12,1
Arginin (%)	1,1	0,85	1,0	0,9
Lysin (%)	1,1 (1,2)	0,77 (0,95)	1,0	0,81
Methionin (%)	0,44 (0,41)	0,32 (0,45)	0,4	0,34
Methionin + Cystin (%)	0,79 (0,77)	0,59 (0,75)	0,32	0,29
Tryptophan (%)	0,25	0,20	0,23	0,21
Threonin (%)	0,80 (0,84)	0,61 (0,67)	0,72	0,65

Werte in Klammern nach Bons u. a.(1999)

Tab. 8.2. Empfehlungen zum Rohprotein- und Energiegehalt im Alleinfutter für Wassergeflügel (JEROCH 1999)

	Rohprotein (%)	Umsetzbare Energie (MJ/kg)
Entenaufzucht, 1.–6. Woche	18	10,6–11,0
Jungenten ab 7. Woche	13	10,6
Zuchtenten ab Legebeginn	16	11,0
Gänseaufzucht, 1.–4. Woche	20	10,6–11,0
Gänseaufzucht, 5.–8. Woche	16	10,6–11,0
Zuchtgänse ab Legebeginn	16–17	11,0
Mast, Pekingenten, 1.+2. Woche	18	11,0
Mast, Pekingenten, 3.–8. Woche	16	11,5
Mast, Moschusenten, 1.–3. Woche	20	12,0
Mast, Moschusenten, 4.–7. Woche	18	12,5
Mast, Moschusenten, ab 8. Woche	14	12,5
Mastgänse, 1.–4. Woche	20	11–11,5
Mastgänse ab 5. Woche	16	11–11,5

Starterfutter sollte 20–22 % ausmachen, da Wassergeflügel eine sehr hohe Wachstumsintensität in den ersten Lebenswochen besitzt.

Wichtig ist die Einhaltung eines bestimmten Protein-Energie-Quotienten (PEQ). Dies ist nicht ohne Bedeutung für die Schlachtkörperqualität, denn bis zu einem gewissen Grad verringert ein höherer PEQ den Fettgehalt im Schlachtkörper, insbesondere wenn ein hoher Proteingehalt in der Ration bis zum Schlachtzeitpunkt bestehen bleibt. Dies soll nach Studien von DEAN (1985) auch den Federanteil erhöhen. Bei Rationen mit 10, 12, 14, 16 und 18 % Protein bei einheitlichem Energiegehalt wurde bei Pekingenten im Alter von 42 Tagen der Hautanteil zum Schlachtkörper einschließlich des Unterhautfettes von 50 auf 40 % gesenkt und der Federanteil von 58 g auf 100 g erhöht. Bei Rationen unter 16 % Protein war außerdem häufiger Federpicken zu beobachten.

Kohlenhydrate

Kohlenhydrate nehmen im Futter den größten Anteil ein und sind die Hauptenergiequelle. Zu den Kohlenhydraten, die dem Organismus Wärme- und Bewegungsenergie liefern, gehören stickstofffreie Extraktstoffe und Rohfaser. Der wichtigste Vertreter der Kohlenhydrate ist die Stärke, die in allen Getreidearten und Hackfrüchten als Hauptbestandteil vorkommt und hochverdaulich ist. Die Zellwände der Pflanzen und die Samenschalen bestehen vorwiegend aus Zellulose, die von den Verdauungsenzymen nicht aufgespaltet werden kann. Von ihr wird nur ein geringer Teil von der Bakterienflora im Blinddarm durch fermentative Prozesse abgebaut. Die Produktion flüchtiger Fettsäuren im Blinddarm leistet jedoch keinen wesentlichen Beitrag zur Energieversorgung, da nur geringe Mengen der Nahrung in den Blinddarm gelangen. Trotzdem muss das Futter eine geringe Menge an Rohfaser enthalten, weil es sonst zu schnell durch den Darm gelangt und nicht ausreichend verdaut wird. Die Rohfaser reizt die Schleimhäute des Darms mechanisch und fördert die Absonderung von Verdauungsenzymen. Durch eine entsprechende Rohfasermenge erlangt der Nahrungsbrei die richtige Konsistenz für das Durchdringen der Verdauungssäfte und für die Peristaltik. Ein Übermaß an Rohfaser erhöht die erforderliche Energie für den Transport der Nahrung. Junge und legende Enten und Gänse sollten 5 % Rohfaser in der Ration haben. In der Zuchtruhe kann er bis zu 10 % erhöht werden.

Allgemein wird Gänsen und mit Einschränkung auch Enten auf Grund der hohen Grünfutteraufnahme eine bessere Rohfaserverdauung als Hühnern nachgesagt. Gänse werden häufig sogar als „Geflügel-Wiederkäuer“ und der Muskelmagen als Kaumagen bezeichnet. Dies beruht weniger auf dem Abbau durch bakterielle Enzyme als vielmehr auf Zerstörung der Zellwände im Muskelmagen und Freisetzen des Zellinneren. Nach Entfernung des Blinddarms wurden bei Gänsen keine Veränderungen in der Verdaulichkeit der Nährstoffe festgestellt (JAMROZ 1992). Die Stärke des Muskelmagens mit seiner sehr harten Keratinschicht ermöglicht in hohem Maße die Zerkleinerung des Futters, die Durchlöcherung der Zellwände und die Auspressung des Zellinhalts, der danach dem Verdauungsprozess zugänglich ist. Der Mageninnendruck ist bei Gänsen nach STURKIE (1975) mit 27–28,5 Pascal (Pa) doppelt so hoch als bei Hühnern mit 10,2–15,3 Pa. Außerdem ist der Verdauungstrakt der Gänse und Enten auf die Aufnahme großer Futtermengen eingerichtet. Der verminderte Energiegehalt des Futters wegen eines hohen Gehalts an Rohfaser wird weitgehend durch die höhere Futteraufnahme kompensiert. Diese Fähigkeit bewirkt, dass Enten und Gänse auch bei energiearmen Rationen befriedigende Leistungen erreichen. Selbst der Fettgehalt des Schlachtkörpers wird bei enregiearmen Rationen nur wenig reduziert.

Fette

Die Fette spielen eine wichtige Rolle als Energielieferant. Ihre Energiemenge ist mehr als doppelt so hoch als in den Kohlenhydraten. Weiterhin sind in ihnen die fettlöslichen Vitamine enthalten. Verschiedene ungesättigte Fettsäuren sind lebensnotwendig. Es sind dies u. a. die mehrfach ungesättigten Fettsäuren Linol-, Linolen- und Arachidonsäure, die vom Organismus der Tiere nicht synthetisiert werden können. Sie müssen über bestimmte Futtermittel zugeführt werden, denn sie haben wichtige Funktionen im Fettstoffwechsel und als Bausteine in Enzymen. Mangelsymptome sind verminderte Schlupfleistung. Fett kann auch aus einem Überschuss aus Kohlenhydraten und Eiweiß gebildet werden. Vorwiegend wird Fett in der Bauchhöhle und im Unterhautgewebe als Depotfett zur Wärmeisolierung abgelagert. Die Qualität des im Organismus abgelagerten Fettes hängt in starkem Maße vom Futter ab. Wenn bei den Fetten in den Futtermitteln oxidative Veränderungen auftreten, wird es ranzig und verursacht ungünstige Geschmacksabweichungen im Fett des Schlachtkörpers.

Die Aufnahme von hochverdaulichen pflanzlichen Fetten bewirkt eine geringere Wärmeproduktion im Vergleich zu Kohlenhydraten und Protein. Dies hat bei hohen Umgebungstemperaturen zur Folge, dass die damit verbundene Verringerung der Futteraufnahme nicht so stark in Erscheinung tritt. Ein Zusatz von etwa 3 % pflanzlichem Öl zum Alleinfutter kann die negative Wirkung der hohen Umgebungstemperatur mindern. Bis zu einem Anteil von 3 % kann das pflanzliche Öl auf die Pellets aufgesprüht werden, ohne dass deren Haltbarkeit beeinträchtigt wird. Da pflanzliche Fette einen hohen Anteil an oxidationsempfindlichen, ungesättigten Fettsäuren aufweisen, ist eine Stabilisierung mit Vitamin E als natürliche Antioxidantie zu sichern. Durch bestimmte Öle kann der Gehalt an Omega-3-Fettsäuren im Schlachtkörper erhöht werden, wie durch Soja-, Raps- und noch mehr durch Leinöl. In Untersuchungen von CHIARINI et al. (2003) wurde durch Zusatz von 0,5% getrockneten Mikroalgen (Crypthecodinium cohnii) in den letzten 3 Mastwochen bei Moschusenten der Anteil der langkettigen Docosahexaensäure (C22:6n3) im Brustmuskel und in der Leber erhöht Während der Anteil dieser Fettsäure im Brustfleisch und in der Leber bei den Versuchstieren 2,0% und 3,3% betrug, lag er bei den Kontrolltieren bei 0,7% und 1,8%. Selbst Gras (Gemisch aus Klee, Weidelgras und Wiesenlieschgras) hat nach BAEZA et al. (1998) einen hohen Anteil an Linolensäure und führt bei der Weidehaltung

Tab. 8.3. Einfluss des Weidegangs von der 10.–24. Woche auf den Gehalt ausgewählter Fettsäuren im Brustfleisch von Gänsen (Baeza u. a. 1998)

Fettsäuren	Weide + Maiskörner	Mischfutter, restriktiv
C 16:0	24,30	24,87
C 18:0	7,57	6,82
C 18:1 Ölsäure	39,54	43,40
C 18:2 Linolsäure	14,48	15,00
C 18:3 Linolensäure	2,50	0,66
C 20:4	3,45	2,31
Gesättigte FS	33,07	32,91
Einfach ungesättigte FS	43,74	47,60
Mehrfach ungesättigte FS	21,86	19,01
Omega-6-FS	18,28	17,60
Omega-3-FS	3,26	1,04

von Gänsen zu einer deutlichen Erhöhung des Anteils an Omega-3-Fettsäuren im Fleisch (Tab. 8.3). Dieses Ergebnis unterstreicht zusätzlich die Bedeutung der Mast auf einer ordnungsgemäß gepflegten Weide.

Negative Wirkungen können bestimmte Fettsäuren, wie z. B. die Erucasäure im Rapsschrot oder die Sterkulasäure im Baumwollsaatöl, hervorrufen.

Mineralstoffe

Mineralstoffe sind die unverbrennbaren Bestandteile eines Futtermittels. Sie haben vielfältige Aufgaben und wirken in vielen physiologischen Prozessen im Organismus. Nach dem derzeitigen Kenntnisstand sind 22 Elemente lebensnotwendig. Sie werden nach Vorkommen und Bedarf in Mengen- und Spurenelemente eingeteilt. Mengenelemente sind Kalzium, Phosphor, Magnesium, Natrium, Kalium, Chlor und Schwefel.

Das beste Wachstum bei Enten und Gänsen ist bei einem Gehalt von 0,6–0,8 % Kalzium und 0,6 % Gesamtphosphor bzw. 0,35 % verfügbarem Phosphor in der Ration zu erwarten. Eine deutliche Verringerung (aber auch Erhöhung) des Kalziumgehaltes hat eine negative Wirkung auf Wachstum und Aschegehalt der Knochen. Ein Überschuss an Kalzium führt zu Störungen im Zinkstoffwechsel. Bei einer Ration mit 30 mg Zink/kg führt ein Zusatz von 0,5 % Phytinsäure mit 0,7 % Kalzium nach Scott und Dean (1991) bei Mularden zu Störungen in der Befiederung, die aber durch einen weiteren Zusatz von 60 mg Zink/kg wieder behoben werden. Phytinsäure bindet Zink, der dann für den Organismus nicht verfügbar ist.

Kurz vor Legebeginn muss der Kalziumgehalt im Futter erhöht werden. Auf die Eischalenbildung wirken außer Kalzium auch Mangan, Zink, Vitamine des B-Komplexes und Vitamin C. Im Zuchtenten- oder -gänsefutter müssen 2,75 % Kalzium enthalten sein.

Bei Phosphor ist seine Verfügbarkeit zu beachten. Etwa 60 % des Gesamtphosphors sollte verfügbares Nicht-Phytin-Phosphor sein (anorganisches Phosphor, tierisches Phosphor und 30 % des pflanzliches Phosphors). Für die Knochenentwicklung der Jungtiere ist die Einhaltung eines Kalzium-Phosphor-Verhältnisses von 1 : 0,7 von Bedeutung. Gegenüber hohem Phosphorgehalt reagieren die Tiere weniger empfindlich. Bei Phosphormangel werden die Schnäbel gummiartig.

Oftmals kann auch ein Zusatz von 0,3–0,5 % Kochsalz zur Deckung des Natrium- und Chlorbedarfs eine noch bessere Leistung bewirken. Eine gesonderte Zugabe von Kalium, Magnesium und Schwefel ist nicht erforderlich, da die in der Wassergeflügelfütterung eingesetzten Futtermittel ausreichende Mengen an diesen Elementen enthalten. Der Natrium-, Kalium- und Chlorgehalt ist wichtig für das Säure-Basen-Gleichgewicht und die Regulierung des osmoti-

Tab. 8.4. Empfehlungen der WPSA zur Deckung des Mineralstoffbedarfes von Zuchtenten und -gänsen (g/kg Futter) (Jeroch, 1999)

	Gelegte Eimasse (g/d)	Futterverbrauch (g/d)	Kalzium	Verfügb. Phosphor	Natrium	Umsetzb. Energie (MJ/kg)
Pekingente	40	220	25	2	0,8	10,9
3,2 kg	70	265	25	2	0,8	10,9
Erpel,3,6 kg		200	2,5	1,3	0,6	10,9
Moschusente	50	169	30	2,8	1,0	11,7
2,75 kg	70	186	35	3,0	1,0	11,7
Erpel,5,0 kg		250	3	1,55	0,6	11,7
Gans	50	300	30	2,5	1,2	10,5
6,0 kg	110	420	30	2,5	1,2	10,5
Ganter,8,0 kg		300	3,5	2	0,7	10,5

Tab. 8.5. Empfehlungen der WPSA zur Deckung des Mineralstoffbedarfs von Mastenten und -gänsen (g/kg Futter) (Jeroch, 1999)

	Alter in Wochen	Futter je Periode	Kalzium	Verfügb. Phosphor	Natrium	Umsetzb. Energie (MJ/kg)
Peking-	1–2,5	1 050	8,5	4,8	1,7	12,0
Enten	2,5–5	3 000	8,5	3,6	0,96	12,0
	6+7	3 000	8,5	3,6	0,48	12,0
Moschus-	1–3	980	11	4,1	1,5	12,1
Enten	4–6	2 400	10	3,8	0,92	12,1
	7–10	3 200	10	3,8	0,86	12,1
Moschus-	1–3	1 100	12	4,4	1,5	12,1
Erpel	4–6	3 500	11	3,9	1,1	12,1
	7–10	5 500	10	3,9	1,0	12,1
	11+12	2 500	7,5	2,8	0,6	12,1
Gänse	1–4	4 600	8,5	3,4	1,2	11,7
	5–8	8 500	7,7	3,0	0,8	11,7
	9–12	9 000	5,8	2,2	0,4	11,7

Tab. 8.6. Empfehlungen zur Versorgung von Enten und Gänsen mit Spurenelementen (g/kg Futter) (Jeroch 1987)

	Umsetzb. Energie (MJ)	Mangan (mg)	Zink (mg)	Eisen (mg)	Kupfer (mg)	Jod (mg)	Selen (mg)
Zuchttiere	11,0	55	55	35	4,5	0,45	0,15
Masttiere	10,5–12,5	45	55	35	4,5	0,25	0,13

schen Druckes. Gegenüber kochsalzarmen Rationen sind Entenküken sehr empfindlich. Ein Zusatz von 0,3 % Kochsalz (NaCl) ist notwendig, um das Verlustgeschehen und das Wachstum zu normalisieren. Bis zu 0,8 % Kochsalzgehalt können die Enten tolerieren, aber bedingt durch die resultierende höhere Wasseraufnahme wird der Kot noch feuchter als er ohnehin schon ist.

Der Magnesiumbedarf um 500 ppm wird bei der üblichen Fütterung um etwa das Dreifache überschritten, so dass ein Zusatz nicht erforderlich ist.

Von den Spurenelementen sind besonders Eisen, Kupfer und Mangan wichtig. Eisen- und Kupfermangel bewirken Anämie und Federndepigmentierung. Manganmangel führt zu Beinschwäche (Perosis) und reduziert die Schlupffähigkeit. Zinkmangel kann zu Störungen im Wachstum und in der Fortpflanzung führen. In Gebieten mit geringem Selengehalt des Bodens und demzufolge auch der Pflanzen ist ein Selenzusatz zum Futter erforderlich. Selenmangel erhöht die Mortalität, bewirkt Muskelnekrose und senkt das Wachstum. Die Muskeldegeneration ist auf eine Verringerung des Kollagens in den Sehnen zurückzuführen. Selenmangel reduziert die Glutathion-Peroxidase, so dass es zu einer peroxidativen Schädigung der Fibroblastenmembran kommt, die in einer reduzierten Kollagensynthese resultiert (Brown et al. 1982).

Jod ist erforderlich für die Synthese der Schilddrüsenhormone. Bei Mangel wird das Wachstum verlangsamt.

Vitamine

Vitamine sind biologisch aktive Substanzen, die zur Katalyse vieler biochemischer Prozesse im Organismus notwendig sind, aber in der Regel nicht vom Organismus gebildet werden können und mit dem Futter oder dem Tränkwasser in bedarfsgerechten Mengen verabreicht werden müssen. Lediglich Vitamin C wird unter normalen Bedingungen im Körper in ausreichenden Mengen erzeugt. Bei Auslaufhaltung wird durch die Wirkung der UV-Strahlen das Vitamin D_3 aus einer Vorstufe gebildet.

Die Vitamine werden nach ihrer Löslichkeit in fettlösliche (Vitamine A, D, E und K) und wasserlösliche (B-Komplex und Vitamin C) eingeteilt. Fettlösliche Vitamine und Vitamin B_{12} sind nur in tierischen Futtermitteln enthalten. Ausnahmen bilden Karotine als Vorstufen des Vitamin A, die reichlich in Grünfutter und Möhren zu finden sind und Vitamin D_2, das in sonnengetrocknetem Gras angereichert ist. Eine Unterversorgung mit Vitaminen kann die verschiedensten Mangelerscheinungen bewirken, die als Avitaminosen bezeichnet werden. Der Bedarf an Vitaminen hängt von vielen Faktoren ab, wie Rasse, Alter, physiologischer Zustand, Geschlecht, Jahreszeit und Umweltbedingungen. Bei einigen Infektionen und Parasiteninvasionen nimmt der Bedarf an den Vitaminen A, E, K und C um 100 % zu. Bei Lagerung des Futters verringert sich der Vitamingehalt. Besonders für Zuchttiere und Küken ist ein Zusatz vitaminreicher Futtermittel oder eines Vitaminkonzentrates erforderlich, damit ein hohes Schlupf- bzw. Aufzuchtergebnis gesichert ist.

Vitamin A, dessen Vorstufe Karotin in frischem Grünfutter und in Möhren reichhaltig vorkommt (aus 1 mg Karotin werden 650 IE Vit. A gebildet), bewirkt bei Mangel Wachstumsstörungen, erhöht die Krankheitsanfälligkeit und senkt die Schlupffähigkeit. Bei Vitamin A besteht ein deutlicher Carry-Over-Effekt, d. h. die Nachkommen von Zuchttieren mit höherer Vitamin-A-Versorgung haben in der Leber höhere Vitamin-A-Mengen. Bis zu 14 Tage nach dem Schlupf reflektiert die Leber der Entenküken und Gössel den Versorgungsgrad der Zuchttiere mit Vitamin A. Jeroch (1987) hat den Einfluss von Vitaminzulagen zur Zuchtentenration auf Wachstum und Futteraufwand der Nachkommen untersucht. Gegenüber den Zuchtenten, die eine Ration aus 40 % Weizenschrot, 38 % Gerstenschrot, 12 % Sojaextraktionsschrot, 8 % Fischmehl und 2 % Mineralstoffgemisch sowie zusätzlich Grünfutter oder Möhren erhielten, brachte eine Zulage von 5000 IE Vitamin A/kg eine Steigerung des 28-Tage-Gewichts um 9 % und eine Senkung des Futteraufwands um 8 %.

Der Vitamin-A-Gehalt der Gänseeier ist nach Jamroz (1992) höher als der in Eiern anderer Geflügelarten. Demzufolge werden für Zuchtgänse bis zu 15 000 IE Vitamin A je kg Futter empfohlen, um hohe Lege- und Schlupfleistungen zu erzielen. Da Gänse typische Grünfutterfresser sind, kann nicht ausgeschlossen werden, dass Karotinoide lebensnotwendig sind. Dies führt bei Intensivhaltung zu Problemen, wenn Gerste und Weizen an Stelle von Mais gefüttert werden.

Vitamin D spielt eine große Rolle im

Kalzium-Phosphor-Stoffwechsel und steuert die Einlagerung dieser Mineralien im Knochengerüst. Mangel führt zu rachitischen Verkrümmungen der Beine sowie zur Dünnschaligkeit der Eier. Aus der Vorstufe wird bei Auslaufhaltung durch die Wirkung der ultravioletten Strahlen der Sonne Vitamin D_3 gebildet. In Pflanzen wird Vitamin D_2 gebildet, dessen Wirkung wesentlich niedriger ist. Reich an Vitamin D_3 sind Fischöle, Lebertran und Milchprodukte. Aflatoxine haben einen viel negativeren Effekt bei Enten mit Vitamin-D_3-Unterversorgung.

Vitamin-E-Mangel führt zur Dystrophie der Skelettmuskeln. Bei hohem Anteil an mehrfach ungesättigten Fettsäuren, Fehlen von Antioxidantien und Mangel an Selen werden die Mangelerscheinigungen verstärkt. Die bei Hühnerküken beobachtete Enzephalomalazie im Zusammenhang mit Vitamin-E-Mangel ist bei Enten- und Gänseküken nicht festgestellt worden. Vitamin E und Selen können sich in hohem Maße bei der Vermeidung von Muskeldystrophie ersetzen. Vitamin E schützt die Zellen und zellularen Organellen vor Auto-Peroxidation und gewährt die Aktivität des von Selen abhängigen Enzyms Glutathionperoxidase.

Vitamin K ist ausreichend in Getreide und Grünfutter enthalten. Bei Mangel treten innere Blutungen auf und an Schlachtkörpern entstehen Hämatome unter der Haut. Bei Schnabelkupieren und Einsatz von pelletiertem Futter, in dem durch Hitze Vitamin K teilweise zerstört worden ist, sowie bei Einsatz von Medikamenten, wie Sulfaquinoxalin, die antagonistisch zu Vitamin K wirken, sind ggf. höhere Vitamin-K-Dosierungen erforderlich.

Vitamin-C-Mangel kann bei starker Belastung (ungünstige Umweltbedingungen wie z. B. hohe Umgebungstemperatur) der Tiere auftreten und senkt die Widerstandskraft. Zusätzliches Vitamin C an Erpel und Ganter (20 mg/Tier/Tag) erhöht in den Sommermonaten und am Ende der Zuchtperiode die Spermaproduktion.

Von den B-Vitaminen, die besonders reich in Futterhefen, Milchprodukten, Getreide, Grünfutter und Kleien vorkommen, sind besonders B_2, B_{12} und Niazin zu nennen. Vitamin-B_1-Mangel ist bisher kaum aufgetreten. Es könnte eine Rolle spielen, wenn größere Mengen rohen Fisches oder andere Quellen der Thiaminase bzw. sulfithaltiges Trinkwasser verabreicht werden. Durch Thiaminase wird Thiamin in zwei Moleküle geteilt, die biologisch unwirksam sind. Bedarfsstudien zu Vitamin B_2 wurden bei Enten in größerer Zahl durchgeführt.

Wachstumsstörungen und Verluste bei jungen Enten sowie hohe embryonale Sterblichkeit am Brutende sind ty-

Tab. 8.7. Empfehlungen zum Vitamingehalt der Futterration für Enten (Scott und Dean 1991)

		Starterphase	Mastphase	Zuchttiere
Vitamin A	IE	8000	5000	10000
Vitamin D_3	IE	1000	500	1000
Vitamin E	IE	25	20	40
Vitamin K	IE	2	1	2
Vitamin B_1	mg	2	2	2
Vitamin B_2	mg	4,5	4,5	4,5
Niazin	mg	70	70	50
Pantothensäure	mg	12	11	15
Vitamin B_6	mg	3	3	3
Folsäure	mg	0,5	0,25	0,5
Biotin	mg	0,15	0,1	0,15
Vitamin B_{12}	mg	0,01	0,005	0,01
Cholin	mg	1300	1000	1000

Tab. 8.8. Empfehlungen zur Versorgung von Enten und Gänsen mit Vitaminen (je kg Alleinfutter, Jeroch und Dänicke, 2003)

Vitamin	Zuchtente	Mastente 1.–2.Woche	Mastente 3.–7.Woche	Zuchtgans	Mastgans 1.–4.Woche	Mastgans >4. Woche
A (IE)	4000	2500	2500	4000	1500	1500
D_3 (IE)	900	400	400	200	200	200
E (IE)	10	10	10			
K (mg)	0,5	0,5	0,5			
B_2 (mg)	r4,0	4,0	4,0	4,0	3,8	2,5
B_6(mg)	3,0	2,5	2,5			
Niazin(mg)	55	55	55	20	65	35
Pantothensäure (mg)	11	11	11	10	15	10
Cholin(mg)	1000	1000	1000		1500	1000

pische Mangelerscheinungen. Die bei Hühnerküken für Vitamin-B_2-Mangel typische Zehenkrümmung ist bei Enten noch nicht beobachtet worden. Von besonderer Bedeutung für Enten ist Niazin, nicht nur für ein normales Wachstum, sondern auch zur Verhinderung der Beinschwäche. Das Niazin aus den Futtermitteln ist nur im geringen Maße verwertbar. Die Biosynthese aus Tryptophan ist verhältnismäßig gering, weil bei Enten ein Enzym die Aminosäure Tryptophan zu CO_2 und Wasser abbaut, anstatt zu Niazin aufzubauen. Beinschwäche kann bei Enten häufig durch Niazinzusatz verhindert werden, z. B. bei über 20 mg Niazin je kg Mischfutter. Luzernemehl, Weizenkleie und Brauereihefe als natürliche Niazinquellen bleiben relativ wirkungslos bei Enten. Die Vitamine Pantothensäure, B_6, Biotin und Folsäure sind in der Regel bedarfsdeckend in der Grundration für Wassergeflügel enthalten. Cholin kann von jungen Tieren noch nicht synthetisiert werden. Bei der Synthese spielen Wechselwirkungen zu Vitamin B_{12}, Folsäure und Methionin eine Rolle. Bei Vitamin B_{12} sorgt eine gute Zuchttierversorgung auch für eine Absicherung der geschlüpften Küken, weil es reichlich in der Leber deponiert wird.

Antinutritive Substanzen

In manchen Futtermitteln gibt es Substanzen, die keinen Nährstoffcharakter haben, sich jedoch auf Gesundheit und Leistung auswirken können. In der Sojabohne sind das Inhibitorstoffe, die die Proteinverdaulichkeit verschlechtern. Durch Dampferhitzen werden sie aber zerstört. Glukosinolate im Rapsextraktionsschrot schädigen die Schilddrüse und bewirken Wachstumsstörungen. Sinapin in Raps kann nach Umwandlung in Trimethylamin einen fischigen Geschmack des Fleisches hervorrufen. Tannin in der Ackerbohne verschlechtert die Verdaulichkeit von Protein. Alkaloide in der Lupine schädigen die Leber. In der Süßlupine ist der Gehalt an Alkaloiden jedoch verringert. Luzerne und Luzernegrünmehl enthalten Saponine, die Hämolyse verursachen. Bei Gerste beschränken β-Glukan und bei Roggen Pentosane den Einsatz, weil sie die Verdaulichkeit und die Leistung herabsetzen und dünne, klebrige Exkremente bewirken. Durch Zusatz entsprechender Enzyme zum Futter lassen sich diese Getreidearten aber aufwerten.

In diesem Zusammenhang muss auch auf toxische Stoffwechselprodukte von Schimmelpilzen (Mykotoxine) hingewiesen werden, die bei nicht sachgemäßer Lagerung der Futtermittel entstehen. Gegenüber Aflatoxinen sind Enten besonders empfindlich.

Ergotropika

Verschiedene biologisch aktive Substanzen werden als Ergotropika bezeichnet. Sie sind nicht lebensnotwendig, beschleunigen aber unter bestimmten Bedingungen Wachstum und Entwicklung, verbessern die Gefiederentwicklung, den Futteraufwand und senken die Verlustquote. Zu diesen Substanzen gehören die Darmstabilisatoren wie Antibiotika, chemische Substanzen, organische Säuren und Bakterienkulturen (Probiotika). Zu beachten ist, dass auch bestimmte Pflanzen, wie Zwiebeln, Knoblauch, Kümmel, Pfeffer, Kapuzinerkresse und Schnittlauch solche Eigenschaften aufweisen. KLUTH u. a. (2003) weisen darauf hin, dass ein gezielter Einsatz von Kräutern und ätherischen Ölen der weiteren Klärung ihrer Wirksamkeit und ihres Wirkungsmechanismus bedarf, wobei auch der Gehalt unerwünschter Inhaltsstoffe, wie Glykoside, zu beachten ist.

Um sauerstoffempfindliche Futterinhaltsstoffe (Fette, fettlösliche Vitamine) vor dem Ranzigwerden zu schützen, können Antidioxidantien zugesetzt werden, wobei zu beachten ist, dass die Vitamine E und C natürliche Antioxidantien sind. Zerfallsprodukte der Fettoxidation fördern die Hämolyse und verringern die Fruchtbarkeit.

In verschiedenen Futtermitteln gibt es leistungsverbessernde Substanzen, insbesondere im Hinblick auf Vitalität und Schlupffähigkeit. Die Wirkung solcher Substanzen konnte in Bierhefe, Schlempe, Fischpresssaft, Molke und Grassaft nachgewiesen werden.

Wasser

Wasser spielt bei der Ernährung von Wassergeflügel eine sehr große Rolle. Es bildet den Hauptbestandteil des Organismus und bedingt den Ablauf vieler physiologischer Prozesse. Es wird zur Resorption der Nährstoffe im Verdauungstrakt, als Lösungs- und Transportmittel sowie zur Regulation des Zelldrucks und der Körpertemperatur benötigt. Abgegeben wird Wasser über die Exkremente und als Wasserdampf über die Respiration. Neben dem Wasser in den Futtermitteln wird es gesondert als Tränke angeboten. In Abhängigkeit vom Wassergehalt der Futtermittel sowie von der Umgebungstemperatur beträgt der tägliche Wasserbedarf einer erwachsenen Ente 0,75 l, kann aber bis 1,25 l steigen. Der Wasserbedarf einer Zuchtgans schwankt zwischen 1,0 und 1,5 l. Bei Pekingenten und Gänsen ist die Wasseraufnahme 4- bis 5-mal höher, bei Moschusenten etwa 3-mal höher als die Aufnahme von Trockenfutter. Der Abstand zwischen Wasser- und Futtertrögen sollte nicht zu weit sein, da die Tiere während des Fressens häufig Wasser zur Befeuchtung des Futters aufnehmen, um es besser abschlucken zu können. Es kommt sonst zur Reduzierung der Futterverwertung, da zuviel Energie für die Bewegung verbraucht wird.

Die tägliche Begrenzung der Wasseraufnahme auf 2-mal 4 Stunden (morgens und abends) bleibt ohne Auswirkung auf Wachstum und Futteraufwand, senkt aber die Wasseraufnahme und den Wassergehalt des Kotes. Schon ein 24-stündiger Wasserentzug wirkt sich nachteilig aus und kann sogar eine Mauser auslösen. Am beliebtesten ist Wasser mit einer Temperatur von 10–15 °C. Warmes Tränkwasser in erwärmten Aufzuchtställen wird nicht gern aufgenommen, was eine Wachstumsverlangsamung zur Folge hat. Eine hohe Wassertemperatur setzt die Wasseraufnahme und damit auch die Futteraufnahme herab, was leistungshemmend wirkt.

8.2 Futtermittel

Getreide

Die Grundlage für die Fütterung der Enten und Gänse ist Getreide. Es wird in Form von ganzen Körnern, grob zerkleinert (Grütze), geschrotet oder gekeimt verfüttert. Bei ganzen Körnern spielt die Beliebtheit für die Aufnahme eine Rolle, die für Enten und Gänse unterschiedlich ist (siehe S. 34).

Getreide dient hauptsächlich als Energieträger und deckt den Bedarf an Eiweiß nur etwa zur Hälfte. Die energiereichsten Getreidearten sind Mais und die Sorghumarten (Milocorn). Danach folgen Weizen, Triticale (Weizen-Roggen-Bastard), Roggen, Gerste und Hafer.

Mais hat neben Milocorn den geringsten Rohfasergehalt und zählt neben Hafer zu den fettreicheren Getreidearten. Von frühreifen Maissorten können auch in Deutschland Maiskolben gewonnen werden, um aus ihnen eine Maiskorn-Spindel-Gemisch-Silage herzustellen.

Hafer hat den höchsten Rohfasergehalt. Wenn er entspelzt wird (Haferkerne, Haferflocken), übertrifft er Mais im Gehalt an Fett. Dieses Fett ist reich an Linolsäure, weshalb Hafer besonders für Zuchttiere wichtig ist und sich günstig auf die Schlupffähigkeit auswirkt.

Roggen kann nur geschrotet eingesetzt werden und sollte wegen des Gehalts an Pentosanen nicht mehr als 15 % der Ration ausmachen. Besonders in den ersten Lebenswochen ist Roggen unverträglich. Ein Anteil von 25–40 % Roggen führt bei Mastenten zu einer merklichen Wachstumshemmung. Pentosane und andere Nichtstärkekohlenhydrate verursachen eine erhöhte bakterielle Besiedlung im Dünndarm und beeinträchtigen die Aktivität von Verdauungsenzymen. Daraus resultiert eine gestörte Verdauung und Resorption. Die abgesetzten Exkremente sind dünnflüssig und von klebriger Beschaffenheit. Jamroz et al. (1997) beobachteten bei einer Ration mit jeweils 20 % Triticale und Roggen ein um etwa 5 % niedrigeres Körpergewicht der Mastgänse. Durch Zusatz von 200 ppm Roxazyme G1, einem Enzympräparat, wurden gleiche Zunahmen erreicht wie mit einer Mais-Weizen-Ration.

Auch für Gerste macht sich wegen ihres Gehalts an β-Glukan eine Einsatzbeschränkung erforderlich. Diese entfällt, wenn gerstereiche Rationen pelletiert oder mit entsprechenden Futterenzymen versehen werden. Bei Moschuserpeln haben Jeroch und Schurz (1995) eine positive Wirkung von Enzymen bei Fütterung einer Gerste-Sojaextraktionsschrot-Ration nachgewiesen. Das Körpergewicht war am Ende der Mast um etwa 200 g oder 4 % erhöht.

Getreide enthält wenig Kalzium, aber relativ viel Phosphor. Etwa 70 % des Gesamtphosphors liegen als Phytin-Phosphor vor, dessen Verwertung das Enzym Phytase erfordert. Die Verfügbarkeit des Phosphors ist bei Weizen am höchsten, weil Weizen die höchste Phytaseaktivität aufweist. Der Gehalt an Spurenelementen ist im Getreide nicht ausreichend. Eine große Rolle spielt Getreide bei der Versorgung mit Vitamin E und Vitaminen des B-Komplexes.

Die Herstellung von Keimgetreide bringt keinen Vorteil, denn beim Keimprozess geht Stärke und damit Energie verloren. Die Vitaminversorgung lässt sich über synthetische Produkte sicherer gestalten.

Bei überlagertem Getreide kann es zur Bildung von Schimmelpilzen kommen, wodurch das Getreide mit giftigen Mykotoxinen angereichert wird, die negative Auswirkungen auf Leistungen und Gesundheit ausüben.

Mühlennachprodukte

Bei der Vermahlung des Getreides fallen Schälkleien, Kleien und Futtermehle an. Sie enthalten mehr Rohprotein, Mineralstoffe und Vitamine, aber weniger Energie (bedingt durch Rohfaser) als ganze Körner. Weizenkleie hat trotz des

Tab. 8.9. Wirkung von Futterenzymen in der Mast von Moschuserpeln (Jeroch und Schurz 1995)

Gruppe	Alter (d)	Lebendgewicht (g)	Futteraufwand (kg/kg)
ohne Enzymzusatz	20	665	1,50
mit Enzymzusatz	20	684	1,54
ohne Enzymzusatz	76	4358	2,91
mit Enzymzusatz	76	4544	2,83

hohen Rohfasergehaltes von 8–10 % große Bedeutung in der Enten- und Gänsefütterung. Besonders ab dem 20. Lebenstag können bis zu 15 % der Ration aus Weizenkleie bestehen, was sich günstig auf Wachstum und Gefiederbildung auswirkt.

Ölhaltige Samen und Futterfett
Eine Verfütterung von Ölsaaten verleiht dem Gefieder Glanz. Rassegeflügelzüchter nutzen diese Wirkung bei der Vorbereitung von Ausstellungstieren und füttern zusätzlich mit Lein- und Sonnenblumensamen. Durch Futterfett lässt sich der energetische Wert von Futtermischungen erhöhen, denn es übertrifft die Energiekonzentration im Getreide um das 3-bis 4-fache. Auf einwandfreie Beschaffenheit der Futterfette (Frischegrad und Bekömmlichkeit) ist zu achten. Besonders bei hohem Fettansatz von Wassergeflügel kann es zur Beeinträchtigung des Geruchs und Geschmacks des Schlachtkörpers kommen, wenn das Futterfett ranzig ist. Eine Stabilisierung durch Antioxidantien ist notwendig, wenn eine längere Lagerung des Futters erfolgen soll.

Grünfutter
Enten und vor allem Gänse sind besser für die Nutzung von Grünfutter geeignet als Hühner, weil ihr Verdauungstrakt 25–30 % länger ist und durch den höheren Mageninnendruck die Zellwände in stärkerem Maße zerstört werden, wodurch das Zellinnere der enzymatischen Verdauung zugänglich wird. Grünfutterpflanzen sind vor allem vor dem Blühen reich an Eiweiß, Vitaminen und Mineralstoffen. Bei älteren Pflanzen sinkt die Verdaulichkeit infolge zunehmenden Rohfasergehaltes. Junges Grünfutter hat einen hohen Gehalt an β-Carotin (Vorstufe des Vitamin A), den Vitaminen E, K und des B-Komplexes (außer Vitamin B_{12}) sowie von Karotinoiden (Farbstoffe). Diese Aussagen treffen auch für sorgfältig hergestelltes Trockengrün zu, wobei allerdings mit zunehmender Lagerdauer der Gehalt an Vitaminen und Farbstoffen zurückgeht. Das Eiweiß des Grünfutters ist nicht vollwertig, da der Gehalt an Methionin, zuweilen auch der an Lysin, zu niedrig ist.

Wassergeflügelküken können bereits vom 3. Lebenstag an Grünfutter erhalten, ab dem 10. Tag schon in Mengen von 30–50 g. Erwachsene Enten können bis zu 300 g, erwachsene Gänse bis zu

Tab. 8.10. Grünes Fließband für Wassergeflügel (Mazanowski 1988)

Bezeichnung der Pflanze	Zeit der Fütterung	Grünmasse-ertrag (dt/ha)	Nutzungszeit (Tage)
Winterwicke mit Roggen	25.04.–10.05.	120–180	15
Roggen	01.05.–10.05.	60	10
Winterwicke mit Weizen	11.05.–25.05.	120–200	14
Luzerne vom 1. Schnitt	26.05.–15.06.	80–150	20
Rotklee vom 1. Schnitt	01.06.–20.06.	80	20
Hafer-Leguminosen-Gemisch	20.06.–05.07.	120	15
Futterlupine	06.05.–20.07.	230	14
Luzerne vom 2. Schnitt	05.07.–30.07.	80–120	25
Rotklee vom 2. Schnitt	01.08.–15.08.	70	15
Mais	01.08.–20.08.	400	19
Hafer-Leguminosen-Gemisch	15.08.–30.08.	100	15
Seradellenuntersaatkultur	01.09.–30.09.	60–100	30
Leguminosenmischung-Nachernte	01.09.–15.09.	150	14
Stoppelklee	15.09.–15.10.	30	30
Luzerne vom 3. Schnitt	15.09.–30.09.	60–100	15
Kohl- und Rübenblätter	01.10.–15.10.	70–150	45
Markstammkohl	01.10.–28.02.	200	170

1000 g Grünfutter täglich aufnehmen. Wie eine kontinuierliche und langandauernde Grünfutterversorgung erreicht werden kann, zeigt in Tabelle 8.10 das „Grüne Fließband" nach MAZANOWSKI (1988).

Das wertvollste Grünfutter erhält man aus Leguminosen (Luzerne und Rotklee vor der Blüte), jungem Gras, jungen Brennesseln, Löwenzahnblättern sowie Gemüseabfällen. Löwenzahnblätter sollen bis zu 25 % Eiweiß enthalten. TIMMLER (1995) fand eine höhere Verdaulichkeit der organischen Masse von Weißklee und Luzerne gegenüber Gräsern. Die Verdaulichkeit nahm generell beim 2. Aufwuchs gegenüber dem 1. Aufwuchs ab. Wichtig ist deshalb, die eingesetzten Grünfuttermittel in einem frühen Vegetationsstadium zu nutzen (vor dem Ähren- oder Rispenschieben bzw. vor der Blüte), um der abnehmenden Verdaulichkeit bei steigendem Fasergehalt entgegenzuwirken. Im Winter kann Markstammkohl das grüne Fließband abschließen. Er enthält relativ viel Eiweiß, Mineralstoffe und Vitamine.

Haben Enten Wasserweide zur Verfügung, können in dieser Zeit bis zu 50 % der Futterration eingespart werden. Am futterreichsten sind stehende oder langsam fließende Gewässer mit einer Tiefe von nicht mehr als 1–2 m. Je nach Bewuchs nimmt die Ente 0,3–1 kg Wasserpflanzen täglich auf. Ab September lässt der Pflanzenwuchs in Gewässern jedoch nach. Ein ausgezeichnetes Entenfutter sind Wasserlinsen („Entenflott"). Sie sollen unmittelbar nach dem Sammeln verfüttert werden, da sie sich bei längerem Stehen im Gefäß erwärmen und den Tieren schaden.

Gänse können in der Jungtieraufzucht und in der Zuchtruhe den größten Teil des Energie- und Eiweißbedarfs auf der Weide decken. In der Gänsemast bewirkt Grünfutter eine Einsparung an Konzentratfuttermitteln und verbessert die Qualität des Schlachtkörpers und des Gefieders. SCHNEIDER und JEROCH (1983) kombinierten von der 4.–10. Lebenswoche Welsches Weidelgras ad libitum mit einer Mischfutterrestriktion von 75 % und 70 %. Bei 75%iger Limitierung konnten die Gänse mit der Grasaufnahme gleichwertige Zuwachsraten erzielen. Eine 70%ige Limitierung des Mischfutters konnte durch die Grasaufnahme nicht kompensiert werden und der Zuwachs ging um 18 % zurück.

ELMINOWSKA-WENDA u.a. (1997) haben gegenüber den Gänsen mit Mischfutter zur freien Aufnahme vom 21.–96. Tag das Mischfutter auf 200–250 g/Tier/Tag begrenzt und geschnittenes Grünfutter ad libitum verabreicht. Vom 97.–116. Tag erhielten beide Gruppen ad libitum Hafer. Wie Tabelle 8.11 zeigt, erreichte die Mischfuttergruppe mit 6,34 kg ein um 4,3 % höheres 116-Tage-Gewicht, aber die Aufnahme von 26 kg Grünfutter verringerte die Mischfutteraufnahme um 4,7 kg oder 16 %. Bei etwas höherem Brust- und Schenkelmuskelanteil war in der

Tab. 8.11. Wirkung des Grünfutters auf Mast- und Schlachtleistung bei Gänsen (ELMINOWSKA-WENDA et al. 1997)

	Mischfutter ad libitum	Mischfutter restriktiv und Grünfutter ad libitum
116-Tage-Gewicht (g)	6336	6075
Konzentratfutterverbr. (kg)	34,0	29,3
Grünfutterverbrauch (kg)		26,1
Brustmuskelanteil (%)	18,1	18,5
Schenkelmuskelanteil (%)	14,6	14,9
Brusthautanteil (%)	5,5	4,9
Schenkelhautanteil (%)	5,9	5,5
Abdominalfettanteil (%)	5,3	4,1

Gruppe mit zusätzlichem Grünfutter der Anteil des Schlachtkörpers an Haut mit dem subkutanen Fett sowie an Abdominalfett deutlich verringert, gleichbedeutend mit einer Verbesserung der Schlachtkörperqualität.

Beachtenswert ist die Fettsäurezusammensetzung von Gras (BAEZA u.a. 1998). Auf Grund des hohen Gehalts an Omega-3-Fettsäuren von Weidegras mit 8 % Klee und jeweils 46 % Weidel- und Wiesenlieschgras wird über Weidemast der Anteil dieser Fettsäuren im Schlachtkörper deutlich erhöht (siehe S. 131).

Hackfrüchte

Knollen, Wurzeln sowie ihre Verarbeitungsprodukte haben einen hohen Wasser- und einen niedrigen Rohproteingehalt. Die größte Bedeutung dieser Futtermittel hat die Kartoffel. Sie ist zwar proteinärmer als Getreide, aber die biologische Wertigkeit des Eiweißes ist sehr hoch. Als wichtigsten Nährstoff enthält die Kartoffel Stärke, die hochverdaulich ist. Kartoffeln gibt man den Enten und Gänsen gekocht oder gedämpft, Letzteren auch siliert. Im Winter sollten die Kartoffeln warm mit Getreideschrot zu Weichfutter vermischt werden. Ab dem 10. Lebenstag können gekochte Kartoffeln schon 20–30 % der Ration ausmachen. Schlachttiere fressen bis zu 500 g täglich. Zuchttiere sollten nicht mehr als 150 g Kartoffeln enthalten, damit sie nicht verfetten.

Möhren sind besonders im Herbst und Winter ein karotinreiches Futter mit diätetischer Wirkung. Masttiere erhalten 50 g, Zuchttiere 100 g und mehr in feingeschnitzelter Form. Möhren enthalten 40–120 mg/kg β-Karotin, das zur Deckung des Vitamin-A-Bedarfs beiträgt. Der Gehalt an Farbstoffen (Karotinoiden) kann sich günstig auf das Aussehen des Schlachtkörpers auswirken. In der Zuckerrübe ist der Rohproteingehalt niedrig und von minderer Qualität. Futterrüben und Rote Bete haben ebenfalls einen niedrigen Nährwert, bringen aber Abwechslung in die Futterration. In der Zuchtruhe können bis zu 200 g täglich gereicht werden.

Gärfutter ist für Wassergeflügel ebenfalls von Bedeutung, insbesondere Silage aus Maisganzpflanzen und gedämpften Kartoffeln. In Kleinbetrieben können Küchenabfälle eine bedeutsame Futterquelle sein. Küchenabfälle setzen sich in etwa wie folgt zusammen:

40 % Kartoffeln und Kartoffelschalen, 20 % Gemüse- und Obstabfälle, 30 % Brotteile und Teigwaren, 10 % Fleisch-, Wurst-, Milchprodukte und Fischreste. In dieser Zusammensetzung enthält 1 kg Trockenmasse 100 g verdauliches Rohprotein und 12 MJ UE/kg. In den Sommer- und Herbstmonaten steigen die Gemüse- und Obstanteile. Die Küchenabfälle sollten etwa 30 Minuten bei 100 °C gedämpft und im Weichfutter eingesetzt werden.

Eiweißfuttermittel

Zu den Eiweißfuttermitteln gehören Futtermittel pflanzlicher und tierischer Herkunft, deren Gehalt an verdaulichem Rohprotein 200 g/kg Trockensubstanz übersteigt. Der Einsatz von Futtermitteln tierischer Herkunft dient in erster Linie der Deckung des Bedarfs an hochwertigem Eiweiß. Solche Futtermittel sind teuer und müssen deshalb sehr sparsam eingesetzt werden. Magermilch wird am besten dicksauer eingesetzt und zum Anrühren von Weichfutter verwendet. Eine ähnliche Wirkung wie Magermilch hat Buttermilch. Molke enthält weniger Eiweiß, eignet sich aber gut für die Herstellung von Weichfutter und wird sehr gern aufgenommen. Auch Quark eignet sich sehr gut als Eiweißfutter für junge Tiere. Eine hohe Eiweißqualität haben Fischmehle. Bereits geringe Fischmehlanteile im Futter verbessern das Angebot an schwefelhaltigen Aminosäuren. Neben anderen Mineralstoffen und Vitaminen liefert es vor allem Selen, Jod und Vitamin B_{12}. Wenn Fischmehl zur Verfügung steht, können bis zu 5 % ohne Beeinträchtigung des Fleischgeschmacks in der Ration enthalten sein. In den letzten 10

Masttagen sollte es aber aus der Ration herausgenommen werden. Als tierische Eiweißfuttermittel sind weiterhin zu nennen: Tierkörpermehl, das eine günstige Aminosäurestruktur und einen hohen Mineralstoffgehalt aufweist; Blutmehl, das eine ungünstige Aminosäurenzusammensetzung aufweist und deshalb nur bis zu 3 % der Ration ausmachen darf.

Als pflanzliche Eiweißfuttermittel stehen vor allem Extraktionsschrote aus Samen von Ölpflanzen zur Verfügung. Das wertvollste pflanzliche Eiweißfuttermittel ist getoastetes Sojaextraktionsschrot, das als einziges Proteinfuttermittel verwendbar ist, wenn es mit synthetischem Methionin ergänzt wird. Das Toasten (Erhitzen) ist erforderlich, um einen Trypsin-Hemmer, der die Eiweißverdauung beeinträchtigt, unwirksam zu machen. Beim Erdnussextraktionsschrot kommt häufig eine Anreicherung mit Aflatoxinen (giftige Stoffwechselprodukte von Pilzen) vor, die besonders bei Entenküken hohe Verluste hervorrufen. Rapsextraktionsschrot ist relativ rohfaserreich, besitzt aber eine günstige Aminosäurenzusammensetzung. In Abhängigkeit von den Sorten kann der Gehalt an Schadstoffen (Glukosinolate) den Einsatz begrenzen. Auch Sonnenblumenextraktionsschrot hat einen hohen Rohfasergehalt von 12,5 %, kann aber nach Vetesi et al. (1998) mit gutem Erfolg Sojaextraktionsschrot ersetzen.

Von den einheimischen Körnerleguminosen sind vor allem Ackerbohnen, Süßlupinen und Futtererbsen zu nennen. Sie enthalten 250–450 g Rohprotein je kg. Die Eiweißqualität ist allerdings durch den geringen Gehalt an schwefelhaltigen Aminosäuren eingeschränkt. Bei Ackerbohnen ist der Tanningehalt zu beachten. Insgesamt können diese Futtermittel 10–15 % der Ration ausmachen. Beim Austausch von Sojaschrot durch Lupinen-, Erbsen- und Ackerbohnenschrot muss beachtet werden, dass diese wesentlich geringere Methionin- und Lysingehalte aufweisen. Ein Ausgleich mit synthetischen Aminosäuren oder tierischem Eiweiß ist deshalb sinnvoll. Trockenhefe ist ein wertvolles Eiweißfutter mit hohem Gehalt an B-Vitaminen. Der beachtliche Anteil an Nukleinsäuren in der Rohproteinfraktion belastet den Stoffwechsel und begrenzt den Hefeeinsatz auf 5 % der Ration, der aber für die Deckung des Bedarfs an B-Vitaminen ausreicht. Hefen fallen als Nebenprodukte des Gärungsgewerbes an oder werden auf industrieller Basis hergestellt.

Mineralische Futtermittel

Der Mineralstoffgehalt der pflanzlichen Futtermittel liegt meist sehr niedrig. Beim Phosphor kommt die geringe Verfügbarkeit durch die Bindung an Phytin hinzu. Über die tierischen Futtermittel lässt sich der Bedarf nicht abdecken. Deshalb müssen Mineralstoffmischungen zusätzlich angeboten werden, die in ihrer Zusammensetzung den Bedarf wachsender und legender Tiere berücksichtigen. Neben Kalzium- und Phosphorverbindungen enthalten sie auch verschiedene Spurenelemente. Vorteilhaft ist es weiterhin, Kalksteingrit, Kies oder grobkörnigen Sand in gesonderten Trögen zur ständigen Aufnahme bereitzustellen. Diese sollen die Zerkleinerung der Nahrung im Muskelmagen fördern.

Vitaminpräparate

Die industriell hergestellten Mischfuttermittel werden generell mit Vitaminen synthetischer Herkunft ergänzt. Die Vitamine werden zunächst in Vormischungen (Prämix) zusammengebracht und dann in entsprechender Dosierung dem Mischfutter zugesetzt. Bei Auslaufhaltung kann ein großer Teil des Vitaminbedarfs über Grünfutter abgedeckt werden. Die Sonneneinstrahlung fördert auch die körpereigene Vitamin-D_3-Bildung. In den Wintermonaten reicht die Vitaminversorgung aber nicht aus. Es müssen fettlösliche Vitamine und Vitamine des B-Komplexes verabreicht werden. Da Vitamine im Futter abgebaut werden, besteht immer das Risiko, dass der Bedarf nicht gedeckt wird. Mit dem Einsatz von Vitaminprämix wird dieses Risiko geringer. Unzweckmäßig ist es, Vitaminpräparate wahllos einzusetzen, weil auch Überdosierungen mit bestimmten Vitaminen schädlich sein können.

8.3 Fütterungstechnik

Das Futter kann in verschiedener Art verabreicht werden. Die wichtigsten Futterarten sind Körnerfutter und Mischfutter. Bei Körnerfutter handelt es sich um ganze Körner entweder nur aus einer Getreideart, z. B. Hafer, oder einem Gemisch verschiedener Körnerfrüchte. An Küken wird Körnerfutter auch zerkleinert als Grütze verabreicht. Mischfutter wird als Konzentrat oder als Alleinfutter zur Aufnahme bereitgestellt. Konzentrate sind lufttrockene Futtermischungen, die vor allem zur Eiweiß-, Mineralstoff- und Vitaminversorgung beitragen sollen und durch hofeigenes Getreide oder andere energiereiche Futtermittel (Kartoffeln) ergänzt werden. Alleinfutter sind lufttrockene Futtermischungen, die alle für eine bedarfsgerechte Versorgung erforderlichen Gehalte an Energie, Eiweiß, Mineralstoffen und Vitaminen enthalten. Fertiges Mischfutter für Wassergeflügel sollte stets pelletiert sein, weil es mit dem Schnabel besser erfasst werden kann. Dadurch werden gegenüber Mehlfutter 10 % Futter eingespart. Mehlförmiges Futter bildet mit dem Speichel eine klebrige Masse, die an Schnabel und Zunge haftet und nicht abgeschluckt werden kann. Das führt zu geringerer Futteraufnahme und höherer Vergeudung, weil die Tiere versuchen, dieses anhaftende Futter abzuschütteln oder im Wasser abzuspülen. Für Enten und Gänse in den ersten Lebenswochen haben die Pellets einen Durchmesser von 3 mm und eine Länge von 8 mm, danach betragen Durchmesser und Länge 5 mm bzw. 12 mm. Pelletfutter wird außer der restriktiven Fütterung in der Jungtieraufzucht und in der Zuchtruhe ad libitum angeboten. Die restriktive Fütterung wird am besten so gestaltet, dass die vorgesehene Futtermenge in Pelletform morgens und abends breitwürfig auf der trockenen Einstreu oder auf trockenen Plätzen im Auslauf verteilt wird. In kurzer Zeit wird dieses Futter restlos verzehrt. Die Pellets müssen von guter Qualität sein, damit wenig Abrieb entsteht.

Ist der Einsatz von pelletiertem Futter nicht möglich, sollte das Mehlfutter mit Wasser, Magermilch oder Molke feuchtkrümelig angerührt werden. Auf 10 kg Mischfutter kommen 3–4 l Flüssigkeit. Das Weichfutterangebot muss in der Menge so bemessen sein, dass es in 20–30 Minuten verzehrt ist, andernfalls besteht besonders an warmen Tagen die Gefahr der Säuerung. Alle Tiere müssen bei Weichfütterung gleichzeitig fressen können und je Tier bis zu 15 cm Troglänge zur Verfügung haben. Bei der Herstellung von Weichfutter lassen sich selbsterzeugte Futtermittel verwenden, wie Kartoffeln (gedämpft), Möhren, Grünfutter und Garten- und Küchenabfälle.

Für Wassergeflügel hat der Weide- und der Wasserauslauf als Futterquelle noch eine gewisse Bedeutung. Weidefutter kann zeitweise die einzige Futterquelle sein, z. B. für Gänse in der Zuchtruhe. Bei Haltung mit Wasserauslauf vermag Wassergeflügel beim Seihen mit den Tastzellen in der Haut des Schnabels und der Zunge zwischen verwertbaren und nicht verwertbaren Bestandteilen zu unterscheiden.

In der Intensivhaltung ist die Alleinfütterung dominierend. Alleinfutter ist auf den Bedarf an Energie und Nährstoffen zugeschnitten und wird in der Regel ad libitum angeboten. Die Zufütterung von Getreidekörnern sollte unterbleiben, da der Eiweiß-, Mineralstoff- und Vitamingehalt des Gesamtfutters reduziert wird, was Leistungsdepressionen zur Folge hat. Soll hofeigenes Getreide wegen des niedrigeren Preises eingesetzt werden, ist in Form der kombinierten Fütterung ein nährstoffreiches

Tab. 8.12. Anforderungen an Inhaltsstoffe im Alleinfutter für Enten nach DLG-Standard (Jeroch 1999)

	Entenküken	Jungenten	Zuchtenten	Mastenten
Rohprotein, mind. (%)	17	12	15	15
Methionin, mind. (%)	0,35		0,28	0,30
Zucker, max. (%)	8	12	12	12
Energiegehalt (UE) mind. (MJ)	10,6	10,6	10,6	11,4
Kalzium, von/bis (%)	0,8–1,6	0,8–1,6	2,4–3,0	0,8–1,4
Phosphor, mind. (%)	0,65	0,60	0,50	0,60
Natrium, von/bis (%)	0,15–0,25	0,10–0,25	0,10–0,25	0,10–0,25

Tab. 8.13. Richtwerte für Entenmischfutter in Prozent (Jeroch 1987)

Futtermittel	Starterfutter	Mastfutter	Jungtierfutter und Zuchtruhe	Zuchttier-futter
hoher Energiegehalt	45	35–40	10–20	40–45
mittlerer Energiegehalt	20–25	30–35	40–50	25–30
niedriger Energiegehalt		15	30	
pflanzliches Eiweiß	12–18	10–15	5–10	10–15
tierisches Eiweiß	0–5	0–5	0–5	5–10
vitaminhaltig	1–3	1–3	2–3	3
Mineralstoffmischung	3	3	2,5	8
Vitaminvormischung	1	1	1	1

Konzentrat in Pelletform ständig anzubieten und durch eine abendliche Körnermahlzeit zu ergänzen. Auch Grünfutter kann in Raufen zusätzlich angeboten werden. Bei Einsatz von Grünfutter und vor allem bei Weidegang werden Mischfutter oder Körner rationiert und am Abend verabreicht. Hierdurch soll gewährleistet werden, dass ausreichend Grünfutter aufgenommen, andererseits aber auch der Nährstoff- und Energiebedarf gedeckt werden.

8.4 Praktische Fütterung

Enten und Gänse benötigen wie alle Tiere Energie und Nährstoffe zur Aufrechterhaltung der Lebensfunktionen (Erhaltungsbedarf) sowie zur Realisierung gewünschter Leistungen (Produktionsbedarf). Für Fleisch- und Fettbildung sowie für Eierproduktion und Federbildung muss die verfütterte Energie- und Nährstoffmenge über den für die Erhaltung erforderlichen Teil hinausgehen. Für die einzelnen tierischen Leistungen ist ein ganz bestimmter Bedarf an Energie und Nährstoffen zu Grunde zu legen. Die Empfehlungen zum Rohprotein- und Energiegehalt im Alleinfutter für Wassergeflügel nach DLG-Standard enthält Tabelle 8.12.

Für die Gestaltung der Rationen für Enten, die aber auch für Gänse gültig sein können, gibt Jeroch (1987) die in Tabelle 8.13 aufgeführten Empfehlungen.

8.4.1 Fütterung in der Aufzucht

Die Aufzucht umfasst die Entwicklung vom Schlupf bis zum Erreichen der Fortpflanzungsreife. Während dieser Periode sind spezielle Maßnahmen der Wachstumsbeeinflussung für die spätere Lege- und Reproduktionsleistung bedeutsam. Eine herausragende Rolle spielt hierbei die Gestaltung der Fütterung. Durch eine zeitweise verhaltene Fütterung wird die Entwicklung der Jungtiere so gesteuert, dass ein zu früher Legebeginn ausgeschlossen wird. Hierbei darf es nicht zum Mangel an lebensnotwendigen Futterinhaltsstoffen kommen. Besonders zu beachten ist die Versorgung mit schwefelhaltigen Aminosäuren zur Sicherung des Federwachstums.

Die Aufzucht der Entenküken und Gössel, die für die Reproduktion vorgesehen sind, verläuft bis zur 3.–4. Woche unter Nutzung von Wärmequellen als künstliche Glucken. Die Fütterung ist in diesem Altersabschnitt identisch mit der für Masttiere. Es wird ein hochwertiges Starterfutter verabreicht, um dem intensiven Wachstum Rechnung zu tragen. Es ist darauf zu achten, dass alle Küken so früh wie möglich Futter und Wasser aufnehmen; notfalls sind einige Tiere mit der Hand zu füttern und zu tränken. Ist das Futter nicht pelletiert, muss es feuchtkrümelig als Weichfutter, auf verschiedene Mahlzeiten verteilt, angeboten werden. Dem Weichfutter ist in wachsendem Umfang zerkleinertes, junges Grünfutter beizumengen, denn durch frühzeitige Grünfutteraufnahme wird die Kapazität des Verdauungskanals vergrößert und damit das Futteraufnahmevermögen generell verbessert.

Die Fütterung der Jungtiere ist auf die spätere Legeperiode auszurichten. Teilweise wird schon ab der 5. Lebenswoche mit der Futterrestriktion begonnen, damit die Entwicklung bis zur Legereife verhalten verläuft. Oft wird die Futterrestriktion erst nach der 1. Jungtiermauser begonnen, um den Bedingungen des Federwechsels Rechnung zu tragen. Die Menge des Jungtierfutters wird nach den wöchentlichen Stichprobenwägungen festgelegt. Die Tagesgabe wird einmal täglich breitwürfig auf trockener Tiefstreu oder auf trockenen Plätzen im Auslauf gestreut oder in offenen Trögen, an denen jedes Tier einen Fressplatz von 10–15 cm Troglänge hat, verabreicht. Steht eine qualitativ gute Weide zur Verfügung, kann das Zufutter stark eingeschränkt werden.

Wenige Wochen vor dem gewünschten Legebeginn ist eine Umstellung auf Zuchtfutter vorzunehmen, damit eine ausreichende Vitamin- und Mineralstoffversorgung gesichert ist und mit Beginn der Legeperiode biologisch hochwertige Bruteier anfallen.

8.4.2 Fütterung der Zuchttiere

Generell ist in der Fütterung von Zucht- und Elterntieren zwischen den Phasen der Legetätigkeit und der Zuchtruhe zu unterscheiden. Während der Legeperiode haben Enten und Gänse einen hohen Energie- und Nährstoffbedarf. Pekingenten legen in einer Legeperiode von 40 Wochen 220–230 Eier. Dies entspricht einer Legeintensität von etwa 80 %. In den ersten Legemonaten liegt die Legeintensität sogar über 90 %. Pekingenten werden in der Regel über zwei Legeperioden genutzt, die durch eine 12-wöchige Legepause getrennt sind. Diese Legepause umfasst 10 Wochen Legeruhe und 2 Wochen Vorbereitungsphase für die nachfolgende Legephase. Der Nutzungszeitraum von Moschusenten für die Reproduktion besteht aus 3–4 Legeperioden von jeweils 20 Wochen, getrennt durch Legepausen von 12 Wochen. Die Legeleistung in den einzelnen Perioden beläuft sich auf 80–90 Eier. Dies entspricht einer Legeintensität von 60 %. Bei Zuchtgänsen beläuft sich die Legeintensität im Mittel auf 40 %. Die Ruheperiode zwischen zwei Legeperioden beträgt mindestens 12 Wochen, dauert aber oft länger, weil nur eine Legeperiode im Jahr bei einer Gesamtnutzungsdauer von 4 Jahren angestrebt wird.

Zur Fütterung während der Legeperiode kann der Energie- und Proteinbedarf nur zum Teil durch Grünfutter und Getreide gedeckt werden. Zur Ausschöpfung der Reproduktionsleistung muss der Anteil an Eiweißfuttermitteln sowie an Vitaminkonzentraten und Mineralstoffmischungen erhöht werden. Bei Fütterung mit pelletiertem Alleinfutter liegt der mittlere tägliche Verzehr bei Pekingenten zwischen 200 und 250 g, bei Moschusenten zwischen 150 und

180 g und bei Gänsen zwischen 280 und 320 g. Der Energie- und Eiweißgehalt je kg Alleinfutter sollte wie folgt sein:
- Umsetzbare Energie: 11,0–11,5 MJ
- Rohprotein: 180 g
- Lysin: 7 g
- Methionin und Zystin: 5,5 g

Durch Einsatz von reichlich Grünfutter und Hackfrüchten sowie durch Weideauslauf können erhebliche Mengen an Konzentratfutter eingespart werden.

Am Ende der jeweiligen Legeperiode wird die Neigung der Tiere zur Mauser genutzt, um alle Tiere schlagartig in die Mauser zu bringen. Dies wird durch Veränderung des Lichttages, vor allem aber durch Reduzierung der täglichen Futtermenge erreicht. Ohne diese einschneidende Einschränkung der Futteraufnahme würden die Tiere zu unterschiedlichen Zeiten mausern und es käme nicht zu einem einheitlichen Beginn der folgenden Legeperiode. Nach Beginn der Mauser muss energiereich gefüttert werden, um die mit dem Federverlust verbundene höhere Wärmeabgabe auszugleichen.

In der Zuchtruhe unterscheidet sich die Fütterung kaum von der Fütterung der Jungtiere. Es sind nur Nährstoffe für den Federwechsel und den Erhaltungsbedarf erforderlich. Ein Überangebot an energiereichem Futter ist zu vermeiden, damit die Tiere nicht verfetten. Die Fütterung in der Zuchtruhe muss eine gute Kondition gewährleisten, sonst kann sich das negativ auf die spätere Legeleistung auswirken. Die Gans kann in der Zuchtruhe den Bedarf an Energie und Protein auf guten Weiden zeitweilig allein aus Grünfutter decken.

Männliche Zuchttiere müssen eine hohe Paarungsaktivität aufweisen, um eine zufriedenstellende Befruchtung zu erzielen. In der Regel (in der natürlichen Paarung) erhalten männliche Zuchttiere die gleichen Rationen wie weibliche, da eine getrennte Fütterung beider Geschlechter unter diesen Bedingungen schwierig ist. Untersuchungen zum Bedarf an Energie und Nährstoffen sind bei Erpeln und Gantern selten durchgeführt worden. Es kann aber angenommen werden, dass sie keine höheren Ansprüche stellen als die weiblichen Tiere. Deutlich niedriger ist der Kalziumbedarf, aber der hohe Kalziumgehalt im Zuchtfutter scheint sich nicht negativ auszuwirken. Bei Belastungen, insbesondere bei hohen Umgebungstemperaturen, wirkt sich Vitamin C (50 mg/Tier/Tag) günstig auf die Spermaproduktion von Moschuserpeln und Gantern aus. Auch der nachlassenden Paarungsaktivität am Ende der Legeperiode kann mit Vitamin C entgegengewirkt werden. Besondere Beachtung verdient die Versorgung mit lebensnotwendigen Fettsäuren. So hat eine Zufütterung von 3–5 g Leinsamen einen positiven Effekt auf Paarungsaktivität und Spermaproduktion. Eine Verabreichung solcher Futtermittel ist bei natürlicher Paarung und gemeinsamer Haltung beider Geschlechter in höher hängenden Trögen möglich, die nur von größeren männlichen Tieren erreichbar sind.

8.4.3 Fütterung in der Mast

In der Mast von Enten und Gänsen sind je nach der angewandten Methode verschiedene Fütterungsabschnitte zu beachten. In der Kurz- oder Schnellmast wird durch intensive Fütterung das sehr schnelle Jugendwachstum bis zum Zeitpunkt der 1. Jungtiermauser genutzt. Der Schlachtzeitpunkt liegt kurz vor dem Eintritt der Mauser, um Schlachtkörper ohne Federstoppeln, aber mit zufriedenstellendem Brustfleischanteil zu erhalten. Die Schlachtreife in der Schnellmast erreichen Pekingenten im Alter von 7–8 Wochen, weibliche Moschusenten im Alter von 9–10 Wochen, männliche Moschusenten im Alter von 11–13 Wochen und Gänse im Alter von 8–10 Wochen. Wird Wassergeflügel zu früh geschlachtet, ist die Brustmuskulatur unterentwickelt und der Brustfleischanteil zu gering.

In der Schnellmast von Wassergeflügel wird in der Regel pelletiertes Allein-

Tab. 8.14. Amerikanische Beispielsrationen für Enten, g je kg (Leeson und Summers 1997)

	Starter-futter	Mast-futter	Jungtier-futter Zuchtruhe	Zuchttier-futter
Mais	–	–	451	–
Weizen	464	670	–	580
Gerste	150	100	110	100
Weizenkleie	50	100	330	78
Grünmehl	20	–	20	20
Sojaextraktionsschrot	280	95	50	133
Kalkstein	11	12,5	17,5	66,5
Kalziumphosphat	12,5	10	8	10
Jodiertes Salz	2,0	2,5	2,5	2,5
Vitamin-Prämix	10	10	10	10
Methionin	1,25	0,88	1,0	0,75
Gesamt	1000	1000	1000	1000
Rohprotein, %	22,7	16,2	12,7	17,2
Rohfett, %	1,6	1,7	3,8	1,6
Rohfaser, %	4,0	3,6	5,3	3,9
Ums. Energie, MJ/kg	11,4	12,0	10,6	11,3
Kalzium, %	0,80	0,75	0,92	2,90
Verfügb. Phosphor, %	0,41	0,33	0,42	0,43
Natrium, %	0,18	0,18	0,19	0,19
Methionin, %	0,46	0,33	0,21	0,33
Lysin, %	1,27	0,74	0,54	0,86

futter zur beliebigen Aufnahme angeboten. Das bis zur 3. oder 4. Woche gereichte Starterfutter zeichnet sich durch höheren Protein- (bis zu 22 %) und Vitamingehalt aus. Das anschließende Mastfutter hat bei etwas geringerem Proteingehalt (18 %) eine höhere Energiekonzentration. Beispielsrationen für Enten und Gänse enthalten die Tabellen 8.14 und 8.15.

Wenn billiges, hofeigenes Futter wie Weizen, Hackfrüchte oder Grünfutter eingesetzt werden soll, ist die Verringerung des Gehalts an Protein, Vitaminen und Mineralstoffen im Gesamtfutter zu beachten. Deshalb muss das pelletierte Mischfutter eine höhere Konzentration an diesen Nahrungsstoffen aufweisen. Die Beifütterung von hofeigenen Futtermitteln sollte dabei stufenweise gesteigert werden, damit sich der Magen-Darm-Trakt besser an die veränderte Fütterung anpasst.

Von April bis September ist auch in der Schnellmast die Möglichkeit gegeben, Grünfutter in Raufen bzw. auf der Weide anzubieten. Besonders in Kleinbetrieben wird man für die Enten- und Gänsemast nach billigen Futterressourcen suchen. Hierzu gehören auch Kartoffeln und andere Hackfrüchte. So konnten beispielsweise mit eingesäuerten Kartoffeln gute Mastergebnisse erzielt werden. Vorteilhaft ist auch ein Eiweißkonzentrat, mit dem bei sparsamstem Einsatz die eigentlichen Futterreserven effektiver verwertet werden können.

Bei Gänsen, gelegentlich auch bei der Mast von Moschuserpeln und Mularden, wird eine intensive Weidemast angewandt. Wie in der Schnellmast wird Starterfutter bis zur 3.–4. Lebenswoche, danach Mastfutter bis zum Schlachtalter verabreicht. Vorteilhaft ist die Zufütterung von Grünfutter schon im frühen Alter, weil sie eine Erweiterung des Verdauungstraktes bewirkt und somit später eine höhere Futteraufnahme ermöglicht. Die Mittelmast dauert bis zur

Tab. 8.15. Amerikanische Beispielsrationen für Gänse, g je kg (Leeson und Summers 1997)

	Starter-futter	Mast-futter	Jungtier-futter Zuchtruhe	Zuchttier-futter
Mais	218	–	547	295
Weizen	242	695	–	287
Gerste	100	100	100	100
Weizenkleie	100	100	250	100
Grünmehl	20		20	20
Sojaextr.schrot	284	70	45	130
Kalkstein	11	12	18	46
Kalziumphosphat	13	11	7	7
Jodiertes Salz	2	2	3	3
Prämix	10	10	10	10
Methionin	0,63	0,88	0,6	1,0
Gesamt	1000	1000	1000	1000
Rohprotein, %	21,9	15,2	12,4	15,7
Rohfett, %	2,1	1,7	3,6	2,3
Rohfaser	3,9	3,5	5,2	3,8
Ums.Energie MJ/kg	11,5	12,0	11,0	11,6
Kalzium, %	0,81	0,75	0,9	2,05
Verfügb. Phosphor, %	0,44	0,35	0,32	0,35
Natrium, %	0,17	0,18	0,18	0,19
Methionin, %	0,40	0,32	0,26	0,35
Lysin, %	1,21	0,68	0,54	0,76

Beendigung der 2. Jungtiermauser, das heißt bis zum Erreichen eines zweiten geschlossenen Federkleides. Das tritt etwa 6–7 Wochen nach Einsetzen der 1. Jungtiermauser ein. Die Fütterung kann insgesamt eiweißärmer sein, sollte jedoch auch den Bedarf für das Federwachstum berücksichtigen. Grünfutter ist möglichst auf futterwüchsigen Weiden anzubieten. In den letzten beiden Mastwochen sollte den Tieren jedoch zusätzlich ein Konzentrat zur freien Aufnahme angeboten werden.

Das Schlachtalter der in Lang- oder extensiver Weidemast gehaltenen Tiere liegt bei mindestens 22–24 Wochen, oft aber auch erst bei 30 Wochen und darüber. Nach 3-wöchiger Aufzucht beginnt die Weidehaltung. Das Zufutter kann, wenn die Weide genügend junges, blattreiches Gras hergibt, mit zunehmendem Alter der Tiere stark reduziert werden. Um die Vitamin- und Mineralstoffversorgung zu gewährleisten, sollte ein entsprechendes Konzentratfutter zusätzlich angeboten werden. In der 4- bis 6-wöchigen Endmast werden den Tieren stärkereiche Futtermittel zur Sättigung verabreicht, insbesondere Hafer, der sich positiv auf den Geschmack des Fettes auswirkt, aber auch Hackfrüchte, von denen Möhren bevorzugt werden.

Eine polnische Spezialität der Gänsemast ist die Hafermast im Herbst. Hierbei werden die Gänse nach extensiver Weidehaltung während des Sommers im Alter von 4–6 Monaten über einen Zeitraum von 3–6 Wochen mit Hafer und Möhren aufgemästet. Bei einem Verbrauch von 8–12 kg Hafer und 5–10 kg Möhren nehmen die Gänse noch bis zu 15 % des Körpergewichts zu.

9 Verwertung der Produkte

9.1 Fleisch und Fett

9.1.1 Schlachtwert

Für die Verwertung von Fleisch und Fett der Enten und Gänse ist der Schlachtwert von ausschlaggebender Bedeutung. Der Schlachtwert wird bestimmt durch die Schlachtausbeute, den Anteil fleischreicher Teilstücke, deren Anteil an Muskeln, Haut und Knochen, das Aussehen und die Beschaffenheit des Schlachtkörpers sowie die Qualität des Fleisches und des Fettes. Er wird von einem Komplex von Merkmalen bestimmt, wobei die Interessen von Produzenten, Vermarktern und Konsumenten von Geflügelfleisch deutlich voneinander abweichen. Die Produzenten streben eine möglichst hohe Lebendmasse der Tiere bei frühem Schlachtalter an. Der Vermarkter wünscht eine hohe Schlachtausbeute verbunden mit hohem Fleischanteil. Dem Verbraucher geht es demgegenüber nicht nur um fleischige Schlachtkörper, sondern vor allem um zartes, saftiges Fleisch mit einem arttypischen Aroma, das beim Zubereiten und beim Anschnitt möglichst wenig Substanz verliert. Wenn es um Verarbeitungsprodukte geht, sind auch die funktionellen Eigenschaften wie Wasserbindevermögen und Emulgierstabilität bedeutsam.

Die Schlachtausbeute ergibt sich aus dem Anteil des ausgenommenen Schlachtkörpers ohne Kopf und Füße, aber mit den verwertbaren Organen Herz, Leber und gereinigtem Muskelmagen am Körpergewicht des lebenden Tieres nach 12 Stunden Nüchterung. Die Schlachtausbeute beträgt bei Wassergeflügel 73–74 %. Davon entfallen auf den bratfertigen Rumpf mit Hals 65–66 %, auf die verwertbaren Organe 4,5–6,5 % und auf das Abdominalfett 1,5–3,5 %. Beim Abdominalfett handelt es sich um die Fettschichten an den Bauchwänden.

Den Wünschen der Verbraucher entsprechend müssen die Schlachtkörper eine gut proportionierte Form und eine voll bemuskelte Brust- und Schenkelpartie aufweisen. Die grobgewebliche Zusammensetzung, d.h. der Anteil an Muskulatur, Haut und Knochen sowie der Anteil an fleischreichen Teilstücken ist von entscheidender Bedeutung für den Schlachtwert.

In der Tabelle 9.1 ist für die Schlachtkörper von Enten und Gänsen die grobgewebliche Zusammensetzung (Muskel, Haut, Knochen) angegeben. Gesondert ausgewiesen ist der Anteil des Brustfilets zuzüglich des kleinen Brustmuskels sowie der ganze Schenkel mit Haut. Den höchsten Anteil an Muskulatur haben Moschusenten. Bei Pekingenten und Gänsen ist der Muskelanteil durch den hohen Hautanteil, bedingt durch die subkutane Fettablagerung, stark zurückgedrängt.

Die gewebliche Zusammensetzung des Schlachtkörpers und der Anteil fleischreicher Teilstücke werden entscheidend durch die genetisch bedingte Veranlagung für Umfang und Art des Fleischansatzes bestimmt. Der Verlust der Flugfähigkeit hat zu einer starken Verminderung der Brustmuskulatur geführt. Deshalb wird in der Züchtung auf hohen Brustfleischansatz selektiert.

Die Muskulatur zeichnet sich durch große Faserdichte, feste Fügung und feine Faserung aus. Besonders die Brustmuskeln weisen bei Enten und Gänsen einen hohen Anteil von über 80 % roter Muskelfasern auf. In der Schenkelmus-

Tab. 9.1. Grobgewebliche Zusammensetzung der Schlachtkörper von Wassergeflügel in % (ohne Hals und Flügelspitzen)

	Alter (Wochen)	Muskulatur	Haut	Knochen	Brustmuskel (Filet)	Ganzer Schenkel
Pekingente	7	48	30	22	15	27
Moschusente	12	60	22	18	20	25
Mulardente	9	56	23	19	18	28
Gans	16	54	23	23	18	26

kulatur ist der Anteil roter und weißer Muskelfasern etwa gleich. Generell ist das Fleisch von Wassergeflügel in die Kategorie rotes Fleisch einzuordnen. Die Muskeln werden durch wenig intramuskuläres Bindegewebe voneinander getrennt, ein Grund für die Zartheit des Fleisches. Der Anteil an Bindegewebseiweiß liegt unter 2,5 % im Brust- und unter 3,5 % im Schenkelfleisch. Durch das Verhältnis von Muskelgewebe zu Bindegewebe wird die Qualität des Fleisches maßgeblich bestimmt, da das Eiweiß der Muskelzellen leichter verdaulich und hochwertiger ist als das stark kollagenhaltige Protein des Bindegewebes. Außerdem beeinträchtigt der Bindegewebsgehalt die Zartheit. Dagegen sind Muskelpartien mit höherem Bindegewebsanteil allgemein etwas safthaltiger als solche mit niedrigerem. So gilt der Schenkel als saftiger und die Brust als trockener.

Die Haut des Geflügels bildet zusammen mit der Skelettmuskulatur das eigentliche Geflügelfleisch und stellt daher einen wichtigen Nahrungsbestandteil dar. Die Haut grenzt den Organismus gegen die Umwelt ab. Sie besteht aus der Oberhaut (Epidermis), der Lederhaut (Korium) und der Unterhaut (Subkutis). Die Epidermis des Geflügels ist sehr hitzeempfindlich, so dass es durch zu hohe Brühtemperaturen leicht zu Beschädigungen kommen kann. Ausserdem weist die Lederhaut eine sehr geringe Dicke auf, was die Gefahr von mechanischen Hautverletzungen beim Schlachten erhöht. Unter der äußeren Haut befindet sich die Unterhaut, eine aus lockerem Bindegewebe aufgebaute Verbindungsschicht zum Muskelgewebe. Bei Enten und Gänsen erfolgt eine starke Einlagerung von Fettzellen in die Unterhaut (Unterhautfettgewebe), besonders an der Körperunterseite. Eine gleichmäßige Fettablagerung im Unterhautgewebe verleiht dem Schlachtkörper ein ansehnliches Äußeres. Bei Enten und Gänsen macht die subkutane Fettablagerung etwa 70 % des gesamten Depotfettes aus. Sie gibt dem Braten die knusprige Bräune und das beliebte Aroma. Der größte Teil der Geschmacksstoffe befindet sich im Fettgewebe.

Das Knochengewebe bildet die Gerüstsubstanz für das Skelett, das aus Röhrenknochen sowie kurzen und platten Knochen besteht. Das Skelett dient als Ansatzfläche für die Muskulatur. Mit dem Verlust des Flugvermögens hat sich der hohe Mediankamm des Brustbeins von Enten und Gänsen zurückgebildet. Auch die Verankerung der Flügel im Schultergürtel hat an Stabilität verloren, was sich bei bewegungsarmer Haltung nachteilig auswirken kann.

Das Aussehen des Schlachtkörpers ist abhängig

- von der Form, die in starkem Maße von der Bemuskelung geprägt wird,
- von der Hautfarbe in Verbindung mit Federrückständen,
- von Schäden der Haut, wie Druckstellen, Hämatome und Brustblasen sowie
- von Deformationen und Brüchen der Knochen.

Um zu verhindern, dass die Haut der Schlachtkörper dunkle Pigmentflecken aufweist, werden Rassen mit weißer Gefiederfarbe verwendet. Bei Rassen mit farbigem Gefieder tritt während des Rupfens aus den Federkielen eine pig-

Tab. 9.2. Einfluss des Alters auf die Zusammensetzung des grillfertigen Schlachtkörpers von Enten und Gänsen (in %)

	Alter (Wochen)	Geschlecht	Muskeln (gesamt)	Brustmuskeln	Haut und subkutanes Fett	Knochen
Moschusente	6	ml.	45,4	3,7	29,9	22,6
	11	ml.	59,3	16,0	20,2	20,5
	6	wbl.	49,9	4,1	29,9	20,2
	9	wbl.	55,6	14,6	23,4	21,0
Pekingente	4	ml	33,7	4,9	30,7	35,6
	8	ml	47,8	19,4	29,9	22,3
	4	wbl.	33,5	5,8	31,1	35,5
	8	wbl.	49,9	19,6	29,5	21,6
Mulardente	6	ml	48,5	6,9	29,0	22,5
	9	ml	54,6	15,3	26,0	19,4
	6	wbl	45,5	6,3	30,7	23,9
	9	wbl	54,6	15,3	26,0	19,4
Gans	8	ml	48,6	11,5	27,0	21,1
	11	ml	55,3	15,7	24,6	22,3
	8	wbl	48,1	10,6	27,0	24,9
	11	wbl	52,5	16,6	27,3	20,4

mentierte Flüssigkeit aus, die in das umliegende Hautgewebe eindringt und unansehnliche Flecken hervorruft. Weiße Federn, insbesondere Daunen, haben einen höheren Wert als bunte. Der Zeitpunkt, zu dem alle Körperteile ihre volle Befiederung erlangt haben, ist für die Festlegung des Schlachtalters wichtig. Tiere, deren Rücken spärlich befiedert sind, haben zahlreiche Stoppelfedern, wodurch die Rupffähigkeit beeinträchtigt wird. Auch Hautschäden bedingen eine niedrigere Einstufung der Schlachtkörper und verursachen ökonomische Verluste. Die Schlachtkörper dürfen keine Einschnitte oder Risse in der Haut aufweisen. Diese muss auch frei von Quetschungen, Verfärbungen und Entzündungen sein.

Von großer Bedeutung für die Schlachtkörperzusammensetzung ist das Schlachtalter. Bei der Brustmuskulatur beginnt das intensive Wachstum relativ spät und nimmt bis zum Schlachtalter unmittelbar vor der Jungtiermauser stark zu. Demgegenüber nimmt der Anteil der Schenkelmuskulatur absolut wenig zu und relativ sogar ab. Das Gleiche trifft für die Haut mit dem subkutanen Fett zu. Insgesamt geht der Fettgehalt des Schlachtkörpers in diesem Zeitabschnitt leicht zurück (Tab. 9.2).

Bei der Verwertung des Schlachtkörpers oder Teilen desselben wird zartes und saftiges Fleisch mit angenehmem Geruch und Geschmack verlangt. Bei der Zubereitung (Braten, Kochen) darf kein zu hoher Substanzverlust auftreten. Außerhalb des Wahrnehmungsbereiches der Konsumenten sind als Qualitätsmerkmale noch der Nährstoffgehalt und Merkmale, die sich bei der Verarbeitung des Fleisches auswirken, zu nennen. Der Fettgehalt des verzehrbaren Anteils am Schlachtkörper liegt bei Pekingenten und Gänsen zwischen 20 und 30 % und bei Moschusenten und Mulardenten unter 20 %. Durch Braten oder Kochen wird der Fettgehalt jedoch deutlich verringert. Im Hinblick auf die Verarbeitung muss das Fleisch emulgierfähig sein und ein gutes Wasserbindevermögen aufweisen. Diese Eigenschaften sind zwischen den Muskeln unterschiedlich und im Schenkelfleisch besser ausgeprägt als im Brustfleisch.

Die Verwertung der Schlachtkörper von Enten und Gänsen ist nicht nur auf Fleisch orientiert. So wird aus dem Bauchfett (Flomen) und dem ausgebratenen Hautfett ein schmackhaftes Schmalz hergestellt. Es hat einen hohen Anteil der lebensnotwendigen, mehrfach ungesättigten Fettsäuren und ist deshalb nicht so fest und haltbar. Den höchsten Ertrag an Fett erhält man von Gänsen aus der Langmast.

Der Einfluss produktionstechnischer Faktoren auf die Schlachtkörper- und Fleischqualität von Wassergeflügel ist vielfältig. Sie können nach ihrer Wirkungsweise in Langzeit- und Kurzzeitfaktoren eingeteilt werden. Zu den Langzeitfaktoren (länger als 24 Stunden vor der Schlachtung) zählen die Produktionsbedingungen im Mastbetrieb wie Ernährung, Haltung, Management und mögliches Krankheitsgeschehen. Deutlich größere Auswirkungen als die Langzeitfaktoren haben die Kurzzeitfaktoren innerhalb von 24 Stunden vor der Schlachtung, weil diese den Muskelstoffwechsel unmittelbar vor der Schlachtung beeinflussen.

Neuere Untersuchungen haben gezeigt, dass eine Erhöhung des Gehalts an Lysin den Brustfleischanteil am Schlachtkörper steigert, wie Bons u.a. (1999) an Pekingenten nachweisen. Mit 1,02% Lysin im Mastfutter gegenüber 0,72% Lysin stieg der Brustmuskelanteil am Schlachtkörper um 2% auf 16,6%. Über die Fütterung ist verschiedentlich versucht worden, den Fettgehalt der Schlachtkörper von Wassergeflügel zu senken. Mit einem engen Energie-Protein-Verhältnis lässt sich nur bis zu einem gewissen Grad der Fettgehalt des Schlachtkörpers von Wassergeflügel verringern. Da Enten und Gänse über die Fähigkeit verfügen, eine Energiereduzierung im Mischfutter bis zu 30 % durch erhöhten Futterverzehr zu kompensieren, geht der Fettgehalt nur geringfügig zurück. Es muss auch die Futteraufnahme mengenmäßig begrenzt werden. Andererseits kann durch hohe Futteraufnahme der Fettgehalt beträchtlich gesteigert werden, was bei der Erzeugung von Fettlebern mit Gänsen und Mularderpeln in Frankreich genutzt wird. Haupbestandteil des Geflügelfutters ist Getreide. Weizen und Hafer ergeben einen besseren Geschmack als Mais und Gerste. Milo fällt wegen des Tanningehaltes deutlich ab. Der Geschmack des Brustfleisches wird durch die Fütterung weniger beeinflusst als der des Schenkelfleisches, was mit dem höheren Fettgehalt des Letzteren zusammenhängt. Einen deutlichen Geschmackseinfluss haben Futterfette. Sojaöl bewirkt einen besseren Geschmack als Talg. Beim Einsatz von Kräutern und ätherischen Ölen in der Geflügelfütterung, um deren antimikrobielle Wirkung zu nutzen, sind bisher keine Einflüsse auf sensorische Eigenschaften nachgewiesen worden. Fischmehl mit höherem Fettgehalt kann wegen des hohen Gehalts an mehrfach ungesättigten Fettsäuren, die oxidationsanfällig sind, einen fischigen Geschmack verursachen. Ein hoher Anteil ungesättigter Fettsäuren ist im Hinblick auf die menschliche Ernährung positiv zu werten (Senkung des Triglyzerid- und Cholesteringehaltes im Plasma), birgt aber die Gefahr der Oxidation und damit eine verringerte Haltbarkeit in sich. Um dem Ranzigwerden vorzubeugen, werden dem Geflügelfutter Antioxidantien, wie z. B. Vitamin E oder alpha-Tokopherylazetat zugesetzt. In diesem Zusammenhang ist die Wirkung der Weidehaltung auf den Gehalt des Fettes im Schlachtkörper an Omega-3-Fettsäuren hervorzuheben (Baeza et al. 1998). Ristic und Rauch (1992) haben bei Zufütterung von Hafer anstelle von Weizen bei Weidemast den Anteil an Linolsäure im Abdominalfett und in der Brusthaut verdoppeln können (14 % gegenüber 6–7 %).

Bei höherem Anteil an ungesättigten Fettsäuren im Enten- und Gänsefleisch besteht die Gefahr eines beschleunigten Fettverderbs. Die Schlachtkörper werden schmierig. Deshalb ist zu empfehlen, dem Futter eine Woche vor der Schlachtung 100–200 mg Vitamin E je kg zuzusetzen, um die antioxidative Wirkung für die Stabilisierung der Fettgewebe zu nutzen und Ranzigkeit und fischigen Geschmack zu vermeiden.

Ein beachtenswerter Aspekt des Fleischgeschmacks ist die Wirkung der Darmflora. So rührt der typische Wildgeschmack teilweise vom Stoffwechsel der Blinddarmflora her. Aus dem mikrobiellen Stoffwechsel dringen Metaboliten in die Skelettmuskulatur ein. Um diesen Vorgang zu nutzen, hat man früher geschlachtete Gänse unausgenommen bei niedriger Temperatur einige Tage abhängen lassen. Diese Maßnahme hatte außerdem eine positive Wirkung auf die Reifung und Zartheit des Fleisches.

Zur Wirkung verschiedener Haltungsformen auf die Fleischqualität gibt es wenig Hinweise oder sie sind gekoppelt mit Fütterungsfaktoren, wie Weide- oder Wasserausläufe. Bei Peking- und Mulardenten hat Weidehaltung zu höherem pH-Wert im Brust- und Schenkelfleisch geführt, da die weniger intensive Ernährung auf der Weide die Glykogenspeicherung im Muskelfleisch verringert. Die geringere Zartheit des Fleisches von auf Weiden gehaltenen Enten und Gänsen hängt mit dem verringerten Muskelanteil und den höheren Bindegewebsanteilen zusammen. Haltung mit Auslauf und Weide führt jedoch zu einer ideellen Aufwertung des Produkts. Eine Beeinflussung des Fleischgeschmacks ist weniger eine Frage der Haltung als der des Schlachtalters. Mit einem Alter von über 12 Wochen wird der arttypische Geschmack in Verbindung mit steigendem Fettgehalt stärker ausgeprägt. Aber mit zunehmendem Schlachtalter nimmt auch die Zartheit des Fleisches etwas ab.

Zur Sicherung einer guten Schlachtkörper- und Fleischqualität gehört das sorgfältige Behandeln der Tiere beim Verladen und Transportieren. Die Tiere sollten nicht unnötig beunruhigt werden. Starkes Treiben ruft vor allem in den Schenkelmuskeln eine Erhöhung des pH-Wertes hervor, was auf einen vorzeitigen Glykogenabbau und eine nachfolgend verzögert ablaufende Glykolyse schließen lässt. Beim Einfangen ist zu vermeiden, dass sich die Enten oder Gänse aufgeschreckt zusammendrängen und gegenseitig Schürfwunden auf dem Rücken beibringen. Es ist zweckmäßig, die Tiere in kleinen Gruppen durch Trenngitter abzugrenzen, sie schnell zu fangen und schonend in die Transportkisten zu setzen. Man fasst sie am besten mit festem Griff unter dem Kopfansatz, ohne die Finger voll um den Hals zu legen. Da die Flügelknochen sehr fein sind und leicht brechen, soll beim Tragen eine Hand unter dem Körper des Tieres liegen. Am günstigsten verläuft das Fangen im abgedunkelten Raum. Die Transportkisten aus Kunststoff sind mit einer seitlichen Klapp- oder Schiebetür versehen, um das Hineinsetzen und Herausnehmen der Tiere zu erleichtern. In einem Käfig mit der Grundfläche von 500 × 1000 mm und einer Höhe von 500 mm können 12–15 Enten oder 8 Gänse transportiert werden. Werden die Käfige überladen, klettern die Tiere übereinander und zerkratzen sich gegenseitig mit den Krallen die Rückenhaut. Beim Transport zum Schlachthof kann es besonders im Sommer zu kurzzeitigen Wärmebelastungen kommen, die zur Erschöpfung der Glykogenreserven in der Muskulatur führen und einen höheren pH-Wert nach sich ziehen. Fleisch mit hohem pH-Wert hat eine eingeschränkte Haltbarkeit. Der Transport darf nicht länger als 8 Stunden dauern. Bei Wartezeiten im Schlachtbetrieb vor dem Entladen ist für ausreichende Belüftung zu sorgen, damit es keinen Wärmestau gibt.

Im Zusammenhang mit dem Transport steht auch die Nüchterungszeit. Eine Nüchterungszeit von 8–12 Stunden ist erforderlich, um einer starken Verschmutzung der Tiere und der Schlachtanlagen beim Ausnehmen vorzubeugen. Zu lange Nüchterungszeiten führen zu einem Gewichtsverlust des Verdauungstrakts, können aber auch Muskelsubstanzverlust bewirken. Der Nüchterungsverlust steigt mit zunehmender Dauer der Entzugsperiode. Weiterhin ändert sich die bakteriologische Lage. Bei einem Futterentzug bis zu 10 Stunden verringert sich die Schlachtkörperkontamination durch den Darminhalt. Dauert die Nüchterung länger, wird das Tier dehydriert und der Darminhalt enthält höhere Konzentrationen an Krankheitserregern. Außerdem erhöht sich die Neigung der Därme, beim Ausnehmen zu zerreißen, was zusätzlich die Schlachtkörperkontamination steigert.

Oft werden die Tiere schon am Vorabend des Schlachttages verladen oder es kommt zu Verzögerungen, so dass Nüchterungszeiten bis zu 24 Stunden vorkommen. Untersuchungen an Pekingenten und Gänsen zur Nüchterungsdauer zeigen einen deutlichen Einfluss auf Merkmale der Fleischqualität. Insgesamt deutet sich in Brust- und Schenkelmuskeln eine Tendenz zu höheren pH-Werten an, d. h. eine langsamere und nicht ganz vollständig verlaufende Glykogenolyse. Das ist damit erklärbar, dass die Glykogenreserven in den Muskeln aufgebraucht werden. Somit bleibt wenig Substrat zur postmortalen Säuerung übrig. Alle Maßnahmen im Zusammenhang mit dem Transport zum Schlachtbetrieb können sich kumulativ auf die Entstehung von Defekten am Schlachtkörper, beim postmortalen Muskelstoffwechsel und bei der Fleischreifung auswirken. Schlachtkörperdefekte, wie Hautbeschädigungen (Quetschungen, Risse), gebrochene Knochen und Gelenke, Hautläsionen sowie Muskelhämorrhagien sind in hohem Maße auf unsachgemäße Behandlung der Tiere beim Fangen, Transport, Entladen und Anhängen zurückzuführen. Belastungen vor dem Schlachten haben auch Einfluss auf die bakterielle Kontamination der Tiere. Bei belastetem Geflügel können Mikroorganismen die Darmwand leichter passieren.

9.1.2 Schlachtung

Die Schlachtung dient der Gewinnung von Fleisch und Fett als Lebensmittel. Generell hat sich die Schlachtung von Geflügel einschließlich des Wassergeflügels zu einem hochmechanisierten und teilweise automatisierten Prozess entwickelt, wobei sich die verschiedenen Faktoren dieses Prozesses auf die Qualität des Schlachtkörpers und des Fleisches auswirken können (Abb. 46).

Die Schlachttiere werden den Transportkäfigen entnommen und manuell an den Ständern in die am Schlachtband befindlichen Bügel mit dem Kopf nach unten eingehängt. Unsachgemäßes Anhängen an das Schlachtband führt zu starkem Flügelschlagen der Tiere, so dass Blutstauungen und Flügelbrüche auftreten. Beim Entladen ist größte Sorgfalt nötig, damit die Schlachtkörperqualität nicht durch Druckstellen, Abschürfungen, Knochenbrüche sowie Erregung der Tiere herabgesetzt wird. Nach dem Anhängen der Tiere an die Schlachtkette erfolgt das Betäuben, das sofort zur Bewusstlosigkeit bis zum Tod durch Entbluten führen muss. Das Betäuben erfolgt mit einem stromführenden Wasserbad, in das die Köpfe der Tiere etwa 4 Sekunden eintauchen müssen. Für Enten und Gänse wird eine Stromstärke von 130 mA empfohlen. Eine ordnungsgemäße Betäubung ist nicht nur aus Gründen des Tierschutzes, sondern auch für eine ausreichende Ausblutung notwendig. Andernfalls treten Blutflecken und rote Flügelspitzen auf, die den Schlachtkörper unansehnlich machen. Die Stromstärke und -spannung beim elektrischen Betäuben spielen hierbei eine Rolle. Die höchsten Ausblutungsgrade von über 4 % werden bei Enten und Gänsen bei einer Stromspannung von 100 V erreicht. Mit dieser Spannung im Betäubungsbad wird auch die gewünschte Betäubung erreicht. Bei überhöhter Spannung kommt es durch Herzstillstand zu vermehrten Hautverletzungen und erhöhten Restfedernanteilen. Es entstehen Brüche in den Blutgefäßen und das ausgetretene Blut bildet Blutpunkte im Muskelgewebe. Derartige Hämorrhagien werden bei der Zerlegung des Schlachtkörpers sichtbar und stören die Akzeptanz des Produktes.

Ein Teil der Enten und Gänse hat keinen oder nur einen kurzen Kontakt

Abb. 46: Ablauf des Schlachtprozesses.

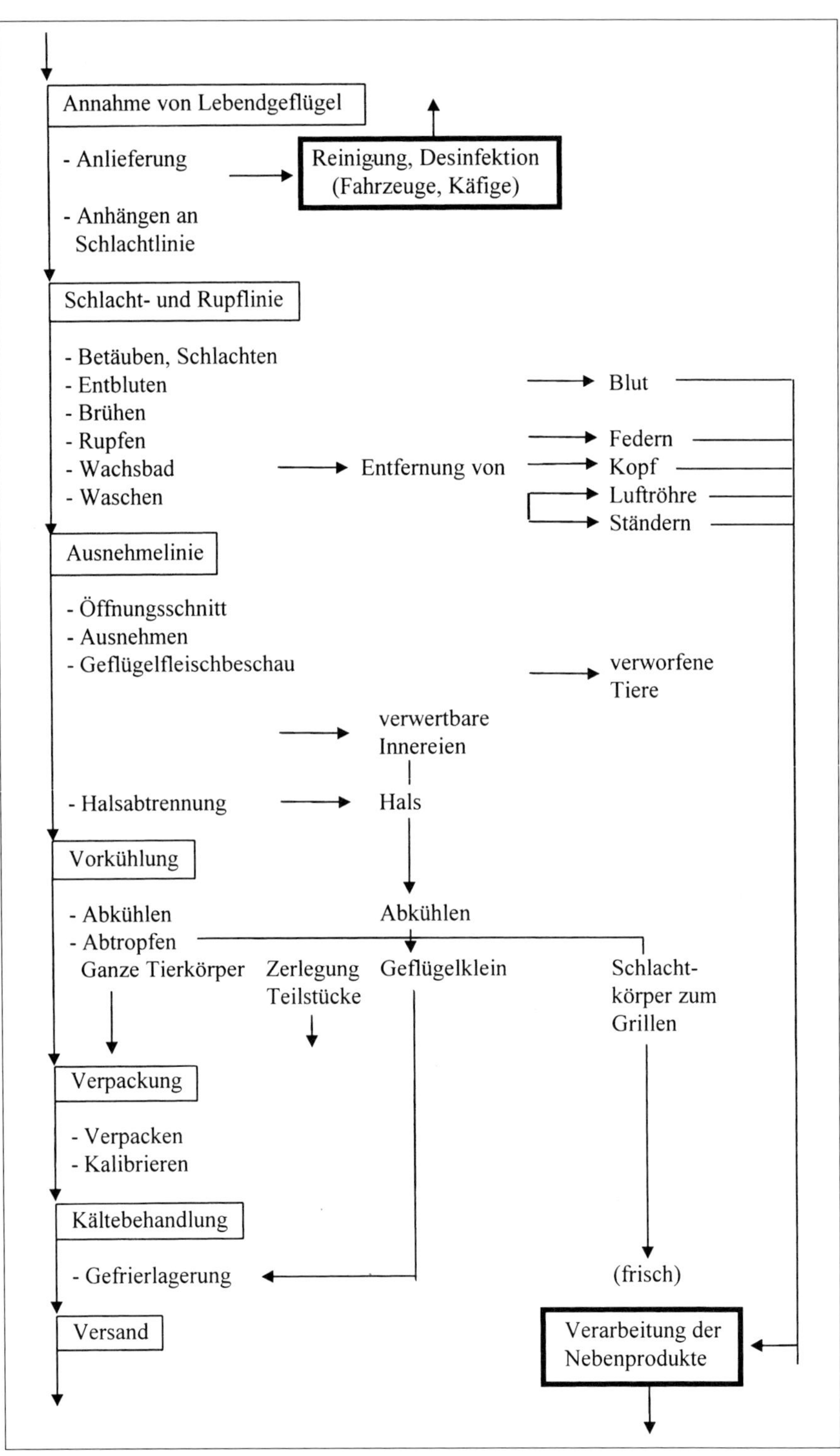

zum Betäubungsbad. Bei unzureichender Betäubung kommt es zu heftigem Flügelschlagen mit Brechen des Oberarmknochens und Hämatomen im Schulterbereich. Die Ausblutung wird verlangsamt und bleibt unvollständig. Dies hat zur Folge, dass die Tiere bis zum Brühen nicht vollständig getötet sind und im Brühbad durch Reflexbewegungen keimreiches Brühwasser in Lunge und Luftsäcke ansaugen. Auch die Hautmuskeln verbleiben in der Kontraktionsphase und erschweren das Rupfen, so dass der Schlachtkörper nicht federfrei wird. Die Entwicklung der Betäubung in einer Gasatmosphäre (Argon und Kohlendioxid), bei der die Tiere im Transportkäfig verbleiben und erst nach der Betäubung an die Schlachtkette gehängt werden, würde eine Reihe negativer Effekte auf das Wohlbefinden der Tiere vor dem Schlachten eliminieren. Insbesondere würde das teilweise heftige Flügelschlagen und die damit verbundenen Knochenbrüche und Hämatome unterbleiben.

Das Abstechen der Tiere erfolgt 5–10 Sekunden nach der Betäubung maschinell, wobei die Halsschlagader durchtrennt wird. Die Ausblutung dauert bis zu 2 Minuten. Im Anschluss an die Ausblutung werden die Schlachtkörper gebrüht, um eine Lockerung der Federn in den Follikelschäften zu erreichen. Unterschiedliche Brühtemperaturen wirken sowohl auf Schlachtkörper- als auch auf Fleischqualität. Niedrigere Brühtemperatur (50–53 °C) erhält die Epidermis, was für die Vermarktung frischer Schlachtkörper bei Kühlschranktemperatur wichtig ist. Für die Gefrierlagerung vorgesehene Schlachtkörper von Enten und Gänsen werden bei 59–61 °C gebrüht. Brühtemperatur und Brühdauer haben einen starken Einfluss auf Restfedernanteil und Hautschäden und damit auf das Aussehen des Schlachtkörpers. Zu langes Brühen oder zu hohe Brühtemperatur bewirken Hautverfärbungen, zäheres Fleisch und höhere Grill- oder Kochverluste beim Zubereiten. Das Rupfen dient der vollständigen Entfederung des Schlachtkörpers und wird in Schlachtbetrieben maschinell vorgenommen. Bei Wassergeflügel erfolgt nach dem Vorrupfen das Eintauchen in ein Wachsbad mit einer Temperatur von maximal 60 °C und anschließendes Kühlen in einem Wasserbad. Das erstarrte Wachs wird mit den Restfedern abgezogen. Zu heiße Wachsbäder führen zu unansehnlichen Hautveränderungen.

In kleinen Schlachtbetrieben wird aus Qualitätsgründen das Gefieder mit speziellen Maschinen trocken gerupft. Diese Trockenrupfer enthalten auf einer Achse mehrere Scheiben, die nicht parallel zueinander angeordnet sind und die Federn erfassen. Die am Schlachtkörper verbliebenen feinen Restfedern werden abgesengt. Das Trockenrupfen ist zur Erleichterung der Arbeit am schlachtwarmen Tierkörper vorzunehmen. Generell führt Trockenrupfen gegenüber Nassrupfen zu ansehnlicheren Schlachtkörpern und ist deshalb bei der Ab-Hof-Vermarktung von frischen Enten- und Gänseschlachtkörpern angebracht. Die äußere Haut bleibt unbeschädigt und bietet so einen Schutz gegen das Eindringen von Bakterien. Hinzu kommt noch eine wesentlich bessere Qualität der Federn. Die beste Federqualität bringt das manuelle Rupfen, ist allerdings mit dem höchsten Arbeitsaufwand verbunden. Beim maschinellen Rupfen wird ein Teil der Federn beschädigt.

Das Ausnehmen des Schlachtkörpers erfolgt in großen Schlachtereien weitgehend automatisiert. Nach Öffnen der Bauchhöhle werden die Eingeweide (Magen, Darm, Leber, Herz, Milz) herausverlagert und Leber, Herz und Muskelmagen abgetrennt. Herz, Leber ohne Gallenblase und geschälter Muskelmagen können nach Säuberung und hygienischer Verpackung in die ebenfalls gereinigten Schlachtkörper eingelegt werden (Herrichtungsform bratfertig).

Nach dem Ausnehmen und Waschen beträgt die Temperatur des Schlachtkörpers etwa 30 °C. Das Abkühlen der Schlachtkörper und der verwertbaren

Innereien ist notwendig, um eine stickige Reifung zu verhindern und die erforderliche Haltbarkeit zu gewährleisten. Die Kerntemperatur ist innerhalb einer Stunde auf 4 °C zu senken. Da das Tauchkühlverfahren im Eiswasserbad hygienisch bedenklich ist und eine hohe Fremdwasseraufnahme mit sich bringt, wird die Luftsprühkühlung angewandt. Derartig gekühlte Schlachtkörper können der Gefrierlagerung zugeführt werden. Bei Schlachtkörpern, die für die Frischvermarktung vorgesehen sind, wird die Kühlung im Kaltluftstrom angewandt. Die Epidermis des Schlachtkörpers muss intakt sein, d. h. der Schlachtkörper darf nur bei einer Temperatur unter 54 °C gebrüht worden sein. Andernfalls bewirkt die Luftkühlung eine Braunverfärbung der Hautoberfläche.

Eine Zerlegung der Schlachtkörper soll nach Erreichen der Kerntemperatur von +4 °C (Kaltzerlegung) vorgenommen werden. Bei der Warmzerlegung ist nur nach Teilstücken zu zerlegen, ohne die Knochen auszulösen. Die Entbeinung ist erst nach Eintritt des Rigor mortis (Totenstarre) vorzunehmen, um eine ausreichende Zartheit des Fleisches zu gewährleisten. Die Verbindung des Muskels mit dem Knochen während der Reifung hat einen Streckungseffekt und eine Kontraktion des Muskels während des Rigor mortis ist nicht möglich, was sich positiv auf die Zartheit des Fleisches auswirkt. Die Fleischreifung verläuft bei Wassergeflügel wesentlich langsamer als bei Broilern, was mit dem höheren Anteil roter Muskelfasern und den unterschiedlichen Glykogenabbauraten zusammenhängt. Bei Enten und Gänsen sollte die Entbeinung erst nach einer 12 bis 24-stündigen Reifung vorgenommen werden.

In modernen Schlachtbetrieben werden die Schlachtkörper klassifiziert, vakuumverpackt (Schrumpffolie, Entzug der Luft aus dem Beutel durch Vakuum) und in einheitlichen Chargen (Kalibrierung) vermarktet oder der Kältebehandlung zugeführt. Geflügelschlachtkörper, -teilstücke und -produkte werden in gekühltem oder gefrostetem Zustand gelagert. Die Kühllagerung erfolgt zwischen –1 °C und +4 °C sowie 85 % und 95 % Luftfeuchtigkeit. Die Lagerdauer ab Schlachtung bis zum Verkauf an den Verbraucher darf maximal 7 Tage betragen, wobei der angegebene Temperaturbereich durchgehend einzuhalten ist. Die Gefrierlagerung erfolgt bei –18 °C bis –28 °C, nachdem die vorgekühlten Schlachtkörper im Kaltluftstrom bei bis zu –40 °C gefrostet worden sind. Bei Enten und Gänsen treten nach längerer Lagerung Veränderungen im Depotfett auf. Durch Autoxidation der mehrfach ungesättigten Fettsäuren treten Verbindungen auf, die in frischen Fetten nicht vorkommen. Fleisch von unsachgemäß oder zu lange gelagertem Wassergeflügel schmeckt deshalb ranzig. Aroma und Geschmack sind beeinträchtigt.

Bei einer Luftfeuchtigkeit von 85–95 % sollte die Lagerdauer bei einer Lagertemperatur
- von –18 °C 6 Monate
- von –21 °C 7 Monate
- von –28 °C 11 Monate

nicht überschreiten.

9.1.3 Vermarktung

Nach der Verordnung (EWG) Nr. 1906/90 des Rates vom 26. 06. 1990 über Vermarktungsnormen für Geflügelfleisch ist der Schlachtkörper definiert als der ganze Körper eines Schlachtgeflügels nach Entbluten, Rupfen und Ausnehmen; das Entfernen des Herzens, der Leber, der Lunge, des Magens, des Kopfes und der Nieren sowie das Abtrennen der Beine in Höhe des Tarsalgelenks und des Kopfes sind jedoch freigestellt. Ein ausgenommener Schlachtkörper kann mit oder ohne Innereien, d. h. Herz, Leber, Magen und Hals, die im Schlachtkörper aufbewahrt werden, zum Verkauf angeboten werden.

Bei Teilstücken handelt es sich um Geflügelfleisch, das nach Größe und Muskelstruktur nachweislich einem be-

Für Schlachtkörper von Wassergeflügel gelten folgende Definitionen:
Enten (*Anas platyrhynchos* dom.), **Barberieente** (*Cairina moschata*), **Mulardenten** (Kreuzung aus Barberieente und Pekingente)

- Frühmastente/junge Ente, (junge) Barberieente, (junge) Mulardente: Tier mit biegsamem (nicht verknöchertem) Brustbeinfortsatz;
- Ente/Barbarieente/Mulardente: Tier mit rigidem (verknöchertem) Brustbeinfortsatz

Gänse (*Anser anser* dom.).

- Frühmastgans/(junge) Gans: Tier mit biegsamem (nicht verknöchertem) Brustbeinfortsatz. Die den Körper insgesamt überziehende Fettschicht ist mitteldünn bis dünn; das Fett junger Gänse kann je nach Ernährung farblich variieren;
- Gans: Tier mit rigidem (verknöchertem) Brustbeinfortsatz. Die den Körper insgesamt überziehende Fettschicht ist mitteldick bis dick.

Die wichtigsten Teilstücke bei Wassergeflügel sind Brust und Schenkel.

- **Brust**: Brustbein und beidseitige Rippen oder Teile davon, einschließlich anhaftendem Muskelfleisch, angeboten als ganze Brust oder als Brusthälfte.
- **Schenkel**: Femur (Oberschenkelknochen), Tibia (Schienbein) und Fibula (Wadenbein), einschließlich anhaftendem Muskelfleisch. Die beiden Schnitte werden an den Gelenken angesetzt.
- **Brustfilet**: ganze oder halbe entbeinte Brust, d.h. ohne Brustbein und Rippen.
- **Magret, Maigret**: Brustfilet von Enten und Gänsen mit Haut und subkutanem, den Brustmuskel bedeckendem Fett, ohne den inneren Brustmuskel.

Die Geflügelschlachtkörper werden nach der Verordnung (EWG) Nr. 1538/91 der EU in einer der folgenden Herrichtungsformen vermarktet:

- Teilweise ausgenommen (Schlachtkörper mit Herz, Leber, Lungen, Muskelmagen, Kropf und Nieren),
- bratfertig oder mit Innereien (Herz, Hals, Muskelmagen und Leber),
- grillfertig oder ohne Innereien.

stimmten Schlachtkörperteil zugeordnet werden kann.

Der überwiegende Teil des Wassergeflügels wird in Deutschland als bratfertiger Schlachtkörper vermarktet. Hals und Flügelspitzen sind meistens neben Magen, Herz und teilweise Leber Bestandteile des Geflügelkleins.

Die gesundheitlichen und tierseuchenrechtlichen Anforderungen bei der Gewinnung, Zerlegung, Lagerung und dem Handel von Geflügelfleisch sind im Geflügelfleisch-Hygienegesetz verankert. Dieses Gesetz sieht u.a. Untersuchungen des lebenden und geschlachteten Geflügels vor und dient dem Schutz des Menschen vor gesundheitlichen Gefahren beim Verzehr von Geflügelfleisch. Zunächst erfolgt eine Untersuchung der Herde vor der Ausstallung durch den amtlichen Tierarzt mit Aussagen zum Gesundheitszustand, zur medikamentösen Behandlung oder zum Einsatz anderer Stoffe, die Rückstände verursachen können, sowie zu beobachteten Krankheiten und anderen Störungen. Nach der Lebendbeschau müssen die Tiere innerhalb von 24 Stunden geschlachtet werden. Im Geflügelschlachtbetrieb sind nach Eintreffen der Tiere Transportschäden, Besatzdichte im Transportkäfig, Anzahl der auf dem Transport verendeten Tiere sowie der Allgemeinzustand nach der Transportbelastung festzustellen. Die Fleischuntersuchung erfolgt an jedem einzelnen Tier am Schlachtband. Hierfür werden Geflügelfleischkontrolleure, die unter tierärztlicher Aufsicht stehen, eingesetzt.

Für die Ab-Hof-Vermarktung gilt die Geflügelfleischausnahme-Verordnung. Diese sieht vor, dass frisches Geflügelfleisch von einem Landwirt mit kleinerer

Geflügelhaltung und Eigenschlachtung ausnahmsweise in geringen Mengen auf den nächstgelegenen Wochenmärkten unmittelbar an den Verbraucher oder unmittelbar an Einzelhandelsgeschäfte geliefert werden kann. Als obere Begrenzung für die kleinere Geflügelhaltung gelten 2 500 Gänse oder 10 000 Mastenten. Der nächstgelegene Wochenmarkt muss im Umkreis von 50 km liegen. Als geringe Menge frisches Geflügelfleisch gelten maximal 6 000 kg. Frisches Geflügelfleisch darf nur von Tieren stammen, die im Betrieb des Landwirts während einer Mast- oder Legeperiode hygienisch einwandfrei gehalten worden sind. Die Schlachtkörper müssen unmittelbar nach der Schlachtung auf +4 °C Kerntemperatur herabgekühlt und können bei dieser Temperatur maximal 4 Tage gelagert werden. Zweimal im Jahr werden Betriebe und Ab-Hof-Vermarkter vom Amtstierarzt überprüft.

Die Direktvermarktung bietet sich für Enten und Gänse aus folgenden Gründen an:

- Wenn die Produkte direkt an den Endverbraucher verkauft werden, sind höhere Preise erzielbar.
- Frische Enten oder Gänse direkt vom Bauernhof erfüllen den gelegentlichen Wunsch nach etwas Besonderem.
- Da das Interesse des Verbrauchers für die Produktionsbedingungen zunimmt, kann mit der Demonstration mustergültiger Weidemastverfahren der Erlebniswert einer Einkaufsfahrt auf den Bauernhof erhöht werden und es wird ein zusätzlicher Bonus erzielt.

9.2 Verwertung der Eier

Die Eier von Enten und Gänsen werden in Deutschland fast ausschließlich in der Brut zur Erzeugung von Küken für die Mast bzw. für die Reproduktion der Zucht- und Elterntiere verwendet. Die Nutzung von Wassergeflügeleiern ist stark eingeschränkt. Auf Grund von Infektionen mit Salmonellen nach Verzehr von Enteneiern in den 30er Jahren ist 1936 eine „Verordnung über Enteneier" erlassen worden, die eine Erhitzung der Eier von 8 Minuten vorschrieb. Mit Wirkung vom 25. 8. 1954 wurde eine Neufassung dieser Verordnung (BGGl. I, S. 265) in Kraft gesetzt, wonach Enteneier nur in den Handel gelangen dürfen, wenn sie die Aufschrift tragen: Entenei: 10 Minuten kochen (RUDOLPH, 1995). Damit ist das Interesse an Enteneiern erloschen, obwohl sie in einigen funktionellen Eigenschaften Hühnereiern überlegen sind. Im Gegensatz dazu gibt es regional, insbesondere am Niederrhein, eine beachtliche Nachfrage nach Gänseeiern.

Einen hohen Stellenwert haben Enten- und Gänseeier in China und anderen asiatischen Ländern. Sie werden dort zur Herstellung von Soleiern und alkalisierten Eiern verwendet. Soleier entstehen durch Einlegen in eine Salzlake über eine Dauer von 5 Wochen. Zur Alkalisierung werden die Eier mit intakter Schale in eine Lösung aus Natronlauge und Kochsalz mit einem pH-Wert von 13–14 eingelegt. Nach 14 Tagen werden die Eier abgepellt und nach Kühlung mit einer 10 %igen Polyvinyl-Alkohol-Lösung überzogen und in dieser Form unter der Bezeichnung „Pidan" oder „Tausendjahrei" vermarktet. Bei diesem Verfahren dringt die Natronlauge durch die Poren des Eies ein und verursacht die Gelierung des Eiklars mit gleichzeitiger Braunfärbung. Beim weiteren Eindringen der Natronlauge in den Dotter kommt es zur Bildung von Eisensulfid, das dem Dotter die typische dunkelgrüne Färbung verleiht (CHEN, 1999).

Auf den Philippinen ist außerdem noch eine Spezialität aus Enteneiern mit der Bezeichnung „Balut" beliebt. Hierbei handelt es sich um 17–18 Tage angebrütete Enteneier, die hartgekocht mit Salz gegessen werden.

Die in den Brütereien anfallenden Klareier lassen sich nach Ausblasen des Eiinhalts in begrenztem Umfang an Kunsthandwerker absetzen. Insbesondere große Gänseeier sind bei den Dekorateuren gefragt. Die für Dekorationszwecke vorgesehenen Eier werden am stumpfen Ende angebohrt, so dass ein Loch mit einem Durchmesser von etwa 0,5 cm entsteht. Mit einer speziellen Saugvorrichtung wird der Eiinhalt abgesaugt und danach das leere Ei mit Seifenlösung ausgewaschen.

9.3 Verwertung der Federn und Daunen

In der Haltung von Enten und Gänsen wird durch die Gewinnung von Federn und Daunen ein zusätzlicher Gewinn erzielt. Die Nutzung der Gänsefedern und -daunen für die Füllung von Kissen und Deckbetten hat eine über 2 000 Jahre währende Tradition und wurde schon von den germanischen und keltischen Stämmen angewandt und von den Römern übernommen. Bekannt war zu dieser Zeit auch schon das Lebendraufen, d. h. die Federgewinnung von lebenden Gänsen zum jeweiligen Mauserzeitpunkt, wenn die Federn ohnehin abgestoßen werden. Daunen und Deckfedern von Gänsen und Enten sind auch heute bevorzugtes Füllmaterial für Bettdecken sowie für hochwertige Winterbekleidung, da sie synthetischen Materialien in der Kälteschutzwirkung und Feuchtigkeitsaufnahme deutlich überlegen sind. Wer sich tiefen Temperaturen aussetzen muss, sich aber nicht mit schwerem Gepäck belasten will, greift auf daunengefütterte Kleidungsstücke und Daunenschlafsäcke zurück.

Das Gefiederkleid von Enten und Gänsen besteht aus Daunen und kurzen und langen Deckfedern. Bei Letzteren handelt es sich um die Flügelschwingen und Schwanzfedern, die für die Bettenherstellung nicht verwertbar sind und nur bei der Vollmauser gewechselt werden. Brauchbar als Bettfedern sind vor allem Daunen und kurze Deckfedern vom Rumpf. Eine Gänsedaune wiegt nach Kozak und Molnar (1999) im Mittel 1,4 mg und hat mit 71 Fäden mit feinen Verästelungen einen Durchmesser von 4,2 cm. Etwa 10 % der Daunen haben einen Durchmesser von über 6 cm und über 100 Strahlen. Die Entendaunen sind etwas kleiner und leichter als Gänsedaunen. Generell verfügen Daunen über eine hohe Bauschkraft und schließen viele Luftpolster ein. Die kurzen Deckfedern sind stark gebogen und schließen ebenfalls, wenn sie übereinander liegen, Luftpolster ein, die wärmedämmend wirken. Sie sind elastisch, d. h. sie federn nach Belastung immer wieder zurück. Diese Eigenschaft wird als Füllkraft bezeichnet. Gänse- und Entenfedern unterscheiden sich in der Form. Die Gänsefeder ist stumpf und rund und hat am unteren Teil einen reichen Flaum. Die Entenfeder läuft spitz zu und hat einen eher spärlichen Flaum.

Die Gewinnung der Federn erfolgt bei der Schlachtung als Schlachtrupf, bei Gänsen auch durch Raufen lebender Tiere als Lebendrauf. Bei der Schlachtung von Wassergeflügel wird das gesamte Gefieder entfernt, zumeist im maschinellen Nassrupfverfahren. Dies erfordert dann die umgehende Trocknung der Federn, deren Sortierung und weitere Aufbereitung.

Szado et al. (1993) haben den Ertrag an verwertbaren Federn (Deckfedern und Daunen) bei Nassrupfen und anschließendem Trocknen von Weißen Italienischen Gänsen untersucht und festgestellt, dass mit zunehmendem Schlachtalter die Menge und der Anteil an Daunen zunimmt (Tab 9.3). Auch die Füllkraft der Daunen wird bei höherem Schlachtalter verbessert.

Tab. 9.3. Einfluss des Schlachtalters auf den Federertrag nach Waschen und Trocknen von Gänsen (Szado u. a. 1993)

Schlachtalter (Wochen)	14–16	22–24
Körpergewicht (kg)	4,97	5,65
Gewicht der verwertb. Federn (g)	117	158
Anteil Daunen (%)	22,1	28,5
Gewicht von 300 Daunen (mg)	308	349
Füllkraft (cm)	16,6	21,7
unter Druck (cm)	3,6	4,9
ohne Druck (cm)	7,4	9,8
Fettgehalt (%)	2,0	2,1

Tab. 9.4. Vergleich des Ertrages an verwertbaren Federn verschiedener Wassergeflügelarten nach Kurzmast und manuellem Rupfen

	Gans	Pekingente	Moschuserpel	Moschusente	Mulardente
verwertb. Federn (g)	120	93	94	55	58
g/kg Kgw.	25	34	26	20	17
davon Daunen (g)	30	11	15	9	13
g/kg Kgw.	6,3	4,1	2,2	2,1	2,4

Aus Gründen der Schlachtkörperqualität wird teilweise das Trockenrupfverfahren angewandt, insbesondere wenn die Schlachtkörper frisch vermarktet werden sollen. Bei einem Vergleich der verschiedenen Wassergeflügelarten nach Kurzmast bis zur 1. Jungtiermauser und Gewinnung der Federn durch manuelles Rupfen ergab sich, dass Pekingenten mit 34 g verwertbaren Federn je kg Körpergewicht den Gänsen mit 25 g überlegen waren. In der Daunenproduktion waren jedoch die Gänse mit 6,3 g je kg Körpergewicht deutlich vorn. Es folgten Pekingenten mit 4,1 g, während Moschusenten und Mularden nur wenig über 2 g Daunen je kg Körpergewicht lieferten (Tab. 9.4).

Da Gänse in der Regel erst nach verlängerter Jungtiermast vor der 2. oder 3. Jungtiermauser geschlachtet werden, tritt ihre Überlegenheit in der Daunenproduktion noch mehr in Erscheinung. So konnte SCHNEIDER (1995) nachweisen, dass der Daunenanteil an den verwertbaren Federn von 25 % vor der 1. Jungtiermauser auf 32 % bei den im Abstand von 6–7 Wochen folgenden Mauserzeitpunkten ansteigt.

Eine Besonderheit in der Gänsezucht ist das Lebendraufen. Es beruht auf den natürlichen Vorgängen bei der Mauser. Mit der Reifung des 1. Jungtiergefieders und dem Abschluss des Längenwachstums der Federn kommt es schlagartig zur Mauser. Die Federreifung beruht darauf, dass die Blutzufuhr zwischen der im Grunde des Federbalgs gelegenen Papille und der Federspule unterbrochen wird. Dadurch trocknet das Federmark ein und die rötliche Färbung verschwindet und wird weißlich. Die neuen Federn drängen die alten abgestorbenen Federkiele heraus. Zu diesem Zeitpunkt kann das Raufen der Daunen und des Kleingefieders vorgenommen werden, ohne den Tieren Schmerzen und Hautläsionen zuzufügen. Die Federkiele sind nicht mehr durchblutet und haben keine Verbindung mehr zur umliegenden Haut. Gerauft wird vor allem an Bauch, Brust und Rücken, unter den Flügeldecken und am unteren Teil des Halses, wobei die Daunen nur ausgelichtet werden. Ein sorgsamer Umgang mit den Tieren beim Fangen, Halten und Freilassen ist zu gewährleisten.

Während des Wachstums unterliegt Wassergeflügel im Abstand von 6–7 Wochen einer Teilmauser, die das Kleingefieder umfasst. Zuchttiere mausern unmittelbar nach Beendigung der Legeperiode und danach ebenfalls im Abstand von 6–7 Wochen. Für Gänse aus einem Schlupf Mitte April kann das Federraufen Ende Juni, Anfang August und Mitte September durchgeführt werden. Für Zuchtgänse, die Mitte Juni das Legen einstellen, ergeben sich als Zeiträume für das Federraufen Mitte Juni, Ende Juli, Anfang September und Mitte Oktober.

Die endgültige Entscheidung für den Zeitpunkt des Federraufens ist von der tatsächlichen Federreifung abhängig.

Unreife Federn sind auf Grund ihres hohen Wasser-, Blut- und Epithelzellengehaltes nicht lagerfähig und deshalb nicht als Füllstoff für Betten geeignet.

Um das Lebendraufen tiergerecht durchzuführen, ist der Raufzeitpunkt durch Proberaufen an etwa 1 % des Tierbestandes festzulegen. Zwecks Gewinnung sauberer Federn wird den Gänsen einige Tage vor dem Raufen Badegelegenheit gegeben und am Abend vor

Tab. 9.5. Ertrag an verwertbaren Federn und Daunen von dreimaligem Raufen bei wachsenden und erwachsenen Gänsen (Bielinski 1979)

Lebendrupf	Wachsende Gänse			Erwachsene Gänse		
	Federn	Daunen	Gesamt	Federn	Daunen	Gesamt
1.	40,3	4,7	45,0	71,2	18,0	89,2
2.	7o,7	16,9	87,6	57,6	15,4	73,0
3.	87,6	22,3	109,9	88,9	21,1	110,0
Gesamt	198,6	43,9	242,5	217,7	54,5	272,2

Reife Federn sind gekennzeichnet durch:
- trockene, geschrumpfte Federspule, frei von Gewebeteilen,
- hohle, marklose und blutleere Federspule,
- weiße Färbung der Federspule.

dem Raufen kein Futter mehr verabreicht. Das Fangen und Halten der Gänse sowie das Raufen sind mit größter Sorgfalt vorzunehmen, damit die Tiere nicht verletzt werden. Nach dem Raufen müssen die Tiere die Möglichkeit haben, sich bei ungünstiger Witterung im warmen und trockenen Stall aufzuhalten.

Nach Bielinski (1979) (Tab. 9.5) beträgt die Menge an verwertbaren Federn einschließlich der Daunen aus dreimaligem Federraufen bei wachsenden Gänsen 242,5 g und bei erwachsenen Gänsen 272,2 g mit einem Anteil von 18 bzw. 20 % Daunen. Im 3. Federrauf ist der Ertrag an Federn und Daunen am höchsten. Rosinski et al. (1999) ermittelten beim 3. Lebendrauf im November einen Ertrag an verwertbaren Federn von 21,5 g, davon 7 g Daunen, je kg Körpergewicht. Weidehaltung mit guter Grünfutterqualität soll sich positiv auf die Dichte und den Glanz des Gefieders auswirken. Zum Einfluss der Art der Federgewinnung auf deren Qualität gibt es nur wenige Untersuchungen. Aus Erfahrung weiß man, dass die Qualität der Daunen und Federn, die durch Raufen lebender Tiere unmittelbar bei Beginn der Mauser gewonnen werden, die besten technologischen Eigenschaften aufweisen. Dies ist in Untersuchungen von Metz (2002) an Daunen von Zuchtgänsen durch Vergleich der Füllkraft in einem Glaszylinder nach Belastung durch 5000 Kompressionen mit einem Druck von 2500 Pascal bestätigt worden (Lorch'sche Resilience-Messung). Die von lebenden Gänsen durch Raufen gewonnenen Daunen wiesen nach der Belastung eine um 7,1 % reduzierte Füllkraft auf, während bei den Daunen aus dem Schlachtrupf die Füllkraft um 12,7 % reduziert war.

Ein Vergleich der Füllkraft von Enten- und Gänsedaunen, die durch manuelles Rupfen der geschlachteten Tiere gewonnen wurden, ergab eine deutliche Überlegenheit der Gänsedaunen, sowohl in rohem, bearbeitetem und durch mehrmaliges Waschen belastetem Zustand (Tab. 9.6)

Die beste Füllkraft besitzen Daunen von Zuchtgänsen, gefolgt von Daunen der Mastgänse. Die Daunen von Masttieren beider Entenarten haben eine deutlich geringere Füllkraft. Durch die Bearbeitung (Waschen, Reinigen und Trocknen) wird die Füllkraft in allen Fällen deutlich verbessert. Die Belastung durch 10-maliges Waschen verringerte die Füllkraft der Entendaunen um 18 %, die der Gänsedaunen dagegen nur um 12–13 %.

Tab. 9.6. Vergleich der Füllkraft (mm) von rohen, bearbeiteten und belasteten Daunen von Gänsen und Enten (Metz, 2002)

	Rohe Daunen	Bearbeitete Daunen	10x gewaschene Daunen
Zuchtgänse	124	183	161
Mastgänse	129	179	155
Pekingenten	94	147	121
Moschusenten	92	129	106

10 Wirtschaftlichkeit der Enten- und Gänsemast

Die Wirtschaftlichkeit der Enten- und Gänsefleischproduktion hängt von zahlreichen Faktoren ab. Ausgehend von den typischen Haltungs- und Produktionsparametern für Wassergeflügel (Tab. 10.1) werden Angaben zu den Kosten der Enten- und Gänsefleischproduktion angegeben.

Einen nicht unerheblichen Nutzen können die Erzeuger von Wassergeflügel aus den geringeren Ansprüchen an Haltung und Fütterung ziehen. So bietet die Weidehaltung die Möglichkeit, Mischfutter und Getreide zu sparen. Wirtschaftlich nachteilig sind jedoch die höheren Reproduktionskosten, bedingt durch die längere Brutdauer, die längere Aufzucht, das enge Anpaarungsverhältnis und die kurzen Legeperioden. Jedes Brutei und jedes Küken ist schon mit einem erheblichen Futteraufwand belastet, was sich im Kükenpreis für den Mäster niederschlägt (Tab. 10.2).

Den gegenwärtigen Leistungsstand in der Enten- und Gänsemast zeigt Tabelle 10.3.

Aus der Kalkulation des anteiligen Futters der Elterntiere je erzeugten Kükens in Tabelle 10.2. geht die Überlegenheit der Pekingenten hervor. Jedes kg Schlachtgewicht ist demnach mit 0,19 kg bei Pekingenten (3,2 kg), mit 0,22 kg bei Moschusenten (3,7 kg), mit 0,32 kg bei Mularden 3,8 kg) und mit 0,37 kg bei Gänsen (6,0 kg) belastet. Shalev (1995) hat als Elternkomponente je kg Körpergewicht 0,16 kg bei Pekingenten, 0,38 kg bei Mularden und 0,74 kg bei Gänsen errechnet.

Klemm (2002) führte umfangreiche Kostenanalysen zur Enten- und Gänseproduktion durch. Die Basisdaten für die Kostenkalkulation bei Altgebäudenutzung sind in Tabelle 10.4 zusammengestellt worden. Beispiele für die auftretenden Kosten in der Enten- und Gänsemast sind in den Tabellen 10.5 und 10.6 aufgeführt.

Beim Kapitaleinsatz Gebäude wird mit 4% Abschreibung p. a., 1% Unterhaltung p. a. und 6% Zins p. a. gerechnet. Für die Ausrüstung betragen die Sätze für Abschreibung 10% p. a., für Unterhaltung 2% p. a. und für Zins ebenfalls 6% p. a.

Die Pekingentenmast erfolgt vielfach in Altbauten auf Tiefstreu. Der Hauptanteil der Kosten mit etwa 50% entfällt auf Futter, gefolgt von Tiereinsatz mit 23%. Die Senkung des Futteraufwands durch die Auswahl solcher Tierherkünfte, die auf niedrigen Futteraufwand

Tab. 10.1. Haltungs- und Produktionsparameter für Schlachtenten und -gänse

	Mastdauer (Tage)	Stalltage	Durchgänge pro Jahr	Tierverluste (%)	Endgewicht (kg)	Tägl. Zunahme (g)	Besatzdichte je m²	Endgewicht je m² (kg)	Jahres-Prod. je m² (kg)
Peking	49	63	5,8	2–3	3,2	65	5	16	92,8
Mo.-erpel	84	98	3,7	3–4	4,5	54	7	31,5	116,6
Mo.-ente	70	84	4,3	2–3	2,6	37	11	28,6	123,0
Mulard	70	84	4,3	2–3	3,8	54	8	30,4	130,7
Gans	63	77	4,7	3–5	5,2	82	3,5	18,2	85,5
Gans	112	126	2	4–6	6,8	61	2,5	17	34

Tab. 10.2. Futteraufwand je Küken in der Bestandsreproduktion von Enten und Gänsen mit anteiligem Futter der Elterntiere

	Pekingente	Moschusente (3 Legeperioden)	Mularden	Gans (3 Legejahre)
Küken je Elterntier	180	185	90	120
Körpergewicht bei Schlachtung, kg	3,2	3,7	3,8	6,0
Aufzuchtfutter, kg	34	35		60
Futter in Zuchtruhe, kg	–	20		60
Zuchtfutter, kg	77	96		144
Futter je Küken, kg	0,62	0,82	1,23	2,2
Futter je kg	0,19	0,22	0,32	0,37

Tab. 10.3. Mastdauer, Futterverbrauch und Mastendgewicht von Wassergeflügel

	Pekingente	Moschusente Weiblich	Moschusente männlich	Mulardente	Gans
Schlachtalter, Wo.	7	10	12	10	16
Futterverbrauch, kg	7,3	6,5	13,5	9,5	28,0
Körpergewicht, kg	3,2	2,6	4,8	3,8	6,5
Futteraufwand, kg	2,3	2,5	2,8	2,5	4,3

Tab. 10.4. Basisdaten für die Kostenkalkulation in der Enten- und Gänsemast bei Altgebäudenutzung (Klemm, 2002; verändert

	Kurzmast Pekingente	Kurzmast Moschusente	Mittelmast Gans,	Langmast Gans, Eigenschlachtung
Mastdurchgänge	6	4	2	1
Futtereinsatz je Tierplatz/Jahr				
Mischfutter	45	40	19	2,5
Getreide			24	20
Weide			120	150
Betriebsmittelpreise, EUR				
Küken	0,70	1.65	3,85	3,85
Mischfutter/dt	20	20	20	20
Getreide/dt			10	10
Weide/dt			1,6	1,6
Kapitaleinsatz: Gebäude, EUR/Tierplatz	40	40	20	20
Kapitaleinsatz: Ausrüstung, EUR/Tierplatz	45	45	15	10
Kapitaleinsatz: Schlachtraum, Ausrüstung, EUR/Tierplatz				25
Arbeit: Stallarbeit, Serviceperiode, AKmin/Tier	0,7	1,1	22	54

selektiert worden sind, und durch Verwendung von Fütterungseinrichtungen zur Minimierung der Futtervergeudung, ist der entscheidende Ansatzpunkt für die Kostensenkung. Die Erhöhung des Mastendgewichts bei Konstanthaltung der Kosten erscheint ebenfalls möglich. Bei dem hohen Produktionsrisiko (Ge-

Tab. 10.5. Kosten in EUR in der Mast von Pekingenten und Moschusenten im Altbau (Klemm, 2002, verändert)

	Pekingente	Moschusente
Variable Kosten		
Tiereinsatz	0,70	1,65
Futter	1,50	2,00
weitere Direktkosten	0,19	0,30
lebendige Arbeit	0,14	0,20
Gebäude, Ausrüstung	0,37	0,55
sonstige Kosten	0,10	0,10
Gesamtkosten	3,00	4,80
Gesamtkosten/kg Körpergew.	0,92	1,30

winn-Umsatz-Verhältnis liegt nach Klemm, 2002, bei 1 : 20) wirken sich schon kleine Fehler im Management negativ auf das Ergebnis aus.

Die Mast von Moschusenten wird vorwiegend ohne Auslauf auf Rostboden durchgeführt. Das Mastendgewicht liegt bei männlichen Tieren zwischen 4,6 und 4,8 kg, bei weiblichen Tieren zwischen 2,5 und 2,6 kg. Die Mast dauert bei Erpeln 12 und bei Enten 10 Wochen, so dass 4 Mastdurchgänge im Jahr möglich sind. Die Reproduktionsleistung ist gegenüber Pekingenten verringert und resultiert in einen höheren Kükenpreis. Die Tiereinsatzkosten machen 34% der Gesamtkosten aus. Der Anteil der Futterkosten ist dagegen mit 42% niedriger als bei Pekingenten.

In der **Gänsemast** dominiert die verlängerte Mast bis zur 2. Jungtiermauser im Alter von 16 Wochen mit Weidehaltung. In Kleinbetrieben werden Gänse bei Weidehaltung auch noch länger gehalten. Die Kurzmast bis zur 1. Jungtiermauser ist dagegen wegen der unbefriedigenden Schlachtkörperqualität stark eingeschränkt. Nachteilig ist in der Gänsefleischproduktion die saisonale Gösselproduktion von April bis August und die Nachfrage nach Gänsefleisch von November bis Dezember. Da Weide-

Tab. 10.6. Kosten in der Gänsemast je Gans in EUR (Klemm, 2004)

	Mittelmast mit Weide bis zur 16.–17. Woche	Langmast mit Weide bis zur 23.–32. Woche, Eigenschlachtung, Direktvermarktung
Variable Kosten		
Tiereinsatz	3,85	3,85
Futter	3,99	5,95
Tierarzt, Medik., Impfung	0,87	1,02
Energie, Heizung, Wasser	0,36	0,82
Einstreu	0,08	0,11
Lohnarbeit: Fangen, Verladen, Schlachten	0,18	4,85
Sonst. variable Kosten	0,14	1,00
Gesamte variable Kosten	9,17	17,60
Gemeinkosten		
Personal	3,79	7,67
fixe Technikkosten	0,93	3,63
fixe Gebäudekosten	0,65	2,70
Sonstige Gemeinkosten	0,50	1,00
Gesamtkosten	15,54	32,60

Tab. 10.7. Arbeitszeitaufwand und notwendige Verkaufserlöse je kg Lebendgewicht bei Wassergeflügel für ein Arbeitseinkommen von 15 EUR je Stunde (Klemm und Schneider, 1995)

	Akmin je eingestalltes Tier	Kosten je kg Lebendgewicht, EUR	Notw. Verkaufserlös je kg für Arbeits- einkommen von 15 EUR je Stunde
Hähnchen, Kurzmast	0,28	0,77	1,61
Pekingenten, Kurzmast	0,7	0,98	2,04
Moschusenten, Kurzmast	1,1	1,31	2,73
Gans, Mittelmast	22,0	1,57	4,72
Gans, Langmast ohne Direktvermarktung	54,2	1,99	7,76
Gans, Langmast mit Direktvermarktung	78,5	2,60	10,42

mastgänse besonders als Frischware gefragt sind, müssen sie entsprechend lange auf der Weide gehalten werden, oder sie müssen als Frostware angeboten werden und unterliegen dann einem starken Konkurrenzdruck von importierter Gefrierware. Die Kalkulation in Tabelle 10.6 zeigt, dass mit gefrosteten Gänsen nur ein sehr bescheidener Gewinn erzielt werden kann. Bei ausreichend Weidefläche kann die Weidemast je nach Schlupftermin über 30–32 Wochen (April-/Maischlüpfe), 22–24 Wochen (Junischlüpfe) oder 16–17 Wochen (Juli-/Augustschlüpfe) ausgedehnt werden, um frische Schlachtkörper hoher Qualität auf den Markt zu bringen. Zeitweise kann je nach Qualität der Weide auf Zufutter verzichtet werden, so dass die Futterkosten im Rahmen bleiben. Durch fachmännisches Lebendraufen unmittelbar vor Mauserbeginn kann der Markterlös mit Federn und Daunen noch aufgebessert werden.

Der Hauptanteil der variablen Kosten entfällt auf Konzentratfutter, gefolgt von den Tiereinsatzkosten. Um bei dieser langen Mast die Kosten für Konzentratfutter in Grenzen zu halten, muss ein entsprechendes Weideangebot erfolgen, wobei je nach Ertragsfähigkeit 60–120 Gänse je ha Weide anzusetzen sind. In der Mast bis zur 16 Lebenswoche können zwei Durchgänge im Jahr erreicht werden, wodurch sich die Kosten je Tierplatz erheblich verringern.

Eine deutliche Erhöhung der variablen Kosten bei Direktvermarktung entsteht durch die Lohnschlachtung oder durch die Lohnarbeit für die Schlachtung in der eigenen Schlachtanlage. Diese Kosten werden aber durch die höheren realisierten Preise bei der Vermarktung mehr als aufgewogen.

Problematisch kann die Schlachtung von Enten und Gänsen im Zu- oder Nebenerwerb werden, wenn kein Schlachtbetrieb für Wassergeflügel in der Nähe ist, der kleinere Posten in Lohnschlachtung nimmt. Wenn das nicht der Fall ist, sollten sich gleichgesinnte Landwirte entschließen, eine kleine Schlachtanlage in einem vorhandenen Altbau zu installieren.

Klemm und Schneider (1995) haben den Arbeitszeitaufwand und den notwendigen Verkaufserlös je kg Lebendgewicht für ein Arbeitseinkommen von 15,– EUR/Stunde kalkuliert (Tab. 10.7). Hier zeigen sich im Vergleich zu Kurzmast-Hähnchen sehr deutlich die ansteigenden Kosten und erforderlichen Erlöse, beginnend mit der Pekingente über die Moschusente zu den verschiedenen Varianten der Gänsemast.

Um die Kosten für Wassergeflügelfleisch zu verringern, sind vor allem der Futteraufwand in der Mast zu verringern und die Reproduktionsleistung der Elterntiere zu erhöhen.

11 Gesunderhaltung der Enten und Gänse

11.1 Abwehrmechanismus

Zur Erhaltung der Gesundheit und Leistungsfähigkeit und zur Entfaltung der natürlichen Verhaltensweisen benötigen Enten und Gänse eine günstige Umwelt und gute Pflege, die sie vor Belastungen schützt. Veränderungen der Umwelt, die mit Belastung des Organismus verbunden sind, werden heute als Stressoren bezeichnet, der durch sie hervorgerufene Zustand wird Stress genannt. Die bedeutendsten Faktoren, die als potentielle Stressoren wirken, sind extreme Temperaturen, mangelhafte Ventilation, plötzlicher Witterungsumschlag, Futter- und Wassermangel, Mangelernährung, Panik auslösende Umweltstörungen wie Lärm oder Lichtreflexe, Impfungen, Medikamente, Schnabelstutzen, Federfressen, Transport und Umstellen der Herde, Wechsel in den regelmäßigen täglichen Arbeiten. Ferner kann im Zusammenhang mit dem Verhalten von sozialen Stressoren gesprochen werden, wie hohe Besatzdichte, niedriger Platz in der sozialen Rangordnung, Zusetzen von Tieren zu einer Herde mit ausgeprägter Rangordnung. Innerhalb der sozialen Rangordnung können zu geringe Troglänge und zu wenig Tränken als Stressoren verschärfend wirksam werden. Sie sind häufig bei hohen Besatzdichten die Gründe für niedrige Leistungen und schlechten Gesundheitszustand. Die verschiedenen pathogenen Keime sowie Ekto- und Endoparasiten gelten ebenfalls als Stressoren. Zum Schutz gegen solche Belastungen verfügt der tierische Organismus über einen speziellen Abwehrmechanismus, der aber bei zu starker Belastung, insbesondere wenn mehrere negative Faktoren gleichzeitig wirken, erheblich geschwächt werden kann.

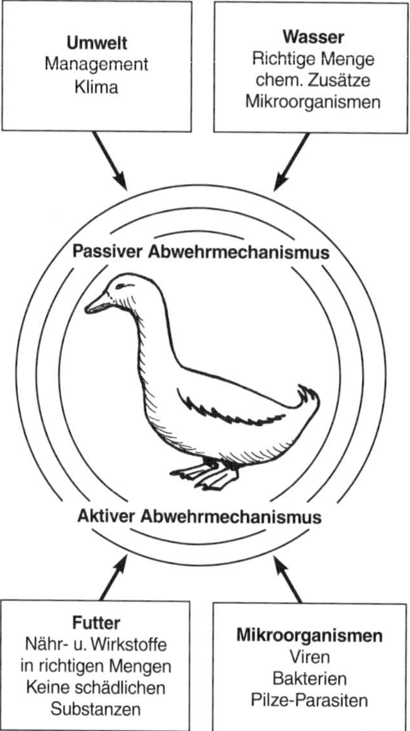

Abb. 47: Abwehrmechanismen der Ente.

Der Abwehrmechanismus besteht aus einem passiven und einem aktiven Abwehrsystem. Zum passiven Abwehrsystem gehören Gefieder, Haut und Schleimhaut. In den Schnabelhöhlen befinden sich unter der Zunge die Ausgänge der Kieferspeicheldrüsen, deren Sekretion die Mikroorganismen aus den Schnabelhöhlen spült. Im Magen schützt die saure Reaktion des Verdauungssaftes vor einer Infektion. Eine weitere Barriere im Abwehrmechanismus stellt die Darmflora dar, die gegen

Krankheitserreger (pathogene Bakterien) wirkt. In den Atemwegen hat außer der Schleimhaut die bewimperte Oberhaut eine schützende Funktion. Das aktive Abwehrsystem besteht aus Antikörpern im Blut sowie aus weißen Blutkörperchen. Antikörper entstehen nach dem Eindringen bestimmter Infektionskeime durch das passive Abwehrsystem. Sie sind nur gegen einen bestimmten Erreger gerichtet, schützen aber nicht gegen andere Mikroorganismen. Weiterhin gibt es spezielle Zellen mit keimfressenden Eigenschaften.

Physiologische Parameter, wie Plasmakortikosterongehalt, Immunreaktion oder Veränderung des Blutbildes (Verhältnis Heterophilen:Lymphozyten) reagieren bei besonders starken Belastungen. So führt 24-stündiges Fasten bei Pekingenten zu einem rapiden Ansteigen des Plasmakortikosterongehaltes von 3,5 nmol/l auf 33,8 nmol/l (Kratzsch u. a. 1986). Eine akute Hitzebelastung vor dem Schlachten führt zu einer Erhöhung des Verhältnisses von Heterophilen zu Lymphozyten. Bei chronisch hoher Umgebungstemperatur von 30–32 °C kommt es zur signifikanten Herabsetzung der Immunreaktion (Antikörperbildung) und der Phagozytoserate.

11.2 Hygienemaßnahmen

Für die Verhinderung einer Infektionskrankheit ist nicht nur das Einhalten und Fördern der natürlichen Abwehrmechanismen von Bedeutung, sondern auch das Verringern von Keimen. Deshalb ist für die Verhütung und Bekämpfung einer Infektionskrankheit die richtige und gründliche Desinfektion sehr wichtig. Im Hinblick auf die Gesunderhaltung müssen vorbeugende Maßnahmen in der Haltung, Fütterung und Betreuung beachtet werden. Aus hygienischer Sicht spielt zum Beispiel ausreichende Frischluft eine große Rolle. Bereits 20 ppm Ammoniak in der Luft wirken sich negativ aus, aber erst 50 ppm Ammoniak sind vom Menschen wahrnehmbar. Ausreichende Ventilation und trockene Einstreu sind die Voraussetzung für einen niedrigen Ammoniakgehalt in der Luft. Weiterhin ist wichtig, dass keine Erreger von außen in den Bestand eingeschleppt werden bzw. sich verbreiten können. Deshalb wird die strikte Trennung der verschiedenen Altersgruppen voneinander empfohlen. Es besteht nämlich die Gefahr, dass die Krankheitserreger von den älteren auf die jüngeren Tiere übertragen werden. Aus diesem Grund sind auch Tiere verschiedener Herkünfte getrennt zu halten. Besucher sollten keinen Zugang zu den Ställen haben. Der Betreuer der Enten oder Gänse sollte in jedem Stall spezielle Arbeitskleidung tragen. Tote und kranke Tiere müssen sofort aus der Herde genommen werden. Zugekaufte Tiere sind erst nach dreiwöchiger Quarantäne in den Bestand aufzunehmen. Unbedingt zu vermeiden ist auch, dass Fahrzeuge, die Futter oder Schlachttiere transportieren, in die Anlage kommen. Bei Stallhaltung muss der Stall so abgedichtet sein, dass Wildvögel keinen Zugang haben. Ebenso ist eine umfassende Bekämpfung von Schadnagern (Ratten und Mäuse) sehr wichtig, um die Einschleppung von Krankheitskeimen (Pasteurellose) zu verhindern.

Zur Gesunderhaltung der Tiere gehört nicht zuletzt das Vernichten von Krankheitserregern durch Reinigung und Desinfektion. Vor jeder Neubelegung ist ein Stall gründlich zu reinigen und zu desinfizieren. Das bedeutet, dass alle Gegenstände auswechselbar oder herausnehmbar sein müssen, damit man sie nicht nur mit Wasser abwaschen, sondern auch darin einweichen kann. Das Futter ist aus den Behältern zu entfernen und die Einstreu auszubringen. Danach werden die Einrichtungsgegenstände, die Wände, wenn vorhanden auch die Ventilatoren, mit heißem Wasser abgewaschen. Zur Desinfektion dürfen nur Mittel verwendet werden, die in der „Desinfektionsmittelliste der Deutschen Veterinärmedizinischen Gesellschaft“ aufgeführt sind oder das „DLG-

Gütezeichen" führen. Dabei sind besonders die Arbeitsschutzbestimmungen zu beachten (Tragen von Schutzbrillen, Gummihandschuhen, Gasmasken). Ställe aus Holz oder Mauerwerk werden im Anschluss an die Desinfektion gekalkt (Kalkmilch: 1 Teil Löschkalk auf 3 Teile Wasser).

Nach Reinigung und Desinfektion sollte der Stall erst nach drei Wochen wieder belegt werden. Unmittelbar davor muss noch einmal kurz desinfiziert werden. In die Desinfektion ist der Auslauf ebenfalls mit einzubeziehen, indem im Herbst oder beim Umbrechen Branntkalk in einer Menge von 5 t je ha gestreut werden.

Gezielte prophylaktische Maßnahmen sind weiterhin:
- Mehrmals tägliche Gesundheitskontrolle der Herden und Dokumentation wichtiger Befunde,
- Überprüfung des Stallklimas sowie der Futter- und Wasserversorgung,
- Vergleich der Gewichtsentwicklung bzw. der Legeleistung mit den vorgegebenen Normen,
- Überprüfung der Futterqualität durch sensorische Kontrolle,
- regelmäßige Überwachung der Herden durch den zuständigen Tierarzt.

Gegen einige Infektionskrankheiten von Enten und Gänsen können Impfstoffe eingesetzt werden, die eine Immunisierung der betreffenden Tiere bewirken. Eine Schutzimpfung der Zucht- und Elterntiere gegen spezifische Infektionen steht im Mittelpunkt, denn sie führt zur Übertragung von maternalen Antikörpern über die Bruteier auf die Nachkommen. Geimpft wird vor allem gegen Virushepatitis, Riemerella anatipestifer, Parvovirose und Salmonella.

11.3 Krankheiten

Die frühzeitige Erkennung von Krankheiten ist sehr wichtig für die Erfolgsaussichten bei der Behandlung und kann mögliche Schäden in Grenzen halten. Besonders bei der Fütterung oder beim Hereintreiben von der Weide in den Stall sind die Tiere gut zu beobachten hinsichtlich Erkrankungsanzeichen.

Allgemeine Krankheitsanzeichen
- Verdächtige Tiere erscheinen steifer in der Fortbewegung,
- das Gefieder ist besonders im Hals- und Nackenbereich gesträubt,
- die Augen sind eingefallen, begleitet von Augen- und Nasenausfluss,
- die Atmung erfolgt bei geöffnetem Schnabel,
- das Gefieder im Kloakenbereich kann verschmutzt sein,
- schwer erkrankte Tiere liegen auf Grund der Schwächung fest.

Hinweise auf mögliche Erkrankungen gibt auch die Kotbeschaffenheit:
- Kot von gesunden Tieren ist geformt und grau bis schwarz gefärbt,
- der Blinddarmkot ist braun und senfartig,
- hellbrauner und schaumbedeckter Kot deutet auf Ernährungsfehler hin.

Im Vergleich zu Hühnergeflügel sind Enten und Gänse einer geringeren Anzahl Erkrankungen ausgesetzt. Als Krankheitsursachen kommen Erbfehler, Ernährungs- und Haltungsschäden sowie andere ungünstige Umweltbedingungen und schließlich Infektionen in Betracht.

Erbkrankheiten

Erblich bedingt ist unter anderem der Kipp- oder Drehflügel, dessen Herausbildung durch bestimmte Umweltbedingungen noch begünstigt wird, insbesondere durch enge, bewegungsarme Haltung, durch Aufstallung auf Drahtrosten und durch Brutfehler. Die Haltung von 406 Pekingenten von der 3.–7. Lebenswoche in Einzelkäfigen, deren Eltern keine Kippflügel hatten, führte bei 22 % zu dieser Anomalie. Von den 333 Pekingenten, deren Eltern beide Kippflügel hatten, waren 42 % mit dieser Anomalie behaftet. Auch anomale Beinstellungen haben einen genetischen

Hintergrund, werden aber durch ungünstige Haltungsbedingungen und Infektionen gefördert.

Erregerbedingte Erkrankungen
Nach der Art der Krankheitserreger wird zwischen virus-, bakteriell-, pilz- und parasitär-bedingten Infektionen unterschieden (Sandhu 1999). Virusbedingte Krankheiten bei Wassergeflügel sind Virushepatitis, Virusenteritis, Enteninfluenza und Parvovirushepatitis.
Virushepatitis. Die durch einen Virus bedingte Leberentzündung tritt vor allem zwischen der 2. und 3. Lebenswoche bei Pekingenten auf. Mit zunehmendem Alter, spätestens mit 6 Wochen, bildet sich eine gute Widerstandsfähigkeit gegen die Virushepatitis heraus. Je früher die Infektion auftritt, desto höher sind die Verluste. Der Erreger wird mit dem Kot ausgeschieden und mit verunreinigtem Futter oder mit der Atemluft aufgenommen. Die Krankheit verläuft sehr schnell und hat hohe Verluste zur Folge. Nach anfänglicher Mattigkeit, Appetitlosigkeit und Blauverfärbung des Schnabels fallen die Tiere auf die Seite, strecken die Beine nach hinten (krankhafte Ruderbewegungen) und drehen den Kopf zum Rücken. Nach wenigen Stunden tritt der Tod ein. Die Sektion solcher Tiere zeigt eine erhebliche Vergrößerung und Gelbfärbung der Leber sowie pünktchenartige Blutungen in diesem Organ. Vorbeugend können die Entenküken geimpft werden, auch dann noch, wenn die Gefahr einer Virushepatitisinfektion besteht. Zur Vorbeugung in gefährdeten Beständen ist eine Impfung der Zuchttiere vorteilhaft. Wenn sie 2–4 Wochen vor der Bruteigewinnung erfolgt, wird die Immunität auf die Küken übertragen.

Virusenteritis (Entenpest). Diese durch ein Herpesvirus hervorgerufene Krankheit tritt sowohl bei Zucht- als auch bei Masttieren aller Wassergeflügelarten auf, bei Gänsen allerdings seltener. Auf Long Island (USA) hat diese Krankheit 1967 zum Zusammenbruch der Entenproduktion geführt. Krankheitszeichen sind Mattigkeit, Apathie, Bewegungsstörungen und Lähmungen der Beine, Blaufärbung des Schnabels und wässriger Durchfall sowie eitriger Tränen- und Nasenausfluss. Bei Erregung reagieren die Tiere mit krampfartigen Anfällen. Es kann in wenigen Tagen zu erheblichen Tierverlusten im Bestand kommen. Die chronische Form dieser Krankheit verursacht einen starken Rückgang der Legeleistung bei Zuchtenten. Die Einschleppung kann über infizierte Wildenten und über Gewässer erfolgen. Eine Schutzimpfung der Jungenten und Entenküken ist möglich.
Enteninfluenza. Diese Krankheit wird durch das Influenza-A-Virus hervorgerufen. Als Virusreservoir kommen freilebende Vögel, aber auch andere Haustiere sowie der Mensch in Frage. Im Vordergrund des Krankheitsbildes steht die Schwellung der Tränengrube. Entzündungen der Schnabelhöhle und Luftröhre und Veränderungen im Nasen-Augen-Bereich führen zu Atembeschwerden und gestörtem Allgemeinzustand. Bei erwachsenen Tieren geht die Legeleistung um 10–40 % zurück. Mit dem Auftreten des hoch pathogenen Untertyps der Influenza-A-Viren H5N1 ist es bei Enten in Ostasien wiederholt zu Infektionen mit hohen Verlusten gekommen.

Parvovirushepatitis der Gänse. Bei Gänsen und Moschusenten in Großhaltungen spielt diese Krankheit, auch Derzysche Krankheit genannt, eine Rolle. Besonders empfänglich sind junge Tiere mit einer Sterblichkeit bis zu 100 %. Die typischen Symptome sind geringe Futter- und Wasseraufnahme, Schläfrigkeit, wässrig-weißlicher Durchfall und plötzliche Todesfälle. Bei über drei Wochen alten Tieren verläuft die Krankheit in abgeschwächter Form. Oft treten Befiederungsstörungen besonders des Unter- und Deckgefieders im Rückenbereich auf. Weiterhin bleiben die Tiere im Wachstum zurück. Die Leber der erkrankten Tiere ist stark vergrößert, gelblich gefärbt und zeigt Blutungen. Die für die Zucht vorgesehenen Tiere werden im Herbst zweimal im Abstand von zwei Wochen geimpft. Bei der täglichen Kontrolle sind schwache, kranke oder verendete Tiere sofort zu entfernen. Bei Störungen im Allgemeinbefinden (zu erkennen am Zusammendrängen unter der Heizquelle bzw. apathischem Herumstehen und Kümmern, mangelhafter Futteraufnahme, Veränderungen des Kots) sollte der Tierarzt zu Rate gezogen werden. Da besonders junge Tiere erkranken, ist die Impfung der Zuchttiere zur Ausbildung der maternalen Immunität wichtig.

Newcastle-Krankheit. Diese Krankheit findet man selten bei Wassergeflügel. Sie kann aber bei gemeinsamer Haltung mit Hühnern von diesen und umgekehrt übertragen werden.

Infektiöse Myocarditis der Gössel. Die Infektion erfolgt durch eine nicht näher klassifizierte Reovirusart. Es erkranken nur Gänseküken bis zur 3. Lebenswoche, weil wahrscheinlich maternale Antikörper fehlen. Die Gössel zeigen Mattigkeit, Schnabelatmung, Nasenausfluss, verklebte Augenlider, Kopfschleudern und Festliegen. Der Tod tritt nach 1–2 Tagen ein. Die Verlustrate erreicht Werte über 60 %. Eine Behandlung ist wenig erfolgversprechend. Zweckmäßig wäre eine Durchseuchung der Elterntiere in einem Alter, in dem die Tiere für die klinische Erkrankung nicht empfänglich sind.

Reovirusinfektion der Moschusente. Die Infektion von Moschusentenküken erfolgt durch ein eigenständiges aviäres Reovirus mit einer hohen Morbidität. Die Erkrankung äußert sich ab der 2. Lebenswoche mit Rückgang der Futteraufnahme, unausgeglichenem Wachstum und Befiederungsstörungen. Typisch sind weiterhin Mattigkeit, blau verfärbte Schnäbel, verklebte Augenlider und Durchfall. Eine Therapie ist nicht möglich. Zur Prophylaxe soll sich eine subkutane Injektion von Rekonvaleszentenserum in den ersten Lebenstagen bewährt haben.

Bakteriell bedingte Infektionen sind vorwiegend infektiöse Serositis, Salmonellose, Pasteurellose, Coli-Infektionen, Rotlauf, Ornithose und Botulismus.

Infektiöse Serositis *(Riemerella anatipestifer).* Diese durch Bakterien hervorgerufene Krankheit befällt vorwiegend Enten, aber auch Gänse, im Alter von 2–9 Wochen. Sehr junge Tiere sterben wenige Stunden nach den ersten Krankheitsanzeichen. Erkrankte Tiere verlieren ihren Appetit, sind teilnahmslos und setzen oft grünlichen Kot ab. Deshalb verfärben sich die Federn um den After herum grünlich. Die Infektion erfolgt über Wunden und Schrammen in der Haut, vorwiegend an den Beinen. Eine Überbesetzung und Beunruhigung der Tiere ist aus diesem Grund unbedingt zu vermeiden. Auch auf gute Einstreuqualität ist zu achten, besonders in der kalten und feuchten Jahreszeit. In stark verunreinigten Gewässern kommt es zur Anreicherung von Bakterien. Die Bekämpfung mit Sulfonamiden und Antibiotika ist nur unmittelbar bei Ausbruch der Erkrankung wirksam. Eine Impfung der Elterntiere mit einer Adsorbat-Totvakzine ist möglich, schützt aber nur vor der Erkrankung durch Stämme homologer Serovare.

Geflügelcholera oder Pasteurellose. Hierbei handelt es sich um eine anzeigepflichtige Seuche, für die Enten und Gänse hoch empfindlich sind. Hervorgerufen wird diese Infektion durch *Pasteurella multocida.* Bei akutem Verlauf weisen die Tiere deutliche Störungen im Allgemeinbefinden auf, verbunden mit bläulicher Verfärbung des Schnabels, Atemstörungen, schleimigem Augen- und Nasenausfluss, übelriechendem, grünlichem bis blutigem Durchfall. Zur Behandlung erkrankter Tiere eignen sich Antibiotika und Sulfonamide. Die beste Prophylaxe (Vorbeugung) ist gründliches Reinigen und Desinfizieren sowie die Unterbrechung der Infektionskette.

Coli-Infektion. Coli-Infektionen treten zeitweise in Mastenten- und -gänsebeständen auf und zwar als Folge von ungünstigen Umweltbedingungen (Wasser- und Einstreuverhältnisse). Die verursachenden Coli-Bakterien gehören zur normalen Darmflora und sind demzufolge im Darm der gesunden Tiere zu finden. Bei geschwächten Tieren können die Bakterien vom Darm über die Atemwege oder durch den Nabel bei unzureichender Hygiene in den Blutkreislauf eindringen und Entzündungen in verschiedenen Organen hervorrufen. Die erkrankten Tiere sind teilnahmslos, drängen sich unter der Wärmequelle und haben meistens Durchfall.

Salmonellosen. Zahlreiche Salmonellenarten können bei den verschiedensten Tierarten und beim Menschen schwere Krankheitserscheinungen auslösen. Besonders junge Enten und Gänse erkranken akut und meist tödlich. Häufig wird schon der Eidotter im Eierstock des Muttertieres infiziert. Zum anderen wandern Keime durch die Schale in das Eiinnere, nachdem sie mit Kot auf die Oberfläche des Eies gelangt sind. Die Embryonen dieser infizierten Eier sterben meistens kurz vor dem Schlüpfen. Geschlüpfte infizierte Küken scheiden vom ersten Lebenstag an Salmonellen aus. Überleben sie, können sie ebenso wie später infizierte Tiere ihr ganzes Leben lang Bakterienträger und somit auch Ausscheider von Salmonellen sein, ohne dass sie selbst Krankeitserscheinungen aufweisen. Salmonellen können auch mit nicht einwandfreiem Futter in einen gesunden Bestand eingeschleppt werden. Stehende Gewässer, wie verschmutzte Tümpel und Teiche, sind eine besondere Gefahr, da es im Bodenschlamm zu einer Salmonellenanreicherung kommt.

Zum Krankheitsbild gehören Appetitlosigkeit, Müdigkeit, struppiges Gefieder, herabhängende Flügel, vermehrter Durst, Durchfall, Luftschnappen, schleimig-eitrige Lidbindehautentzündung, Bewegungsunlust, Lähmungen, Gelenkentzündungen und Gleichgewichtsstörungen. Die Küken drängen sich unter der Wärmequelle in Gruppen zusammen, wobei sie mit gesenktem Kopf, halbgeschlossenen Lidern, hängenden Flügeln und gesträubten Federn dastehen. Erkrankte Entenküken und Gössel verenden oft nach sechs bis acht Tagen. Erwachsene Tiere durchseuchen meistens stumm. Sie überstehen eine Infektion ohne offensichtliche Krankheitserscheinungen, werden aber meistens zu Salmonellenausscheidern.

Wichtig ist eine gute Bruteidesinfektion sowie das Fernhalten der Tiere von infizierten stehenden Gewässern und Ausläufen. Da Salmonellen über Eier und Fleischerzeugnisse auf Menschen übertragbar sind, gibt es gesetzliche Regelungen, deren Einhaltung eine Gefährdung der Menschen ausschließt. Enteneier dürfen nur verzehrt werden, nachdem sie 10 Minuten lang gekocht wurden. Eine entsprechende Verordnung sieht vor, dass Enteneier mit der Aufschrift „Enteneier! 10 Minuten kochen“ gekennzeichnet sein müssen, wenn sie als Konsumeier gehandelt werden sollen.

Ornithose. Hierbei handelt es sich um eine Chlamidieninfektion. Die Tiere machen meist schon eine Infektion mit dem Erreger im Jungtieralter ohne offensichtliche Krankheitserscheinungen durch. Ungünstige Umwelteinflüsse wie Kälte, Hitze, unzureichende Fütterung und unhygienische Haltung können zum Ausbruch der Krankheit und zu Todesfällen führen. Derartig erkrankte Bestände stellen eine große Gefahr für andere Geflügel- und Vogelhaltungen dar. Die Krankheitserscheinungen sind meist unspezifisch. Sie äußern sich durch Schwäche, gesträubtes Gefieder und Leistungsabfall. Diese Krankheit ist auch auf den Menschen übertragbar und deshalb meldepflichtig.

Botulismus. Botulismus ist Ursache größerer Verluste bei wildlebenden Wasservögeln. Beim Hausgeflügel sind besonders Enten gefährdet, die Zugang zu stehenden Gewässern haben. Die Erreger (*Clostridium botulinum*) vermehren sich unter Bildung von Toxinen in den warmen Sommermonaten in den Faulstoffen in flachen Ufergebieten von Binnenseen und Teichen. Erkrankte Enten zeigen Lähmungen der Beine, so dass sie mit der Brust aufliegen und dabei den Hals nach hinten biegen. Vorbeugend ist die Aufnahme dieser Toxine zu verhindern. Rasch wirkende Abführmittel können von Nutzen sein.

Rotlauf. Dies ist eine septikämisch verlaufende Infektionskrankheit bei Enten, die durch *Erysipelothrix rhusiopathiae* hervorgerufen wird. Besonders verseuchter Boden und Schlamm in Uferzonen von Teichen sind als Infektionsquellen anzusehen. Die Erreger werden über Kratzwunden an den Ständern und über den Atemweg aufgenommen. Durchfall mit wässrig-schleimigem, rotbraunem Kot und stark gestörtes Allgemeinbefinden sind kennzeichnend für diese Erkrankung. In erster Linie sind die Umweltbedingungen günstig zu gestalten. Gegebenenfalls kann mit Rotlauf-Lebendimpfstoff immunisiert werden.

Phallusentzündung bei Erpeln und Gantern. Entzündungen des Begattungsorgans treten nicht selten bei Gantern und Moschuserpeln in der Zuchtsaison auf. Sie entstehen durch Bisse durch Artgenossen nach dem Tretakt, wenn der Penis nicht sogleich zurückgezogen wird, mit anschließender Invasion von Keimen. Bei Gantern sind als Ursachen für Phallusentzündungen auch Infektionen durch Neisserien, Mykoplasmen, Blastomyceten und Fusarien in der Diskussion. Im Anfangsstadium tritt eine Rötung der Phallusschleimhaut auf, danach kommt es zu nekrotisierender Entzündung mit Schwellung und Vorfall des Penis sowie Verlust der Penisspitze. Die Befruchtungsrate sinkt mehr und mehr ab. Befallene Tiere sind aus der Herde herauszunehmen und mit Antiinfektiva zu behandeln. Prophylaktisch ist die künstliche Besamung anzuwenden, bei der die Geschlechter getrennt gehalten werden.

Von den **pilzbedingten Infektionen** spielen vor allem Aspergillose und Mykotoxikosen eine Rolle.

Aspergillose. Aspergillose wird durch Schimmelpilze der Gattung *Aspergillus* hervorgerufen. Die Sporen dieser Pilze werden bei verschimmelter Einstreu eingeatmet bzw. durch verschimmeltes Futter aufgenommen. Die Aspergillose kann aber auch schon im Schlupfbrüter übertragen worden sein. Im Lungengewebe und in den Luftsäcken befinden sich stecknadelkopf- bis erbsengroße weißgelbliche Knötchen. Die Tiere zeigen deutliche Atembeschwerden. Da die Sporen der Schimmelpilze sehr widerstandsfähig sind, ist ein gründliches Desinfizieren mit Formalin unbedingt erforderlich.

Neben diesen hygienischen Maßnahmen kann 1–3 g Kupfersulfat zu 1 l Trinkwasser gegeben werden.

Mykotoxikosen. Mykotoxikosen werden durch die Aufnahme toxischer Stoffwechselprodukte von Pilzen bewirkt. Eine zentrale Stellung nehmen die von *Aspergillus*-Arten gebildeten Aflatoxine ein, die besonders bei Enten zu hohen Verlusten führen. Pilzträger sind vor allem Getreide und Erdnüsse. Bei den ersten Krankheitserscheinungen ist sofortiger Futterwechsel geboten.

Parasitenbedingte Infektionen werden von Organismen, die im oder auf dem Wirtstier schmarotzen, hervorgerufen.

Kokzidiose. Die Kokzidiose gehört zu den wirtschaftlich bedeutungsvollsten Geflügelkrankheiten und wird durch Protozoen (einzellige Parasiten) hervorgerufen. Bei Enten kommt sie glücklicherweise sehr selten vor. Bei Gänsen sind es neben drei Kokzidienarten, die in der Darmschleimhaut parasitieren, eine weitere Art, die in den Nierenzellen schmarotzt. Besonders Junggänse können daran schwer erkranken. Taumelnder Gang, Kopfverdrehen und Abmagern, blutiger Kot sowie plötzliche Todesfälle sind die typischen Erscheinungen. Zur Behandlung eignen sich besonders Sulfonamide.

Wurmbefall. Während Spul- und Haarwürmer nicht oder nur selten vorkommen, können die Tiere jedoch bei Auslaufhaltung von Blinddarm-, Luftröhren- und Bandwürmern befallen werden. Vor allem in der Gänseaufzucht kann Magenwurmbefall auftreten. Hierbei handelt es sich um 1–2 cm lange, rötliche Fadenwürmer in der Hornschicht des Muskelmagens. Schon ab der 3. Lebenswoche können die Tiere erkranken. Sie zeigen Würgeerscheinungen und magern schnell ab. Die mit dem Kot ausgeschiedenen Würmer bleiben bei feuchter Umgebung lange lebensfähig. Nach Aufnahme der Larven dringen diese in die Schleimhaut zwischen Muskel- und Drüsenmagen ein und entwickeln sich zu geschlechtsreifen Würmern. Die Behandlung mit speziellen Wurmmitteln zeigt gute Erfolge, muss aber über 10 Tage durchgeführt werden. Zweckmäßig ist auch eine Einstreuerneuerung sowie der Wechsel des Auslaufs. Einstreu und Auslauf sind unbedingt trocken zu halten, um die Larvenentwicklung zu hemmen. Von stehenden Gewässern sollten Gänse ferngehalten werden.

Haltungs- und fütterungsbedingte Krankheiten

Außer Infektionen sind auch haltungs- und fütterungsbedingte Krankheiten gefährlich. Bei Intensivhaltung ohne Auslauf und Überbesetzung der Ställe kann es zum **Federpicken** kommen, besonders bei Moschusenten. Unterbleiben Gegenmaßnahmen, geht das Federfressen nicht selten in Kannibalismus über. Die Ursachen sind vielfältiger Natur und oft sind mehrere Faktoren am Entstehen dieser Unart beteiligt. Zu starke Besatzdichte, zu trockene Luft, zu grelle Beleuchtung, mangelhafte Versorgung mit Vitaminen, aber auch genetisch bedingte Aggressivität können als Ursache in Frage kommen. Solche Faktoren sind zu allererst zu beseitigen. Weiterhin ist dafür zu sorgen, dass die Tiere abgelenkt werden durch Körnergaben in die Einstreu, Gras, Futterrüben oder Möhren in einem Drahtkorb, Rasenstücke, die mit der Erdkrume nach oben in die Einstreu gelegt werden.

Das Bestreichen verletzter Stellen mit Holzteer oder Aloetinktur kann die Neugier der Tiere fördern und erst recht zum Picken veranlassen.

Das Stutzen des Oberschnabels mittels Hundekrallenschere, Elektrokauter oder Laserstrahlen ist aus Gründen des Tierschutzes umstritten. Diese Maßnahme erschwert zwar das Erfassen der Federn mit der Schnabelspitze, beseitigt jedoch nicht die Ursache.

Eine weitere Unart, besonders bei Moschusenten in Intensivhaltung, ist das **Anpicken des Penis** unmittelbar nach dem Tretakt, weil dieser nicht gleich zurückgezogen wird. Die Folge davon sind Entzündungen und Befruchtungsdepressionen.

Bei schweren Herkünften und bewegungsarmer Haltung wird gelegentlich das **Beinschwächesyndrom** beobachtet. Die Tiere sind in der Beweglichkeit eingeschränkt, nehmen weniger Futter und Wasser auf und bleiben im Wachstum zurück. Beinanomalien bewirken ein häufiges Aufliegen der Tiere mit der Brust auf dem Boden, was zunächst zu Druckstellen auf der Haut im Bereich des Brustkiels und später zu Entzündungen führen kann. Vorzugsweise sind mechanisch belastete Knochenpartien betroffen, wie proximaler Tibiotarsus, Femurkopf und die 1. Zehenglieder. Zum Teil kommt es zu Staphylokokkenmanifestation. Auf Grund der weichen, wenig verhornten Haut an den Paddeln kommt es besonders bei schweren Tieren und

Abb. 48: Gänsesterbe (*Erysimum crepidifolium*).

bei unzulänglicher Bodengestaltung zu Erosionen und Geschwüren an den Ballen. Verstärkt wird diese Erscheinung bei Mangel an Biotin.

Neben Mangelkrankheiten durch nicht ausreichende Versorgung mit lebenswichtigen Stoffen, wie Aminosäuren, Vitaminen, Spurenelementen u. a. können fütterungsbedingte Erkrankungen durch einen hohen Gehalt an antinutritiven Substanzen in bestimmten Futtermitteln auftreten. Aber auch Toxine (von Pilzen erzeugte Gifte) in schlecht gelagertem Futter, insbesondere Aflatoxine und Ochratoxine, sind gefährlich und führen besonders bei Enten zu schweren Leber- und Nierenschädigungen und hoher Sterblichkeitsrate.

Bei Pekingenten kommt es im Alter gelegentlich zur ernährungsbedingten Degeneration des Brustmuskels. Als Ursache für diese Muskeldystrophie kommt ein Überangebot an mehrfach ungesättigten Fettsäuren (Peroxidbildung) oder Mangel an Selen, das als Radikalfänger membranprotektiv wirkt, in Frage (Fehlhaber 2001). Muskeldystrophie ist gekennzeichnet durch scholligen Zerfall der Muskelfibrillen, Senkung des Myoglobingehalts und Aufhellung des Muskels (Weißfleischigkeit).

Vergiftungen. Bei Weidehaltung besteht die Gefahr der Vergiftung durch Pflanzentoxine. Besonders gefährlich ist die Gänsesterbe (*Erysium crepidifolium*), deren Blätter von Gänsen gern gefressen werden, die aber einen giftig wirkenden Bitterstoff enthalten (Abb. 48). Beim Abhüten abgeernteter Maisfelder kann es zu Vergiftungen durch Schwarzen Nachtschatten (*Solanum nigrum* L.) kommen. Diese krautartige Pflanze wächst unterständig in Maiskulturen. Die Aufnahme der solaninhaltigen Pflanzenteile und der schwarz-glänzenden, bis 1 cm großen Beeren führt in der Regel schnell zum Tod ohne äußere Krankheitserscheinungen. Auch die Keime der Kartoffeln enthalten das Alkaloid Solanin, das nach Resorption zur Hämolyse führt (Auflösung der roten Blutkörperchen und Austritt von Blutfarbstoff). Vergiftungen bei Enten und Gänsen können auch durch Substanzen verursacht werden, die zur Therapie bestimmter Krankheiten eingesetzt werden, wie Halofuginon und Nitrofurane. Hühner- und Putenfutter mit Kokzidiostatika dürfen in der Fütterung von Wassergeflügel nicht eingesetzt werden.

Literatur

Baeza, E., R. Guy, M.R. Salichon, D. Rousselot, D. Klosowska and A. Rosinski: Influence of feeding systems, extensive vs. Intensive, on fatty liver and meat production in geese. Arch. Geflügelk. 62, 1998, 169–175.

Beeck, A.: Baldamus Illustriertes Handbuch der Federviehzucht. Paul Parey Verlag Berlin, 4. Aufl., 1908.

Beer, M.: Selektion und Leistungsentwicklung bei Cairina moschata. 32. Int. Geflügelvortragstagung, Leipzig, 1989, 66–70.

Berkhoudt, H.: The morphology and distribution of cutaneus mechanoreceptors in the bill and tongue of the mallard. Neth. J. Zool. 30, 1980, 1–34.

Bessei, W.: Bäuerliche Hühnerhaltung. Verlag Eugen Ulmer, Stuttgart, 2. Aufl. 1999.

Bielinski, K.: Information about the work of the Experimental Station in the field of goose breeding and production. Proc. of Internat. Conf. „Breeding and geese production„, Torun, 1979, 243–260.

Bierschenk, F., F. Ellendorff, R. Klemm, H. Pingel, H.G. Rauch und K. Reiter: Probleme der Intensivhaltung von Moschusenten · Forschungsbericht zum BML-Forschungsvorhaben, 1992, 1–69.

Bierschenk, F., M. Gerken, und J. Petersen: Zum Verhalten weiblicher Zuchtgänse bei Einzelhaltung. Arch. Geflügelk. 61, 1997, 17–27.

Bilsing, A., H. Holub, M. Fußy und M. Nichelmann: Sexualverhalten der Moschusenten unter Bedingungen der intensiven Elterntierhaltung. Arch. Geflügelk. 56, 1992, 171–176.

Bo, W. C.: The research on the origin of the houseduck in China. Proc. Int. Symp. on Waterfowl Prod., Beijing, 1988, 125–129.

Bogenfürst, F.:Kascak (Enten). Gazda Kiado, Budapest, 1999.

Bons, A., R. Timmler und H. Jeroch: Anforderungen von Pekingenten an den Aminosäurengehalt des Futters. Jahrbuch für die Geflügelwirtschaft 2000, Verlag Eugen Ulmer, Stuttgart, 65–70.

Brandsch, H.: Wirtschaftsgeflügel. Deutscher Landwirtschaftsverlag, Berlin, 1967.

Brown, R.G., Sweeny, P.R. and Moran, E.T.: Collagen levels in tissues from selenium deficient ducks. Comp. Biochem. & Physiol.. 72, 1982, 383–389

Chen, Ming-Tsao: Utilization of waterfowl products. Proc. 1st World Waterfowl Conf., 1999, Taiwan, 38–49.

Chiarini, R., Castillo, A., Schiavone, A., Marzonu, M. Romboli, I., 2003: Influence of microalgae dietary administration on omega-3 LC-PUFAS meatcontent of Muscovy ducks. Second World Waterfowl Conf., Alexandria, 93–100.

Constantini, F.: Züchtung alternativer Geflügelarten; Gänsezucht. Vortragsmanuskript zur Tagung der ital. WPSA-gruppe, Forli, 1987.

Crawford, R. D.: Poultry Breeding and Genetics. Elsevier Science Publishers B. V., 1990.

Dean, W.F.: Nutrient requirements of ducks. Proc. Cornell Nutrition Conf., 1978, 132–140.

Dean, W.F.: Nutrient requirements of meat-type ducks. In: Duck Prod. Sci. And World Practice (Farrell, D.J. and P. Stapleton, Eds.) Univ. of New England, Armidale, 1985, 31–57.

Dürigen, B.: Die Geflügelzucht. Paul Parey Verlag Berlin, 3. Aufl., 1923

Elminowska-Wenda, G., A. Rosinski, D. Klosowska and G. Guy: Effects of feeding system (intensive vs semi-intensive) on growth rate, microstructural characteristics of pectoralis muscle and carcass parameters of the white Italian geese. Arch. Geflügelk. 61, 1997, 117–119.

Engelmann, C.: Leben und Verhalten unseres Hausgeflügels. Verlag J. Neumann-Neudamm, 1984.

Etches, R.J., 1996. Reproduction in Poultry. Cab. International. Wallingford, Oxon OX10, 8DE, UK, 307 p.

FAO-Statistics, 2005: http://apps.fao.org

Farrell, D.J.: Energy expenditure of laying ducks: Confined and herded. In Duck Prod. Sci.And World Practice (Farrell, D.J. and P. Stapletown, Eds.), Univ. of New England, Armidale, 1985, 70–82.

Fehlhaber, K.: Fleischhygienisch relevante Erkrankungen des Geflügels. In: Fries, R., Bergmann, V., Fehlhaber, K.: Praxis der Geflügelfleischuntersuchung. Schlütterscher Verlag Hannover, 2001.

Golze, M.: Möglichkeiten und Auswirkungen der Gänsezucht und -haltung auf natürlichem Grünland. 1994, Vortragsmanuskript, Sächs. Landesanstalt für Landwirtschaft, Köllitzsch.

Hoffmann, H., G. Volker: Anatomie und Physiologie des Nutzgeflügels. S.Hirzel Verlag Leipzig, 1966.

Holub, H.: Raumpräferenzen, Verhalten und Leistung von Moschusenten (Cairina moschata) unter intensiven Haltungsbedingungen. Diss. 1991, Berlin.

Jamroz, D.: Empfehlungen zur Gänseernährung. Wien. Tierärztl. Mschr. 79, 1992, 47–58.

Jamroz, D., E. Pakulska, H. Bielinska und A. Wiliczkiewicz: Enzymsupplementierung von Triticale-Roggenrationen für Junggänse. Arch. Geflügelk. 61, 1997, 221–226.

Jeroch, H. und Dänicke, S., 2003: Faustzahlen zur Geflügelfütterung. Jahrbuch für die Geflügelwirtschaft 2003, Ulmer-Verlag Stuttgart, 107–132.

Jeroch, H., F. Clauss, U. Seidlitz und A. Hennig: Untersuchungen über den Einfluss eines verminderten Energiegehaltes bei gleichem Rohproteingehalt im Mischfutter auf das Mastergebnis, die Schlachtkörperzusammensetzung und den Nährstoffzuwachs bei Mastenten. Arch. Tierernährung 24, 1974, 321–334.

Jeroch, H. and M. Schurz: The influence of enzyme additions to a barley-based ration on the fattening performance of Muscovy ducks. Arch. Geflügelk., 1995, 59, 223–227.

Kaltofen, R.S.: Centre f. Agric. Publ. And Doc., 1971, Wageningen.

Klemm, R., 2002: Wann sind die Gänse- und Entenmast rentabel? DGS-Magazin, 5, 32–39.

Klemm, R. 2004: Gänsemast. www.smul.sachsen.de

Klemm, R. und K.H. Schneider: Aktuelle Fragen der Wassergeflügelhaltung. Broschüre mit Vorträgen des 2. Sächs. Geflügeltages 1995. Sächs. Landesanstalt f. Landw., Selbstverlag.

Kluth, H.,E. Schulz, Ingrid Halle, M. Rodehutscord: Zur Wirksamkeit von Kräutern und ätherischen Ölen bei Schwein und Geflügel. Lohmann Information 2 (2003).

Knust, U.: Untersuchungen zur Charakterisierung der Wirkung von prä- und postmortalen Faktoren auf die Schlachtkörperzusammensetzung, die Muskelfaserzusammensetzung und die Fleischqualität von Enten. Diss. der Martin-Luther-Univ.Halle-Wittenberg, 1995.

Kozak, J., 2003: Trends of waterfowl production in Hungary. Proc. 2nd World Waterfowl Conference, Alexandria, 238–243.

Kozak, J. and S. Varga: Examination of down-feather of geese from third plucking. Proc. of 12th Europ. Symp. on waterfowl, Adana (Turkey), 1999, 137–142.

Kratzsch, J., Bier, H., Klemm, R. und Pingel, H.: Radioimmunoassay zur Bestimmung von Serumcorticosteron bei der Ente. Arch. Exp. Vet. Med., 40, 1986, 531–540.

Marko, A.W., P. Ruis, E. Lenkens, (2003) Welfare of Pekin ducks increases when freely accessible open water is provided. Second World Waterfowl Conf., Alexandria, 129–134.

Lehmann, R.: Mathematische Grundlagen zur Analyse des Wachstums. Archiv für Tierzucht, 18, 1975, 163–171.

Linn, P.: Wichtige Gesetze für die Geflügelwirtschaft. Jahrbuch für die Geflügelwirtschaft 2003, Verlag Eugen Ulmer, Stuttgart.

Mazanowski, A.: Kaczki (Enten). Verlag Panstwowe, Warschau, 1988,

Metz, P.-F., 2002: Untersuchungen zum Einfluss der Herkunft, Haltung und Rupfmethoden auf verbraucherspezifische Eigenschaften der Daunen von Enten und Gänsen. Diss. Martin-Luther-Univ. Halle-Wittenberg.

Müller, H.: Die Geflügelwirtschaft. Neumann Verlag Radebeul, 1963

Nichelmann, M.: Einfluss der Klimafaktoren. In: Internationales Handbuch der Tierproduktion-Geflügel-. Herausg.: Schwark, H.J., V. Peter und A. Mazanowski: Deutscher Landwirtschaftsverlag Berlin, 1987, 261–288.

Pingel, H. und M. Heimpold: Effektivität der Selektion auf Lebendmasse und Brustfleischanteil bei Enten. Arch. für Tierzucht, 1983, 435–444.

Puchajda, H. and J. Siekiera: Feathering of growing Bilgoray and Italian geese. Acta Academiae Agricult. Techn. Olsztyn, 29, 1986, 95–103.

Reiter, K., 2003: Bathing behaviour of Peking ducks in water bath and under shower. Abstracts of 2nd World Waterfowl Conference, Alexandria, 15.

Reiter, K.: Enten – Wie man Futter- und Wasserverluste reduziert. DGS 30, 1991, 927–930.

Reiter, K.and W. Bessei: Effect of a water bath and free range on behaviour and feathering in Pekin, Muscovy and Mulard duck. Proc. 11th Europ. Symp. on Waterfowl, Nantes, 1997, 224–229.

Ristic, M. und H.W. Rauch: Chemical composition of meat and fat of geese on pasture as influenced by supplementary feeding of oats or wheat. Proc. of 9th Europ. Symp. on Waterfowl, Pisa, 1992, 243–245.

Römer, R.R.: Nutzbringende Geflügelwirtschaft. Verlag Eugen Ulmer, 5. Aufl., 1953, S. 505

Rosinski , A., R. Rouvier, S. Wezyk, N. Sellier and H. Bielinska: Reproduction performance of geese kept in different management systems. Proc. 10th Europ. Waterfowl Symp.,1995, Halle, 20–30.

Rosinski, A.: Effect of genotype and sex on the amount of feather and down in the goose. 12th Europ. Symp. on waterfowl, Adana (Turkey), 1999, 73–76.

Rouvier, R.: Genetics and physiology of waterfowl. Proc. of 1st World Waterfowl Conf., Taiwan, 1999, 1–18.

Rudolph, W.: Die Hausenten. A. Ziemsen-Verlag Wittenberg, 2. Auflage, 1978.

Rudolph, W., 1995: Die Nutzung der Enteneier. Deutscher Kleintierzüchter, Geflügel 104, 1, 12.

Rutschke, E.: Die Wildenten Europas. Deutscher Landwirtschaftsverlag Berlin, 1989.

Salejew, F.F. and Ionowa, E.I.: Some aspects of goose production intensification. Proc. 17th Worlds Poultry Congress, Helsinki, 1984, 477–479.

Sandhu, T.S.: Diseases of waterfowl. Proc. of 1st World Waterfowl Conf., Taiwan, 1999, 38–49.

Schneider, K.H.: Zu einigen Problemen der Züchtung auf Mast- und Schlachtleistung bei Gänsen. Tierzucht, 42, 1988. 430–432.

Schneider, K.H.: The use of pasture in fattening of geese. 10th Europ. Symp. on Waterfowl, Halle, 1995, 54–61.

Schneider, K.H. und K. Jeroch: Untersuchungen zum Einsatz von Gras in der Ernährung von Jungmastgänsen. Tierzucht 37, 1983, 414–417.

Schneider, K. H., J. Jurk und R. Schlegel: Untersuchungen über den Einfluss der Lichttaglänge auf die Legetätigkeit von Gänsen. Arch. Tierzucht, 24, 1981, 549–560.

Schurz, M., Jeroch, H., 1997: The use of enzyme preparations and growth promoters in duck fattening. Proc. 11th Europ. Symp. on Waterfowl, Nantes, France, 67–74.

Scott, M.L and W. F. Dean: Nutrition and management of ducks. Ithaca, New York, 1991.

Seljanski, V. M.: Gaswechsel, Wärmebildung und Wasserhaushalt beim Geflügel. Proc. 13th Worlds Poultry Congr., Kiew, 1966, 281.

Sturkie, P. D.: Avian Physiology, 3rd edition, Springer, New York, 1976.

Szado, J., D. Klieniewska and E. Kapkowska: Post-slaughter assessment of goose feather. Workshop on Waterfowl, Pawlowice (Poland), 1993, 51–55.

Timmler, R.: Untersuchungen zur Verdaulichkeit faserreicher Futtermittel sowie deren Einfluß auf Mastleistung und physiologische Parameter im Verdauungstrakt bei Gänsen. Diss., 1995, Martin-Luther-Univ. Halle-Wittenberg.

Varadi, L.: Ecological aspects in integrated duck and fish production. 10th Europ. Symp. on Waterfowl, Halle, 1995, 8–19.

Vetesi, M., M. Mezes and L. Kiss: Using sunflower meal in waterfowl diets. Arch. Geflügelk. 62, 1998, 7–10.

Wezyk S., Cywa-Benko K, 2002: Global trends in waterfowl production and science. Proc. 11th Europ. Poultry Conference, Bremen, Germany.

Wiederhold, S.: In vivo Messungen ausgewählter Merkmale der Körperzusammensetzung bei Wassergeflügel mit Hilfe der Magnet-Resonanz-Tomographie. Diss. 1996, Martin-Luther-Univ. Halle-Wittenberg.

Zakhatsky, N. I.: Waterfowl production in Ukraine. Proc. 1st World Waterfowl Conf., Taiwan, 1999, 450–453.

ZMP-Berichte 1992 und 2004.

Bildquellen

agrarmotive.de / Klaus-Dieter Esser: Titelbild

Reinhard-Tierfoto, Heiligkreuzsteinach: Seite 29, 33, 34, 52, 70 unten, 87

Fridhelm Volk, Stuttgart: Seite 38, 39, 51 oben und Mitte, 69, 88 oben und Mitte

Alle anderen Fotos stammen vom Autor.

Die Zeichnungen fertigte, wenn nicht anders vermerkt, Artur Piestricow, Stuttgart, nach Vorlagen des Autors.

Register